资源型地区大气污染成因与治理研究

——以山西省为例

罗锦洪　张伟锋　谢卧龙　等 编著

Causes and Management of
Air Pollution in Resource-based Regions:
A Case Study of Shanxi Province

化学工业出版社
·北京·

内 容 简 介

资源型地区大多伴随有严重的大气污染，山西省无论是产业结构还是污染特征，在资源型地区都具有较强的典型性。本书在结合作者及其团队多年的科研成果和经验总结，以及借鉴国内外相关成果的基础上，通过大气污染物时间空间排放特征识别、细颗粒物和臭氧来源解析等手段，分析了山西省大气污染发生的原因；梳理了近年来采取的防治措施，评估了各项措施的实施效果；从环境容量、空气流域和生态补偿角度提出了大气污染排放的规模、空间的管控建议及手段。

本书具有较强的知识性、针对性和参考价值，可供从事大气污染源解析、特征分析，以及污染控制与治理等的工程技术人员、科研人员和管理人员参考，也可供高等学校环境科学与工程、生态工程及相关专业师生参阅。

图书在版编目（CIP）数据

资源型地区大气污染成因与治理研究：以山西省为例／罗锦洪等编著．— 北京：化学工业出版社，2024.2

ISBN 978-7-122-44458-5

Ⅰ.①资…　Ⅱ.①罗…　Ⅲ.①空气污染–污染防治–研究–中国　Ⅳ.①X51

中国国家版本馆 CIP 数据核字（2023）第 220758 号

责任编辑：刘兴春　刘　婧　　　　文字编辑：丁海蓉
责任校对：宋　玮　　　　　　　　装帧设计：刘丽华

出版发行：化学工业出版社
　　　　　（北京市东城区青年湖南街 13 号　邮政编码 100011）
印　　装：北京建宏印刷有限公司
787mm×1092mm　1/16　印张 16　字数 345 千字
2024 年 2 月北京第 1 版第 1 次印刷

购书咨询：010-64518888　　　　　售后服务：010-64518899
网　　址：http://www.cip.com.cn

前　言

　　"资源型地区"与"大气重污染"大多相伴而生。依托丰富的资源，资源型产业大规模发展，资源开采、转运、加工过程中大量的污染物质进入大气中，加上我国资源型地区大多位于干旱半干旱区，湿沉降作用较弱，造成严重大气污染。

　　大气重污染成因与治理是我国生态环境领域的长期研究重点。2013年《大气污染防治行动计划》（简称"大气十条"）发布，明确要求"加强灰霾、臭氧的形成机理、来源解析、迁移规律和监测预警等研究，为污染治理提供科学支撑"。2017年，总理基金项目"大气重污染成因与治理攻关"启动，全国相关领域的 2000 多名专家在京津冀及周边地区 2＋26 个城市、汾渭平原 11 个城市驻点，"一市一策"定点帮扶，另有 58 个专家团队在长江经济带沿江城市驻点研究和技术指导，在区域重污染成因、污染物排放特征、区域中长期大气污染防治政策建议等方面取得了一系列成果。

　　山西省矿产资源丰富，目前已发现的矿产资源有 120 多种，探明储量的有 60 余种，煤炭、煤层气、铝土矿、铁矿、铜矿、金红石、冶金用白云岩、芒硝、石膏、耐火黏土、灰岩、铁矾土等资源储量居全国前列。其中，煤炭保有资源储量 2.709×10^{11} t，占全国保有资源储量的 17.3％，居全国第三位；铝土矿资源保有储量 1.527×10^9 t（矿石量），居全国第一，占全国保有资源储量的 32.44％；铁矿类型多，资源储量丰富，分布广泛，保有资源储量 3.937×10^9 t，居全国第八位。依托丰富的矿产资源，山西省的资源型产业大规模发展，煤炭年开采量约占到全国的 1/4，焦炭产量占全国产量的比重接近 1/4，火电、钢铁、水泥等行业规模也较大。伴随大规模的资源开采和加工，山西省大气污染问题突出，"烟囱林立，雾、霾频发"曾被作为山西省的标签。近年来，山西省充分发挥生态环境保护的引领、优化和倒逼作用，坚决遏制"两高"项目盲目发展，加速淘汰落后产能，全面推进产业结构调整，有序实施碳达峰和碳中和山西行动，生态环境质量得到大幅改善，优良天数比例由 2017 年的 65.7％提高到 72.1％，重污染天数比例降至 0.5％，重污染天数减少了 85％，SO_2 平均浓度连续四年保持 20％以上的改善幅度，降至 2021 年底的 $15 \mu g/m^3$，

PM$_{2.5}$ 年均浓度由 $55\mu g/m^3$ 降低至 $39\mu g/m^3$，首次进入"30＋"。山西省无论是资源禀赋、产业结构还是污染程度、治理历程都具有非常强的典型性，该省大气污染成因与治理的相关研究的成果对于其他资源型地区具有较好的参考价值。

自 2012 年以来，在山西省环境保护厅（现山西省生态环境厅）的指导和支持下，山西省环境规划院（山西省生态环境规划和技术研究院的前身）作为主要的科技支撑单位，深入参与全省的空气质量改善工作，在山西省的污染物排放清单编制、污染物来源解析、大气环境容量测算和空气质量改善政策措施等方面开展了一系列的工作，对全省的大气污染成因与治理有了一定的认识。作为相关工作的承担者，笔者深悉信息的交流与分享是科学研究进步的动力，有责任将关于山西省大气重污染成因与治理的研究进展和积累的成果及方法进行总结，供山西省以及我国同类资源型地区大气污染成因的研究者和大气污染治理的决策者参考。

本书分五篇，共 14 章，从自然和产业特征、污染物排放时空分布、污染来源解析、采取的政策措施、取得的成效等方面展开论述。图书内容主要是基于笔者及其团队多年的科研成果和经验总结，由罗锦洪统筹策划和组织编著，最后由张伟锋、谢卧龙统稿，罗锦洪定稿。除封面署名者外，第 4 章由李晓璐编著，第 5 章由焦姣编著，第 6 章由杨锦锦编著，第 13 章由武晓晖编著，第 14 章由李宇飞编著，张文峰、王娜、韩琦参与了第 1 章～第 3 章、第 8 章、第 9 章部分内容的编著。山西省生态环境规划和技术研究院刘亚敬院长、山西省生态环境监测和应急保障中心孙鹏程主任对本书的策划、编撰与成稿也给予了极大的指导及支持，在此一并表示感谢。感谢总理基金项目"大气重污染成因与治理攻关"、国家重点研发计划项目"汾河平原大气重污染成因和联防联控研究"（2019YFC0214200）、山西省科技重大专项计划揭榜挂帅项目"面向大气污染治理和碳中和的天空地一体化精准监测技术与装备研发"等项目的资助。

限于编著者水平及编著时间，书中不足和疏漏之处在所难免，恳请广大读者批评指正。

编著者
2023 年 5 月

目·录

第四篇　山西省空气补偿政策研究 159

第10章　空气质量生态补偿政策现状

第11章　山西省区域空气质量生态补偿政策研究

第12章　山西省人群健康空气质量生态补偿政策研究

第五篇   山西省大气环境管理政策实施评估   190

第13章   山西省"大气十条"实施方案评估

第 14 章　山西省"十三五"大气污染防治减污降碳效果评估

第一篇 总 论

○○ ── ● ── ○○ ○ ○○ ──────

第1章 山西省概况

1.1 自然状况

1.1.1 地理位置

山西省位于我国华北地区，坐落于太行山以西，黄河以东，介于北纬 $34°34'\sim40°44'$，东经 $110°14'\sim114°33'$ 之间，东西宽约 380km，南北长约 680km，总面积 $15.67×10^4km^2$，占全国陆地总面积的 1.6%。北与内蒙古自治区相连，南与河南省接壤，东接河北省，西邻陕西省，地理位置承东启西，连贯南北。

1.1.2 地形地貌

山西省位于黄土高原，全省海拔为 $1000\sim2000m$。海拔最高的为五台山叶头峰，达 3058m，最低的在垣曲县东南的西阳河入黄河处，海拔仅 180m，全省海拔差异明显。

山西省地貌情况复杂，整体以山地、丘陵为主，约占全省面积的 80%，其余地貌如高原、盆地、台地等，约占省面积的 20%。山西省境内沟壑纵横，山峦起伏，总体呈现"两山夹一川"的地势特征。东西两侧为山地丘陵，中部为塌陷盆地平原。东部是以太行山为主脉形成的块状山地，由北往南主要有恒山、句注山、五台山、系舟山、太行山、太岳山和中条山，海拔多在 1500m 以上。西部是以吕梁山为主干的黄土高原，自北向南分布有七峰山、洪涛山和吕梁山脉等主要山峰山脉，海拔也在 1500m 以上。中部由北向南依次为大同盆地、忻州盆地、太原盆地、临汾盆地和运城盆地等"多"字形断陷盆地，上述盆地为省内人口密集区和经济发达区。山西省西、南有黄河天堑，东有太行山为屏，外河而内山，固有"表里山河"的美誉，易守难攻，自古便为兵家必争之地。

山西省的主要城市均位于盆地区，由于高地的阻隔，盆地地形易形成静稳天气，不利于大气污染物的扩散。

1.1.3 气候气象

山西省地处中纬度地带的内陆，距海洋 400～500km，气候季节性变化明显，属温带大陆性季风气候，具有四季分明、雨热同期、光照充足、冬夏气温悬殊、南北气候差异显著、昼夜温差大等特点。省内气候按冷暖程度分，北部地区属中温带，南部地区属暖温带；按干湿度分，北部地区为半干旱气候，南部地区为半湿润气候。年平均气温为 4～14℃，冬季最低气温可低至零下 30℃，夏季最高温度可达 40℃。总体来说气温从北到南、从山地到平川逐渐升高，北部地区年平均气温一般在 5～7℃，太原盆地及晋东南地区年平均温度一般为 8～10℃。

山西省各地年降水量介于 358～621mm 之间，2020 年山西省平均年降水量为 547.1mm。全省降水量季节分布不均，夏季 6～8 月降水相对集中，约占全年降水量的 60%。

山西南北跨暖温带和中温带两个气候亚带，省境大部是半干旱气候，因降雨较少，山西省地表扬尘严重而湿沉降作用较弱，根据 2012～2014 年各市陆续开展的受体模型法源解析结果，山西省各市扬尘对 PM$_{2.5}$ 浓度的贡献在 24%（临汾市）到 46%（吕梁市）之间，大气中超过 1/4 的颗粒物来源于与干旱有关的扬尘。

1.1.4 资源禀赋

山西省自然资源非常丰富，矿产、能源资源富集程度高，储量及开发利用率居全国前列。

1.1.4.1 矿产资源

山西省矿产资源丰富，目前已发现的矿产资源有 120 多种，探明储量的有 60 余种，其中煤炭、煤层气、铝土矿、铁矿、铜矿、金红石、冶金用白云岩、芒硝、石膏、耐火黏土、灰岩、铁矾土等资源储量居全国前列。其中，煤炭保有资源储量 2.709×10^{11} t，占全国保有资源储量的 17.3%，居全国第三位；铝土矿资源保有储量 1.527×10^{9} t（矿石量），居全国第一，占全国保有资源储量的 32.44%；铁矿类型多，资源储量丰富，分布广泛，保有资源储量 3.937×10^9 t，居全国第八位；铜矿集中分布于山西省中条山区，保有资源储量 2.2994×10^6 t（金属量）；金红石保有资源储量 4.2638×10^6 t，居全国第二位。煤、铝土矿等沉积矿产分布广泛，铁矿、铜矿等重要矿产分布相对集中，但是重要金属矿产贫矿多、富矿少，共伴生矿多、单一矿少。

1.1.4.2 能源资源

山西省是能源大省，主要以煤炭、煤层气、风能及水力资源为主。长期以来，山西省一直是我国煤炭第一大省，全省有 40% 的国土面积保有煤炭资源，2007 年和 2012 年，山西省探明煤炭储量先后被内蒙古和新疆两地超越，目前山西省煤炭保有资源储量 2.709×10^{11} t，位居全国第三。丰富的煤炭资源同时带来了煤层气资源的富集。煤层气是与煤伴生、共生的气体资源，指储存在煤层中的烃类气体，以甲烷为主要成分，属于非常规天然气。山西省煤层气总量在 1.0×10^{13} m³ 以上，全国首屈一指，具有良好的发展前景，其中沁水盆地是我国两个煤层气产业化基地之一，可采资源量在 1.0×10^{12} m³ 以上。

山西省风能资源也很丰富，区域分布总体上可分为东部和西部，即以中部断陷盆地为界，西部为管涔山、吕梁山及其周边区域，风功率密度≥300W/m²，技术开发量为 5020MW，技术开发面积为 1612km²；东部为恒山、五台山、太行山、太岳山、中条山及其周边地区，风功率密度≥300W/m²，技术开发量为 7900MW，技术开发面积为 2449km²。

1.2 社会状况

1.2.1 行政区划

2020 年，山西省下辖共 11 个地级市，11 个县级市，26 个市辖区，80 个县，共计 579 个镇，610 个乡。

1.2.2 人口状况

根据山西省统计局发布的《山西省第七次全国人口普查公报》，截至 2020 年 11 月 1 日零时，山西省常住人口为 34915616 人，占全国人口比重的 2.47%。与 2010 年第六次人口普查相比，十年间我省人口减少了 796495 人，下降了 2.23%。全省城镇人口 21831484 人，占全省总人口的 62.53%，农村人口 13084122 人，占全省总人口的 34.47%。

全省 11 个地级市中，人口最多的为太原市，共 530.41 万人，占全省总人口的 15.19%，最少的为阳泉市，共 131.85 万人，占全省总人口的 3.78%，具体见表 1-1。

表 1-1　山西省人口数量

地级市	人口/万人	占比/%
太原市	530.41	15.19
大同市	310.56	8.89
阳泉市	131.85	3.78
忻州市	268.97	7.70
朔州市	159.34	4.56
晋中市	337.95	9.68
临汾市	397.65	11.39
吕梁市	339.84	9.73
长治市	318.09	9.11
晋城市	219.45	6.29
运城市	477.45	13.67
总计	3491.56	100.00

山西省主体民族为汉族,少数民族有回族、满族、蒙古族、彝族、苗族、土家族等。其中,汉族占全省总人口的 99.74%,少数民族人口占全省总人口的 0.26%。在少数民族中,回族居多,其次是满族与蒙古族。山西省少数民族人口很少,但分布很广,属散居分布。

1.2.3　国土利用情况

根据山西省人民政府公布的《山西省第三次国土调查主要数据公报》,截至 2019 年 12 月 31 日,山西省国土利用情况如下。

① 耕地 $3.8695 \times 10^6 hm^2$。其中,水田 $5000 hm^2$,占 0.13%;水浇地 $1.0478 \times 10^6 hm^2$,占 27.08%;旱地 $2.8167 \times 10^6 hm^2$,占 72.79%。忻州、临汾、吕梁、朔州、运城 5 个市耕地面积较大,占全省耕地的 61%。

② 园地 $6.409 \times 10^5 hm^2$。其中,果园 $5.538 \times 10^5 hm^2$,占 86.40%;茶园 $20 hm^2$,占 0.002%;其他园地 $8.71 \times 10^4 hm^2$,占 13.60%。园地主要分布在运城、吕梁、临汾 3 个市,占全省园地的 75%,其中临猗县园地面积最大,占全省园地的 15%。

③ 林地 $6.0957 \times 10^6 hm^2$。其中,乔木林地 $3.0324 \times 10^6 hm^2$,占 49.75%;竹林地 $300 hm^2$,占 0.005%;灌木林地 $1.7346 \times 10^6 hm^2$,占 28.46%;其他林地 $1.3284 \times 10^6 hm^2$,占 21.79%。吕梁、临汾、忻州、晋中 4 个市林地面积较大,占全省林地的 55%。

④ 草地 $3.1051 \times 10^6 hm^2$。其中,天然牧草地 $6700 hm^2$,占 0.21%;人工牧草地 $4800 hm^2$,占 0.15%;其他草地 $3.0936 \times 10^6 hm^2$,占 99.63%。草地主要分布在忻州、大同、吕梁、晋中、临汾 5 个市,占全省草地的 73%。

资源型地区大气污染成因与治理研究
——以山西省为例

⑤ 湿地 $5.44 \times 10^4 hm^2$，全省涉及 5 个二级地类。其中，森林沼泽 $50hm^2$，占 0.09%；灌丛沼泽 $900hm^2$，占 1.65%；沼泽草地 $400hm^2$，占 0.65%；内陆滩涂 $5.24 \times 10^4 hm^2$，占 96.22%；沼泽地 $800hm^2$，占 1.40%。湿地主要分布在忻州、运城 2 个市，占全省湿地的 46%。

⑥ 城镇村及工矿用地 $1.0176 \times 10^6 hm^2$。其中，城市用地 $1.082 \times 10^5 hm^2$，占 10.63%；建制镇用地 $1.069 \times 10^5 hm^2$，占 10.51%；村庄用地 $6.532 \times 10^5 hm^2$，占 64.19%；采矿用地 $1.326 \times 10^5 hm^2$，占 13.03%；风景名胜及特殊用地 $1.67 \times 10^4 hm^2$，占 1.64%。

⑦ 交通运输用地 $2.698 \times 10^5 hm^2$。其中，铁路用地 $2.58 \times 10^4 hm^2$，占 9.55%；轨道交通用地 $2hm^2$，占 0.001%；公路用地 $1.28 \times 10^5 hm^2$，占 47.43%；农村道路用地 $1.139 \times 10^5 hm^2$，占 42.22%；机场用地 $1900hm^2$，占 0.71%；港口码头用地 $10hm^2$，占 0.003%；管道运输用地 $200hm^2$，占 0.08%。

⑧ 水域及水利设施用地 $1.731 \times 10^5 hm^2$。其中，河流水面 $9.76 \times 10^4 hm^2$，占 56.39%；湖泊水面 $3600hm^2$，占 2.09%；水库水面 $3.56 \times 10^4 hm^2$，占 20.57%；坑塘水面 $1.07 \times 10^4 hm^2$，占 6.17%；沟渠 $1.93 \times 10^4 hm^2$，占 11.13%；水工建筑用地 $6300hm^2$，占 3.65%。运城、吕梁、忻州 3 个市水域面积较大，占全省水域的 42%。

山西省山地、丘陵面积占全省土地面积的 80.3%，适合建设的土地极为有限，工业企业与人类居住区都只能在面积有限的盆地平川区建设，工业企业普遍距离人类居住区较近，对人类居住区的污染也较大。

1.2.4　交通运输现状

① 2020 年，山西省铁路营业里程 6247km，公路通车里程 144323km，其中高速公路通车里程 5745km。铁路每百平方公里平均里程为 4km，公路每百平方公里平均里程为 92.1km。民用机场 7 个，即太原武宿国际机场、运城张孝机场、大同云冈机场、忻州五台山机场、长治王村机场、吕梁大武机场和临汾尧都机场，开通民用航空航线 260 余条。

② 2020 年，山西省总货运量 $1.90238 \times 10^9 t$，其中铁路货运量 $9.2002 \times 10^8 t$，占总货运量的 48.36%；公路货运量 $9.8206 \times 10^8 t$，占总货运量的 51.62%；水运货运量 2.4×10^5，民航货运量 $5.85 \times 10^4 t$，两者合占总货运量的 0.02%。

③ 2020 年，山西省旅客运输量 1.3757×10^8 人，比上年下降 38.3%，其中铁路旅客运输量 4.89×10^7 人，占总运输量的 35.55%，公路旅客运输量 7.46×10^7 人，占总运输量的 54.23%。旅客运输周转量 2.263×10^{10} 人公里，下降 42.8%，其中铁路旅客运输周转量 1.357×10^{10} 人公里，占总旅客运输周转量 59.96%，公路旅客运输周转量 9.06×10^9 人公里，占总旅客运输周转量 40.04%。年末全省民用汽车保有量 7.684×10^6 辆（包括三轮汽车和低速货车 3.7×10^4 辆），比上年末增长 7.6%，其中，私人汽车 6.912×10^6 辆，增长 7.3%。本年新注册汽车 6.29×10^5 辆，下降 2.6%。年末轿车保有量 4.721×10^6 辆，增长 6.7%，其中，私人轿车 4.51×10^6 辆，增长 7.0%。

1.3 经济产业现状

1.3.1 产业结构

2020 年山西省地区生产总值（GDP）为 1.765×10^{12} 元。其中第一产业 9.4×10^{10} 元，占全省 GDP 的 5.33%；第二产业 7.68×10^{11} 元，占全省 GDP 的 42.76%；第三产业 9.03×10^{11} 元，占全省 GDP 的 51.16%。在第二产业中，工业 GDP 为 6.73×10^{11} 元，占全省 GDP 的 38.13%，占第二产业 GDP 的 87.63%。

全省就业人数共 1738 万人。其中第一产业就业人数 424 万人，占总就业人数的 24.4%；第二产业就业人数 438 万人，占总就业人数的 25.2%；第三产业就业人数 876 万人，占总就业人数的 50.4%。

三次产业产值和从业人数占比是衡量一个地区经济发展阶段的重要指标。从三次产业 GDP 占比和从业人数占比来看，山西省第一产业占全省 GDP 的比重小于 10%，第三产业 GDP 占比高于第二产业，第一产业从业人数占比小于 30%，说明山西省已处于工业化后期。

1.3.1.1 产业结构发展变化历程

山西省 2011～2020 年十年间地区生产总值及三次产业产值见表 1-2。

表 1-2　山西省 2011～2020 年十年间地区生产总值及三次产业产值

年份	地区生产总值/10^{12} 元	第一产业/10^{12} 元	第二产业/10^{12} 元	第三产业/10^{12} 元
2011	1.089	0.0587	0.675	0.355
2012	1.168	0.0642	0.685	0.419
2013	1.199	0.0698	0.668	0.461
2014	1.209	0.0737	0.628	0.507
2015	1.184	0.0726	0.522	0.589
2016	1.195	0.072	0.511	0.612
2017	1.448	0.072	0.664	0.712
2018	1.596	0.074	0.707	0.815
2019	1.696	0.082	0.747	0.867
2020	1.765	0.094	0.768	0.903

由表 1-3 可知，相比于 2011 年，2020 年山西省三次产业产值占比发生了较大的变化。山西省第一产值占比总体来说变化不大，基本保持在 5% 左右。第二产业产值占比呈现下降趋势，10 年间第二产业产值占比下降了 18.47%。第三产业产值占比大幅上

升，从 2011 年的 32.63％上升到 2020 年的 51.16％，占比上升了 18.53％。

由表 1-2 可知，山西省地区 GDP 和三次产业产值均稳步提升。相比于 2011 年，2020 年山西省地区 GDP 增长了 $0.676×10^{12}$ 元，增幅为 62.08％，年平均增长 5.51％。其中第一产业增长为 $0.035×10^{12}$ 元，增幅为 60.14％，年平均增长 5.37％，占总增长量的 5.18％；第二产业增长为 $0.093×10^{12}$ 元，增幅为 13.78％，年平均增长 1.44％，占总增长量的 13.76％；第三产业增长为 $0.548×10^{12}$ 元，增幅为 154.37％，年平均增长 10.92％，占总增长量的 81.06％。可以看出，山西省近 10 年的 GDP 增长主要由第三产业贡献，贡献率高达 81.02％，产业转型升级效果明显。

表 1-3　山西省 2011～2020 年 10 年间三次产业产值占比情况

年份	第一产业产值占比/%	第二产业产值占比/%	第三产业产值占比/%
2011	5.39	61.98	32.63
2012	5.50	58.65	35.86
2013	5.82	55.71	38.47
2014	6.10	51.94	41.96
2015	6.13	44.09	49.78
2016	6.03	42.76	51.21
2017	4.97	45.86	49.17
2018	4.64	44.30	51.07
2019	4.83	44.04	51.12
2020	5.33	43.51	51.16

1.3.1.2　三次产业就业人员变化情况

2011～2020 年山西省三次产业就业人数如表 1-4 所列。10 年间第一产业就业人数减少了 226 万人，第一产业就业人数的减少释放了大量的劳动力，第二产业就业人数减少了 71 万人，第三产业就业人数增加了 218 万人。可以看出，第三产业是吸纳劳动力的主力产业。

表 1-4　2011～2020 年山西省三次产业就业人数

年份	第一产业就业人数/万人	第二产业就业人数/万人	第三产业就业人数/万人	总数/万人
2011	650	509	658	1817
2012	609	517	708	1834
2013	592	536	727	1855
2014	595	484	763	1842
2015	550	468	809	1827
2016	522	469	841	1832

年份	第一产业就业人数/万人	第二产业就业人数/万人	第三产业就业人数/万人	总数/万人
2017	500	458	853	1811
2018	478	437	875	1790
2019	462	425	876	1763
2020	424	438	876	1738

1.3.1.3 三次产业内部产值变化

2020年山西省第一产业产值中农业和林业产值占比占到了90%以上，其中农业产值占比为58.92%，牧业产值占比为33.21%。2016～2020年山西省农、林、牧、渔的产值在第一产业中的占比变化不大，农业产值占比在60%左右，林业产值占比在7%左右，牧业产值占比在30%左右，渔业产值占比在1%以下。从第二产业内部来看，工业产值和建筑业产值在第二产业产值中的占比基本保持稳定，分别保持在88%和12%左右。在第三产业内部，一般认为，批发和零售业，交通运输、仓储和邮政业，以及住宿和餐饮业为传统第三产业，金融业、房地产业以及社会服务、信息技术服务以及科研等为新兴第三产业。要想保持经济增长和社会发展活力，必须大力发展新兴第三产业。2020年，山西省第三产业内部产值占比最大的是社会服务、信息技术服务以及科研等其他服务业，占到了第三产业总产值的44.45%，其次是批发和零售业，占比为14.87%，金融业占比为13.47%，房地产业占比为13.20%，交通运输、仓储和邮政业占比为11.91%，住宿和餐饮业占比为2.09%。相比于全国平均水平，山西省批发和零售业、金融业和房地产业略低于全国平均水平1～3个百分点，交通运输、仓储和邮政业高于全国平均水平4.3个百分点，其余两个行业基本持平。新兴第三产业产值总占比为71.12%，内部结构相对合理。

从历史变化历程来看，批发和零售业，交通运输、仓储和邮政业，住宿和餐饮业以及金融业的产值占比呈逐年下降趋势，分别下降了2.42%、3.29%、4.05%和6.26%。房地产业和社会服务、信息技术服务以及科研等其他服务业的产值占比逐年上升，分别上升了1.79%和14.23%。按城市发展一般历程，当人均GDP超过2000美元时，交通运输、仓储和邮政业将会稳中有降，批发和零售业、金融业和房地产业会快速增长，又考虑到金融业对经济发展的催化作用，山西省金融业的缓慢发展对整体经济社会发展有一定的制约效应。

1.3.1.4 山西省不同设区市产业结构

从全省来看，第一产业产值最高的是运城市，占全省的28.30%，其次是临汾市和晋中市，分别占全省的11.98%和11.72%；第二产业产值最高的是太原市，占全省的19.57%，其次是吕梁市和长治市，分别占全省的11.92%和11.69%；第三产业产值最高的是太原市，占全省的28.88%。可以看出，太原市作为山西省的省会，其GDP占全省的23.47%，第二产业和第三产业产值均位列全省首位，省会效应明显，但省会首位度在全国范围内仍处于中下位置。

从11个设区市内部来看，除运城市第一产业占比为16.30%外，其余各市的第一产业产值占比均在10%以下。第二产业中，产值占比超过50%的有吕梁市、晋城市和长治市，其余各市均在50%以下，其中运城市最低，为34.13%。第三产业中，产值占比超过50%的有太原市、大同市、朔州市和阳泉市，其余各市均在50%以下，其中吕梁市最低，为35.57%。山西省内存在多种产业结构并存的现象，产业结构调整的空间差异十分明显。

根据山西省2015年环境统计数据，全省电力、冶金、建材、焦化、化工、采掘六大行业 SO_2、NO_x 和烟粉尘排放量分别占到排放总量的71.5%、62.7%和61.3%，重化工业导致的结构性污染十分明显。与河北、山东、河南、陕西、内蒙古等周边省（区）相比，山西省单位GDP煤炭消费量是其2.9～57.4倍，SO_2 排放是其1.3～3.6倍，NO_x 排放是其1.1～3.2倍，烟粉尘排放是其2.1～6.6倍。可以看出，高耗能高污染行业对山西省经济增长的贡献远大于周边省份。未来，山西省只有改变产业结构，选择更节能、更清洁的发展方式，才能从根本上满足全省人民经济水平和生态文明都不断提高的需求。

1.3.2 能源结构

1.3.2.1 能源生产结构

众所周知，山西省是一个煤炭大省，煤炭储量丰富，目前，山西省的煤炭储量为 $2.709 \times 10^{11} t$，居全国之首。从区域位置来看，山西省含煤面积 $6.48 \times 10^4 km^2$，约占全省国土总面积的40%，主要分布在大同、宁武、河东、西山、沁水、霍西六大煤田和浑源、繁峙、五台、垣曲、锐城、平陆等区县。丰富的煤炭储量使得山西省成为我国传统的能源生产基地。

从能源产量来看，2020年山西省一次能源生产总量 $7.3638 \times 10^8 t$ 标准煤，占全国一次能源生产总量的18.05%。原煤产量 $1.07906 \times 10^9 t$，同比增长8.2%，占全国煤炭产量的27.66%，居全国首位。焦炭产量 $1.04937 \times 10^8 t$，占全国总产量的22.27%，居全国首位，是第二名内蒙古自治区焦炭产量的两倍以上。发电量为 $3.0325 \times 10^{11} kW \cdot h$，占全国总发电量的4.09%，居全国第九位。

2011～2020年，10年间山西省主要能源产量均不同程度有所增长。相比于2011年，一次能源生产总量增长了 $8.701 \times 10^7 t$ 标准煤，增幅为13.40%；煤炭产量增长了 $2.0678 \times 10^8 t$，增幅为23.71%；焦炭产量增长了 $1.446 \times 10^7 t$，增幅为15.98%；总发电量增长了 $7.36 \times 10^{10} kW \cdot h$，增幅最大，达32.05%。从变化趋势上看，山西省一次能源生产总量呈现出先下降后上升的趋势。2011～2017年，山西省一次能源生产总量总体呈下降趋势，2017年降至最低，为 $5.5778 \times 10^8 t$ 标准煤，之后逐年快速增长，年平均增长率接近10%。煤炭产量和焦炭产量总体保持稳中有增的态势，历年产量有所波动，煤炭产量最低时是2016年，产量为 $8.3044 \times 10^8 t$，最高时是2020年，为

$1.07905 \times 10^9 \mathrm{t}$；焦炭产量最低时是 2015 年，产量为 $8.04 \times 10^7 \mathrm{t}$，最高时是 2020 年，为 $1.0494 \times 10^8 \mathrm{t}$。发电量总体呈逐年增长态势，尤其是"十三五"期间，山西省发电量增长了 $7.2321 \times 10^{10} \mathrm{kW \cdot h}$，增幅达 31.32%。

从能源生产结构来看，2020 年，煤炭是山西省第一大能源来源，占一次能源总产量的 96.77%，远高于全国 67.6% 的平均水平。风电、光伏、水电能源产量占比为 1.91%，煤层气能源产量占比为 1.32%。2011~2020 年，山西省 10 年间原煤能源产量占比呈逐年下降趋势，相比于 2011 年，2020 年原煤能源产量占比下降了 2.78 个百分点，风电、光伏、水电能源产量和煤层气能源产量占比呈上升趋势，分别上升了 1.65 个百分点和 1.13 个百分点。可以看出，虽然原煤能源产量占比有所下降，但占比仍在 95% 以上，短期内以煤为主的能源生产结构难以改变。

从电力生产结构来看，山西省发电装机容量达到 $1.038 \times 10^8 \mathrm{kW}$，较 2015 年增长 49%。其中火电装机容量 $6.8776 \times 10^7 \mathrm{kW}$，占全省装机容量的 66.2%，仍高于全国 56.59% 的平均水平；水电装机容量 $2.228 \times 10^6 \mathrm{kW}$，占全省装机容量的 2.1%；新能源发电装机容量 $3.2827 \times 10^7 \mathrm{kW}$，占全省装机容量的 31.6%，占比较 2015 年末提升 20.39 个百分点。电网结构持续优化。

2020 年，山西省总发电量为 $3.0325 \times 10^{11} \mathrm{kW \cdot h}$，其中火力发电为 $2.719 \times 10^{11} \mathrm{kW \cdot h}$，占总发电量的 89.67%。可见在电网结构中，火电装机容量有所下降，但实际发电仍是以煤为主，结构调整尚有很大的潜力可挖。

1.3.2.2 能源消费结构

丰富的煤炭供给深刻影响山西省的能源消费结构。作为国家能源基地，山西省形成了以煤为主的能源消费结构。2020 年，山西省能源消耗总量为 $2.1 \times 10^{12} \mathrm{t}$ 标准煤，占全国能源消耗总量的 4.22%。其中，煤炭消费量 $3.6186 \times 10^8 \mathrm{t}$，占全国煤炭消费总量的 7.27%；电力消费量 $2.45 \times 10^{11} \mathrm{kW \cdot h}$，占全国总用电量的 3.26%；焦炭消费量 $2.699 \times 10^7 \mathrm{t}$，占全国焦炭消费总量的 5.73%。

2011~2020 年山西省能源消费总量情况如表 1-5 所列。10 年间，山西省能源消耗总量增长了 $2.665 \times 10^7 \mathrm{t}$ 标准煤，增幅为 14.55%；煤炭消费量增长了 $5.829 \times 10^7 \mathrm{t}$，增幅为 17.12%；电力消费量增长了 $8.0 \times 10^{10} \mathrm{kW \cdot h}$，增幅为 48.44%；焦炭消费量增长了 $1.4 \times 10^6 \mathrm{t}$，增幅为 5.49%；汽油消费量增长了 $1.1 \times 10^5 \mathrm{t}$，增幅为 5.07%；柴油消费量减少了 $8.9 \times 10^5 \mathrm{t}$，降幅为 18.16%。

表 1-5　2011~2020 年山西省能源消费总量情况

年份	能源消耗总量 /$10^4 \mathrm{t}$ 标准煤	煤炭 /$10^4 \mathrm{t}$	电力 /$10^8 \mathrm{kW \cdot h}$	焦炭 /$10^4 \mathrm{t}$	汽油 /$10^4 \mathrm{t}$	柴油 /$10^4 \mathrm{t}$
2011	18315.14	30896.62	1650.40	2558.55	216.28	487.84
2012	19335.54	31084.62	1765.79	2938.55	224.11	497.47
2013	20273.50	33475.06	1832.34	2318.16	233.32	541.39

资源型地区大气污染成因与治理研究
——以山西省为例

年份	能源消耗总量 /10^4t 标准煤	煤炭 /10^4t	电力 /10^8kW·h	焦炭 /10^4t	汽油 /10^4t	柴油 /10^4t
2014	19862.84	32055.50	1826.87	2177.69	201.78	496.90
2015	19383.45	29427.78	1737.21	2083.45	208.48	517.22
2016	19400.62	30060.76	1797.18	2198.10	228.29	536.10
2017	20057.23	32170.52	1990.62	1958.74	257.71	559.82
2018	20199.04	33479.65	2275.66	2385.72	235.24	489.26
2019	20858.82	34906.52	2340.06	2526.53	247.64	500.20
2020	20980.55	36185.87	2449.92	2698.99	227.24	399.27

从变化趋势上来看，山西省能源消耗总量一直处于稳定增长态势，年平均增长率为 1.52%。煤炭消费总量在 2013 年达到 3.3475×10^8t 后存在一定时间内的回落，最低值在 2015 年，煤炭消费量为 2.9428×10^8t，之后又逐年上涨。电力消费量是各项能源消费中增幅最大的，接近 50%，年平均增长率 4.49%。焦炭消费量波动状态较大，最高时为 2012 年，达 2.939×10^7t；最低时为 2017 年，为 1.959×10^7t。汽油消费量变化较为平缓，十年间消费量基本保持在 2.20×10^6t 左右。柴油消费量是唯一一个消费水平下降的能源，下降了 8.9×10^5t，年平均降幅为 2.20%。

2020 年山西省分行业能源消费情况见表 1-6。可以看出山西省工业的能源消耗总量最大，为 1.7012×10^8t，占全省能源消耗总量的 81.09%，其次是人民生活及其他，为 2.155×10^7t，占全省能源消耗总量的 10.27%。煤炭消费量、电力消费量和焦炭消费量最大的行业仍是工业，分别占全省消耗量的 97.91%、77.10% 和 100%。汽油和柴油消费量最大的行业为交通运输、仓储和邮政业，分别占全省消耗量的 59.8%、57.95%。可以看出，山西省偏重的产业结构导致了能源消费量在工业领域的集中。

表 1-6 2020 年山西省分行业能源消费情况

行业	能源消耗总量 /10^4t 标准煤	煤炭 /10^4t	电力 /10^8kW·h	焦炭 /10^4t	汽油 /10^4t	柴油 /10^4t
农、林、牧、渔业	296.69	114.55	47.52	—	15.1	40.3
工业	17012.4	35431.37	1888.83	2698.99	6.61	70.85
建筑业	168.93	2.24	24.9	—	13.97	46.72
交通运输、仓储和邮政业	980.28	6.8	82.22	—	135.88	231.38
批发零售业和住宿餐饮业	367.33	134.18	58.6	—	6.78	6.03
人民生活及其他	2154.92	496.73	347.85	—	48.9	3.99

从工业内部来看，2020 年山西省不同工业行业能源消费情况见表 1-7。可以看出，能耗最大的两个行业为黑色金属冶炼和压延加工业与煤炭开采和洗选业，分别占到全省工业能源消耗总量的 24.93% 和 23.72%。煤炭消费量最大的两个行业是电力、热力生产和供应业与石油、煤炭及其他燃料加工业，消费量分别为 $1.4891 \times 10^8 t$ 和 $1.2878 \times 10^8 t$，分别占到工业煤炭消费总量的 42.03% 和 36.35%。电力消费最大的为电力、热力生产和供应业，占工业电力消费总量的 28.55%。焦炭消费量最大的行业为黑色金属冶炼和压延加工业，占工业焦炭消费总量的 96.81%。

表 1-7　2020 年山西省不同工业行业能源消费情况

行业类别	能源消耗总量 /10^4t 标准煤	煤炭 /10^4t	电力 /10^8kW·h	焦炭 /10^4t
煤炭开采和洗选业	4035.18	958.05	325.37	3.03
其他采矿业	302.65	49.19	83.7	11.48
石油、煤炭及其他燃料加工业	1958.21	12877.79	81.53	0.09
化学原料和化学品制造业	2248.01	1582.89	167.97	15.76
非金属矿物制造业	974.22	767.09	115.55	4.52
黑色金属冶炼和压延加工业	4240.49	2462.49	267.27	2612.91
有色金属冶炼和压延加工业	1109.97	1780.37	146.32	0.29
其他制造业	654.11	62.32	161.88	50.91
电力、热力生产和供应业	1489.56	14891.18	539.24	0
总计	17012.4	35431.37	1888.83	2698.99

山西省煤炭消费量全国排名第 2 位，SO_2、NO_x 和烟粉尘排放量全国排名分别为第 4 位、第 7 位和第 2 位。与河北省、山东省、河南省、陕西省、内蒙古自治区等周边省（区）相比，山西省单位面积煤炭消费量低于山东省，远高于河北省、河南省、陕西省和内蒙古自治区，分别是河北省、河南省、陕西省和内蒙古自治区的 1.5 倍、1.7 倍、2.7 倍和 7.7 倍；单位面积 SO_2 排放量低于山东省，高于河北省、河南省、陕西省和内蒙古自治区；单位面积 NO_x 排放量低于山东省、河北省和河南省，高于陕西省和内蒙古自治区；单位面积烟粉尘排放量全国最高。人类的生产和生活区域主要集中在平川地区，山西省平川区面积仅占全省总面积的 19.7%，平川区单位面积煤炭消费量以及排污量远大于周边省（区）。

资源型地区大气污染成因与治理研究
——以山西省为例

第2章 环境空气质量状况分析

2.1 各市环境空气质量状况

山西省 11 个设区市 2020 年环境空气达标天数平均为 263 天，平均达标天数比例为 71.9%，同比 2019 年，平均达标天数增加 31 天；轻、中度污染天数平均为 95 天，平均轻、中度污染天数比例为 25.9%；重污染天数平均为 8 天，平均重污染天数比例为 2.0%，同比 2019 年，平均重污染天数减少 3 天。

2020 年，山西省 11 个设区市中除大同外环境空气质量均未达空气质量二级标准，除大同市和吕梁市外 $PM_{2.5}$ 全部超标，除大同市外 PM_{10} 指标全部超标。山西省 SO_2、NO_2、PM_{10}、$PM_{2.5}$ 年均浓度分别为 $19\mu g/m^3$、$35\mu g/m^3$、$83\mu g/m^3$、$44\mu g/m^3$，CO 第 95 百分位数平均浓度、O_3 日最大 8 小时均值第 90 百分位数平均浓度分别为 $1.9mg/m^3$、$169\mu g/m^3$；其中 SO_2、NO_2、CO 平均浓度达标，PM_{10}、$PM_{2.5}$ 和 O_3 年均浓度超标，分别超标 0.19 倍、0.26 倍、0.06 倍。

2020 年山西省环境空气污染具有明显的季节变化特征，如图 2-1 所示。SO_2、NO_2、PM_{10}、$PM_{2.5}$、CO 均为采暖季最高，采暖月份和非采暖月份浓度有较为明显的变化分界，反映了山西省城市能源结构仍以煤炭为主，具有北方城市煤烟型污染的典型特点。此外，山西省呈现夏季 O_3 最高的特征，夏季 O_3 超标情况逐渐显著。

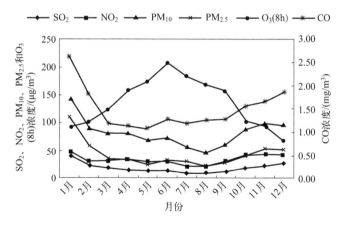

图 2-1 2020 年山西省环境空气主要污染物浓度月际变化趋势

2.2　区县空气质量概况

2020 年 PM$_{2.5}$ 浓度超标县（区、市）占比 69.7%，高值区主要分布在汾河串起的太原盆地、临汾盆地和运城盆地。PM$_{10}$ 浓度超标县（区、市）占比 68.1%，高值区既分布在太原盆地、临汾盆地和运城盆地区域，在晋中、晋城、长治、朔州、吕梁等的县（区、市）也都存在。O$_3$ 浓度高值区主要分布在各市的市区所在地，说明山西省当前的 O$_3$ 污染主要与人类生活源、移动源等的排污相关。SO$_2$ 浓度超标的县（区、市）占比 1.7%，高值区主要分布在太原盆地、临汾盆地以及阳泉、忻州和吕梁的部分县（区、市）。NO$_2$ 浓度超标的县（区、市）占比 13.4%，NO$_2$ 浓度高值区主要分布在太原盆地、吕梁和晋中的部分县（区、市）。

2.3　空气质量变化趋势

近年来，山西省环境空气质量逐步好转，传统煤烟型污染程度有所减轻，在全国 168 个环境空气质量重点城市中，山西省除临汾市、太原市外，其他各市全部退出倒数前十。根据 2015～2020 年空气质量标况统计结果，2015～2020 年间，全省大气中的 SO$_2$、CO、PM$_{2.5}$ 和 PM$_{10}$ 年平均浓度分别下降 68.85%、45.71%、21.43%、1.31%，但 NO$_2$ 和 O$_3$ 平均浓度分别升高 2.94%、26.12%，特别是 O$_3$，山西省 O$_3$ 平均浓度 2015～2020 年逐年升高，已逐渐成为影响山西省环境空气质量的重要指标，如图 2-2 所示。

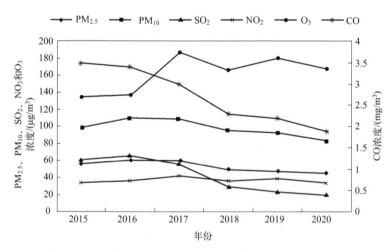

图 2-2　山西省 2015～2020 年大气主要污染物浓度（标况）变化

资源型地区大气污染成因与治理研究
——以山西省为例

2.4 与周边省份对比

与京津冀及周边区域涉及的北京、天津、河北、山东、河南省（市）相比，山西省2020年$PM_{2.5}$年均浓度仅次于北京市，O_3年评价结果仅次于河南省，但综合指数、SO_2年均浓度、PM_{10}年均浓度、CO年评价结果均最差，NO_2年均浓度仅优于天津市，总体上山西省环境空气质量水平较其他省份还有一定差距。2020年山西省环境空气质量平均综合指数为5.17，明显差于京津冀地区平均水平（平均综合指数为4.87），较168个城市空气质量平均水平（平均综合指数为5.26）还有一定差距。

第二篇 大气污染物排放与空气质量响应关系

○○ —— ○ ○○ ──────

空气质量受排放强度、区域传输、扩散条件、降雨量等多种因素的影响，其中排放强度与空气质量间的关系最为直接。作为典型的资源型地区，山西省单位面积煤炭消费量远高于河北省、河南省、陕西省和内蒙古自治区等周边省份，分别是河北省、河南省、陕西省和内蒙古自治区的 1.5 倍、1.7 倍、2.7 倍和 7.7 倍，相应的大气污染物排放量也较大。笔者分别通过源清单法、源模型法和受体模型法对山西省大气颗粒物及臭氧的来源进行了解析，并利用扩散模型估算了不同的空气质量目标下山西省各项大气污染物的允许排放量。

第3章 山西省大气污染物排放情况

大气污染物排放清单指各种排放源在一定时间跨度和空间区域内向大气排放的大气污染物的量的集合。一套完整的大气污染物排放清单应当覆盖化石燃料固定燃烧、工艺过程、移动源、溶剂使用、开放扬尘、生物质燃烧和农业等排放源，包含二氧化硫（SO_2）、氮氧化物（NO_x）、一氧化碳（CO）、挥发性有机物（VOCs）、氨（NH_3）、一次颗粒物（$PM_{2.5}$ 和 PM_{10}）和臭氧（O_3）等大气污染物，并具备动态更新机制。准确、更新及时、高分辨率排放清单是识别污染来源、支撑模式模拟、分析解释观测结果和制定减排控制方案的重要基础，无论对于大气化学与气候相互作用、大气复合污染来源识别等科学问题探究，还是对于污染物总量减排、空气质量达标等环境管理问题来说，都是极为关键的核心支撑。目前开展的 PM$_{2.5}$ 来源解析、空气质量预报预警、重污染天气应急方案制订及效果评估、污染物总量减排核查核算、空气质量达标规划等工作无一不需要完整的大气污染物排放清单作为核心基础数据支撑。由于我国大气污染物排放源构成复杂、技术更新迅速且相关信息获取困难，相应的管理机制尚未建立，故目前没有完整的国家大气污染物排放清单，这成为当前制约我国空气质量管理的瓶颈之一。

本书根据生态环境保护部（现生态环境部）发布的大气污染物排放清单编制技术指南，对山西省大气污染物的排放源详细分类，研究各类污染源排放清单的调查方法及排放清单计算方法，同时采用一些新的、山西省特有的排放因子，依次对山西省主要污染源排放情况进行详细的调查统计，得到基准年山西省大气污染物排放清单数据库，为后续研究提供基础理论数据。

3.1 山西省大气污染物排放清单体系的构建

3.1.1 大气污染源识别与分类

山西省的清单编制主要根据《城市大气污染物排放清单编制技术手册》，结合山西省的国民经济行业分类特点，充分考虑活动水平数据获取的途径与可能性，尝试建立起一套统一、完整、规范且适用于山西省实际情况的区域大气排放源分类体系，以保证区域大气排放源清单开发的质量与可比性，满足后续研究需求。根据《城市大气污染物排放清单编制技术手册》，山西省的大气污染源分为化石燃料固定燃烧源、工艺过程源、移动源、溶剂使用源、农业源、扬尘源、生物质燃烧源、储存运输源、废弃物处理源和其他排放源十大类，见表3-1。

表 3-1 排放源的一级分类

名称	定义描述
化石燃料固定燃烧源	利用煤炭、石油和天然气等化石燃料燃烧时产生的热能与水蒸气，为发电、工业生产和居民生活、公益事业、商业等活动提供热能及动力的能源供应行为
工艺过程源	工业生产过程中，原料发生物理或化学变化的同时，可能向大气排放污染物的工业行为，如原料加工、燃烧、加热、冷却过程
移动源	指由发动机牵引的能够移动的各种客运、货运交通设施和机械设备
溶剂使用源	指生产、使用有机溶剂的工业生产和生活部门
农业源	在农业生产和畜牧业养殖过程中排放大气污染物的各种活动及行为
扬尘源	道路、施工或地面松散颗粒物质在自然力或人力作用下进入环境空气中形成一定粒径范围的空气颗粒，从而对大气造成污染的行为

名称	定义描述
生物质燃烧源	指锅炉、炉具等使用未经过改性加工的生物质材料的燃烧过程，以及森林火灾、草原火灾、秸秆露天焚烧等
储存运输源	挥发性油气产品被收集、储存、运输和销售的过程
废弃物处理源	由工业和生活部门产生，进入集中处理处置设施内的废水、固体废弃物以及烟气脱硝过程副产品
其他排放源	上述源分类未涵盖的大气污染物排放源集合

针对污染物产生机理和排放特征的差异，按照部门/行业、燃料/产品、燃烧/工艺技术以及末端控制技术将每类排放源分为四级，自第一级至第四级逐级建立完整的排放源分类分级体系。第三级排放源重点识别排放量大、受燃烧/工艺技术影响显著的重点排放源。对于排放量受燃烧/工艺技术影响不大的燃料和产品，第三级层面不再细分，在第二级下直接建立第四级分类。山西省大气污染源二级、三级和四级分类体系见表3-2。

表3-2 山西省大气污染源二级、三级和四级分类体系

部门	行业	二级分类	三级分类	四级分类
化石燃料固定燃烧源	电力	煤炭、各种气体和液体燃料等化石燃料	锅炉和炉灶等燃烧设备	除尘、脱硫和脱硝污染控制措施及无控制措施
	工业锅炉			
	民用源			
工艺过程源	钢铁	行业主要产品，如水泥、砖瓦、陶瓷等	主要生产工艺和技术设备，如新型干法、粉磨等	除尘、脱硫和脱硝污染控制措施及无控制措施
	水泥			
	焦化			
	化工			
	其他			
移动源	道路移动源	微、小、中、大型载客——汽油、柴油、其他	国1前、国1、国2、国3、国4和国5	按无控情况处理
		微、轻、中、重型载货——汽油、柴油、其他		
		普通、轻便摩托车——汽油		
	非道路移动源	三轮汽车——柴油		
		低速货车——柴油		
		拖拉机、联合收割机、排灌机械等		
		挖掘机、推土机、装载机、叉车等		

资源型地区大气污染成因与治理研究
——以山西省为例

部门	行业	二级分类	三级分类	四级分类
溶剂使用源	印刷印染	杀虫剂、除草剂、杀菌剂使用及建筑涂料、汽车喷涂和表面涂装等溶剂使用过程	传统/新型油墨	按无控情况处理
	表面涂层		水性涂料、溶剂涂料等涂料类型	
	农药使用			
	其他溶剂使用			
	建筑涂料			
农业源	畜禽养殖	化肥、畜禽、固氮植物和秸秆等	散养/集约化养殖和放牧	按无控情况处理
	氮肥施用		—	
	土壤本底			
	固氮植物			
	秸秆堆肥			
	人体粪便			
扬尘源	道路扬尘	农田、荒地、道路、施工工地和料堆等扬尘排放表面	涵盖各种土壤、道路和施工过程	包括洒水、清扫、喷洒抑尘剂等城市扬尘源治理措施
	施工扬尘			
	土壤扬尘			
	堆场扬尘			
生物质燃烧源	生物质燃料	秸秆、薪柴、生物质成型燃料	生物质锅炉、户用炉具和开放燃烧等燃烧方式	生物质锅炉：除尘、脱硫和脱硝，其他均按无控处理
	生物质开放燃烧	草原、森林等		
储存运输源	油气储存	汽油、柴油等储存、运输以及加油站销售过程	—	一次、二次以及三次油气回收和无油气回收的情况
	油气运输			
	油气销售			
废弃物处理源	污水处理	废水	—	按无控情况处理
	固体废物处理	固体废物	固体废物填埋/堆肥/焚烧	
	烟气脱硝	脱硝烟气	选择性催化还原法和选择性非催化还原法	
其他排放源	生活餐饮源	炊事油烟	—	油烟净化器和无控制措施情况

3.1.2 污染物排放量的计算方法

区域排放源清单由于污染源种类复杂、活动水平数据收集及污染源排放特征研究的缺乏，很难用单一的方法与手段来建立。一般采用基于"自下而上""自上而下"相结合的方法，综合运用物料衡算法、排放因子法、专家判断、模型计算、经验系数等方法。

"自下而上"指的是通过估算每一个企业个体的排放量，再汇总得到每一个城市的排放量，这种方法更多应用于有详细活动水平信息的排放源，如电厂、能源工业燃烧以及部分行业的工业过程排放等。"自上而下"通常指的是利用市级的活动水平数据及平均排放因子估算出各市的污染物总量，再结合相关代用空间权重参数进一步获得个体网格区域的污染物排放，这种方法多应用于较为分散的面源以及线源等，这些排放源的活动水平数据通常较难获取，仅能获得市一级水平信息。

物料衡算法是根据物质质量守恒定律，对生产过程中使用的物料变化情况进行定量分析的一种方法。在清单估算中，物料衡算法通常用于估算燃料燃烧的 SO_2 排放，其基本计算公式如下：

$$E = \sum_{i=1}^{n} C_k W_{i,k} S_{i,k} \ (1-\eta_i) \tag{3-1}$$

式中　E——SO_2 排放总量；

　　　i——第 i 个企业；

　　　n——企业数量；

　　　k——燃料类型；

　　　C_k——燃料系数，当 k 为燃煤时 $C_k=16$，当 k 为燃油时 $C_k=20$；

　　　W——燃料的消耗量；

　　　S——燃料的含硫率；

　　　η——企业控制措施的去除效率。

排放因子法是将污染源按照经济部门、技术特征等划分为若干个基本排放单元，并为每个单元获取活动水平信息和包含了控制减排效应的排放因子信息，以计算出污染物的排放量。其中，排放因子指的是在经济、技术和管理条件下，单位活动水平信息与产生的污染物间的量比关系。该方法的基本计算公式为：

$$E = \sum A \times EF \tag{3-2}$$

式中　E——某一污染物的年排放量；

　　　A——活动水平数据；

　　　EF——相应的排放因子。

针对不同排放源，活动水平特指的数据类型不同，如电厂、其他工业锅炉燃烧的活动水平为燃料消耗量，工艺过程排放的活动水平指的是工业产品产量或原辅材料用量。

3.1.3 排放因子和活动水平数据的确定与获取

3.1.3.1 化石燃料固定燃烧源

化石燃料固定燃烧源是指利用煤炭、石油和天然气等燃料燃烧时产生的热能与水蒸气，为发电、工业生产和居民生活、公益事业、商业等活动提供热能及动力的能源供应行为。化石燃料固定燃烧源的污染物排放与能源使用部门密切相关，主要能源使用部门包括电厂、供热部门、工业燃烧部门和民用燃烧部门等，主要向大气排放 SO_2、NO_x、VOCs、PM_{10}、$PM_{2.5}$、BC（黑碳）、OC（有机碳）、CO 等常规污染物。

（1）电力部门

电力部门包括各类火力发电企业，含热电厂和企业自备电厂。以机组为单位，按点源处理，机组基本信息来源于电力行业调研结果。其估算方法及活动水平、排放因子等参数数据来源如表 3-3 所列。

表 3-3 电力排放估算方法及所需参数

污染物	估算方法	估算公式	所需参数	数据来源
SO_2	物料衡算法	$E = SAC(1-\eta_{SO_2}) \times 10^{-3}$ （E 为 SO_2 排放量，t）	A 为机组发电煤炭消耗量，t	调研数据
			S 为机组发电煤炭平均含硫率	
			C 为二氧化硫释放系数，燃煤机组取 1.7，燃油机组取 2.0	—
			η_{SO_2} 为机组的综合脱硫效率	调研数据
NO_x VOCs $PM_{2.5}$ PM_{10} BC OC CO	排放因子法	$E_i = \sum A_k \times EF_{i,k,m} \times (1-\eta) \times 10^{-3}$ $EF_{PM_{10}/PM_{2.5}} = 10 A_{ar}(1-ar)$ $f_{PM_{10}/PM_{2.5}}$ （E_i 为污染物排放总量，t；i 为污染物种类；k 为燃料类别；m 为燃烧技术类型）	A_k 为电力机组对应的燃料消耗量，t	调研数据
			$EF_{i,k,m}$ 为排放因子，g/kg；	EF_{NO_x}："十二五"主要污染物总量减排核算细则； $EF_{PM_{10}/PM_{2.5}}$：清单编制技术手册/指南中排放因子计算公式得到； EF_{VOCs}、EF_{NH_3}：清单编制技术手册/指南
			A_{ar} 为平均燃煤收到基灰分，%	调研数据
			ar 为灰分进入底灰的比例	
			$f_{PM_{10}/PM_{2.5}}$ 为排放源产生的总颗粒物中 $PM_{10}/PM_{2.5}$ 所占比例	调研得到的污染控制技术结合清单编制技术手册/指南

（2）工业锅炉源

工业锅炉源包括各类使用工业锅炉的工业企业。以企业为单位，基本信息来源于环境统计数据。锅炉脱硫除尘方法通过调研获取。工业锅炉排放的 SO_2、NO_x、VOCs、$PM_{2.5}$、PM_{10}、BC、OC 和 CO 的计算方法同电力行业，其中 NO_x 按照直排计算，具体参数及数据来源见表 3-4。

表 3-4　工业锅炉排放估算方法及所需参数

污染物	估算方法	所需参数		数据来源
SO_2	物料衡算法	燃料消耗量		调研数据，结合环境统计数据
		燃料平均含硫率		
		综合脱硫效率		
NO_x VOCs $PM_{2.5}$ PM_{10} BC OC CO	排放因子法	活动水平	燃料消耗量	调研数据，结合环境统计数据
		排放因子	EF_i，即排放因子	根据清单编制技术手册/指南中排放因子计算公式得到
		控制技术	污染物控制效率	调研得到的污染控制技术结合清单编制技术手册/指南

（3）民用源

民用源包括商业、城市居民、农村居民使用的各种固定燃烧设施。以县为单位，生活燃煤量通过山西省统计数据，结合生活民用散煤调研数据获取，生活民用源产生的 SO_2、NO_x、VOCs、$PM_{2.5}$、PM_{10}、BC、OC 和 CO 等多种气态污染物与颗粒物均采用基于活动水平数据的排放因子法进行污染物排放量估算，各项污染物均按照直排计算。

民用源排放估算方法及所需参数见表 3-5。

表 3-5　民用源排放估算方法及所需参数

污染物	估算方法	所需参数		数据来源
SO_2、NO_x、 $PM_{2.5}$、PM_{10}、 VOCs、BC、OC	排放因子法	活动水平	生活燃煤量和燃气量	统计数据，结合调研数据
		排放因子	EF_i，即排放因子	清单编制技术手册/指南
		控制技术	污染物控制效率	按直排进行计算

3.1.3.2　工艺过程源

工艺过程源是指工业生产和加工过程中，以对工业原料进行物理和化学转化为目的的工业活动，包括了所有在工业生产过程中，由于原料发生物理或化学变化，如原料加工、燃烧、加热、冷却过程而向大气排放污染物的工业行为。主要包括建材、化工、有色冶金等行业。其中既有生产过程中由原辅材料加工反应而产生的排放，也有原料在生

022　　资源型地区大气污染成因与治理研究
　　　　——以山西省为例

产过程中运输和处理时的排放；既有经工厂烟囱的有组织排放，也有加工过程中由逸散、泄漏而产生的无组织排放。估算工艺过程源污染物排放量，所需要的活动数据主要包括工业产品产量、原料消耗或处理量、控制措施类型及其去除效率等。其中产品产量数据主要有三个来源：一是污染物排放申报登记年度统计数据中各个企业的产品产量信息；二是山西省和各市的统计年鉴中的产品产量数据；三是通过调研获得。

（1）建材

建材包括水泥、砖瓦、石灰石膏、陶瓷等产品。其中水泥以生产线为单位，基本信息来源于污染减排核查核算水泥行业全口径数据，以及水泥行业调研数据。其他以企业为单位，基本信息来源于环境统计数据。建材生产过程中产生的 SO_2、NO_x、VOCs、$PM_{2.5}$、PM_{10}、BC、OC 和 CO 等多种气态污染物与颗粒物，其排放量采用基于产品产量的排放因子法进行排放估算。

建材排放估算方法及所需参数见表 3-6。

表 3-6　建材排放估算方法及所需参数

污染物	估算方法	所需参数		数据来源
SO_2 NO_x VOCs $PM_{2.5}$ PM_{10} BC OC CO	基于产品产量的排放因子法	活动水平	各种工艺产品产量	水泥：污染减排核查核算水泥行业全口径数据，以及水泥行业调研数据 其他建材企业：环境统计数据，以及调研数据
		排放因子	EF_i，即排放因子	根据清单编制技术手册/指南中排放因子计算公式得到
		控制技术	污染物控制效率	根据环统数据和调研数据，参考清单编制技术手册/指南中各种污染控制技术的去除效率

（2）化工

化工行业，以企业为单位，基本信息来源于环境统计数据和化工行业调研数据。化工化纤生产过程中排放的 SO_2、VOCs、NH_3、$PM_{2.5}$、PM_{10} 和 CO 等多种气态污染物与颗粒物，其排放量采用基于产品产量的排放因子法进行排放估算。

化工排放估算方法及所需参数见表 3-7。

表 3-7　化工排放估算方法及所需参数

污染物	估算方法	所需参数		数据来源
SO_2 VOCs NH_3 PM_{10} $PM_{2.5}$ CO	基于产品产量的排放因子法	活动水平	各工艺产品产量	环境统计数据结合化工行业调研数据
		排放因子	EF_i，即排放因子	根据清单编制技术手册/指南中排放因子计算公式得到
		控制技术	污染物控制效率	环境统计数据和调研得到的污染控制技术结合清单编制技术手册/指南

（3）其他

其他工艺过程，以企业为单位，基本信息来源于环境统计数据。其他工艺过程排放的 SO_2、NO_x、VOCs、$PM_{2.5}$、PM_{10}、BC、OC 和 CO 的估算方法同化工行业一致，采用基于产品产量的排放因子法，其所需参数及数据来源同化工行业一致。

3.1.3.3　移动源

（1）道路移动源

道路移动源包括了交通运输设施设备在道路交通、发动机汽油蒸发逸散和轮胎、刹车装置以及路面磨损过程中排放大气污染物的行为。在道路上行驶的机动车一般是靠燃烧化石燃料（汽油、柴油、液化石油气等）的内燃机来提供动力，在实际燃烧过程中由于燃烧不充分，机动车尾气中会排放出 SO_2、NO_x、VOCs、NH_3、$PM_{2.5}$、PM_{10}、BC、OC 和 CO 等多种气态污染物与颗粒态污染物。

机动车排放估算方法及所需参数见表 3-8。

表 3-8　机动车排放估算方法及所需参数

污染物	估算公式	所需参数	数据获取
SO_2 NO_x VOCs NH_3 $PM_{2.5}$ PM_{10} BC OC CO	$E_i = \sum P_j \times VKT_{i,j} \times EF_{i,j} \times 10^{-6}$ E_i 为机动车 i 类污染物年排放总量，t；ㅤi 为污染物种类；ㅤj 为车型分类，包括车型、燃料类型、排放标准等因素	$EF_{i,j}$ 为 j 型车的第 i 类污染物的平均排放因子，g/（km·辆）	清单编制技术手册/指南
		P_j 为 j 型车的机动车保有量，辆	环境统计数据，结合交运部门调研获取
		$VKT_{i,j}$ 为 j 型车的年平均行驶里程，km/辆	清单编制技术手册/指南推荐值

（2）非道路移动源

非道路移动源包括排放大气污染物的所有配备燃烧引擎且不在道路上行驶的移动机械和设备，主要包括农业机械、工程机械、船舶、火车和飞机等类别。非道路移动机械的主要动力装置是内燃机，机型多为柴油机，燃料则以重油和柴油为主，燃烧尾气中存在 SO_2、NO_x、VOCs、颗粒物（PM_{10}、$PM_{2.5}$）、BO、OC 和 CO 等污染物。与道路移动源相比，非道路移动源具有使用期限长、保有量大、使用维护水平低、单机排放量高的特点。

山西省涉及的非道路移动源包括农业机械、工程机械、火车、飞机等，由于火车的活动水平数据无法获得，本次估算仅考虑农业机械和工程机械两类源。农业机械和工程机械排放估算方法及所需参数见表 3-9。

资源型地区大气污染成因与治理研究
——以山西省为例

表 3-9　农业机械和工程机械排放估算方法及所需参数

污染物	估算方法	估算公式	所需参数	数据获取
SO_2 NO_x VOCs NH_3 $PM_{2.5}$ PM_{10} BC OC CO	排放因子法	$E_i = \sum P_j \times G_j \times LF \times hr_j \times EF_{i,j} \times 10^{-6}$ E_i 为非道路移动源 i 类污染物年排放总量，t； i 为污染物种类； j 为非道路移动机械的类别	P_j 为农业机械和工程机械保有量； G_j 为 j 类机械平均额定净功率，kW	P_j 中，农业机械保有量由农机部门调研获取；工程机械保有量由国家工程机械统计数据获取。G_j 由统计年鉴获取
			$EF_{i,j}$ 为 j 型车的第 i 类污染物的平均排放因子，g/（kW·h）	清单编制技术手册/指南
			LF 为负载因子	清单编制技术手册/指南推荐值，取 0.65
			hr_j 为年使用小时数，h	调研获取

3.1.3.4　溶剂使用源

有机溶剂使用源是指有机溶剂在生产和使用过程中由溶剂挥发导致 VOCs 排放。它涉及的行业非常广泛，包括涂料和胶黏剂的使用、印刷、农药使用、干洗、生活和商业溶剂使用等排放源。有机溶剂使用源涉及居民生活和工业、服务业等众多行业类型，并且排放源的分散性与复杂性往往导致活动数据较难获取。

溶剂使用源 VOCs 排放估算方法及所需参数见表 3-10。

表 3-10　溶剂使用源 VOCs 排放估算方法及所需参数

污染物	估算方法	估算公式	所需参数	数据来源
VOCs	排放因子法	$E_j = \sum A_{i,j} \times EF_{i,j} \times (1 - \eta) \times 10^{-3}$ i 为原辅料类型/产品类型等； j 为行业类； E_i 为 VOCs 排放量，kg/a	$A_{i,j}$ 为行业 j 的第 i 种原辅料消耗量/产品产量等，kg/a η 为污染控制技术去除效率	环境统计数据、统计年鉴、相关行业报告、典型企业实地调研等
			$EF_{i,j}$ 为行业 j 的第 i 种原辅料用量/产品产量排放因子等，g/kg	清单编制技术手册/指南

3.1.3.5　农业源

在农业生产和畜牧业发展过程中，畜禽养殖、肥料施用、秸秆堆肥等相关活动都会向大气中排放污染物，其中以 NH_3 排放为主。

（1）农田生态系统

农田生态系统中包括氮肥施用、固氮植物、土壤本底等排放过程，其中氮肥种类包括尿素、碳铵、硝铵、硫铵、其他氮肥 5 类。

农业源排放估算方法及所需参数见表 3-11。

表 3-11　农业源排放估算方法及所需参数

排放过程	估算方法	估算公式	所需参数	数据获取
氮肥施用	排放因子法	$E_{氮肥}=E_{尿素}+E_{碳铵}+$ $E_{硝铵}+E_{硫铵}+E_{其他}$ $E_{尿素}=A_{尿素}×EF_{尿素}$ $E_{碳铵}=A_{碳铵}×EF_{碳铵}$ $E_{硝铵}=A_{硝铵}×EF_{硝铵}$ $E_{硫铵}=A_{硫铵}×EF_{硫铵}$ $E_{其他}=A_{其他}×EF_{其他}$	A 为各种氮肥施用量，kg	统计年鉴
			EF 为实际排放系数，EF＝基准排放系数×施肥率校正系数×施肥方式校正系数，kg（氨）/kg（氮肥）	参考排放清单编制技术指南推荐的基准排放系数，其中气象要素参考气象监测数据，土壤酸碱度性质参见中国土壤数据集。施肥率校正系数，每亩耕地施肥高于 13kg 氮的地区，施肥率校正系数为 1.18，其他地区为 1.0。施肥方式校正系数，覆土深施时取 0.32，表面撒施时为 1.0
土壤本底	排放因子法	$E=A×EF$	EF 为土壤本底排放系数，即每亩耕地每年向大气排放氨的量	参考大气氨源排放清单编制技术指南推值，取 0.12kg（氨）/（亩·a）
			A 为活动水平，即该地区的耕地面积，亩（1 亩≈667m²）	统计年鉴
固氮植物	排放因子法	$E=A×EF$	EF 为固氮植物排放系数，即该植物单位固氮量排放大气氨的量	主要考虑的固氮植物为大豆，大气氨源排放清单编制技术指南推荐值为 0.07kg 氨/（亩·a）
			A 为活动水平，即该地区固氮植物的种植面积，亩	统计年鉴

（2）畜禽养殖

畜禽养殖中，氨排放主要来自包括粪便和尿液在内的动物排泄物，在微生物作用下，排泄物中的含氮物质进行氧化和分解，有机氮转化为无机氮并以氨的形式排放到大气中。氨排放首先与畜禽种类有直接关系，畜禽种类决定了其排泄物的产生量，粪便产生后的氨排放则受畜禽舍结构、舍内地面类型、粪便清理方式、储存设施等因素的影响。

畜禽养殖排放估算方法及所需参数见表 3-12。

资源型地区大气污染成因与治理研究
——以山西省为例

表 3-12 畜禽养殖排放估算方法及所需参数

排放过程	估算方法	估算公式	所需参数	数据获取
畜禽养殖	排放因子法	$E=\sum A_i \times EF_i \times 1.214$ E 为畜禽养殖释放氨总量；i 分别指户外、圈舍-液态、圈舍-固态过程	EF_i 为排放系数，百分比或氨-氮/总铵态氮	排放清单编制技术指南推荐值
			A_i 为活动水平	
室内户外总铵态氮	排放因子法	$TAN_{室内,户外}=$畜禽年内饲养量×单位畜禽排泄量×含氮量×铵态氮比例×室内户外比	畜禽年内饲养量	对于饲养周期大于 1 年（365 天）的畜禽，畜禽年内饲养量可视为畜禽养殖业统计资料中的动物"年底存栏数"，如黄牛、母猪、蛋鸡等。对于肉用畜禽来说，除牛、羊外，饲养期都小于 1 年，用统计数据中的"出栏数"表示
			单位畜禽排泄量	排放清单编制技术指南推荐值
			含氮量	
			铵态氮比例	
			室内户外比	散养和放牧养殖时畜禽排泄物在室内户外各占 50%
圈舍内排泄阶段	排放因子法	$A_{圈舍-液态}=TAN_{室内} \times X_液$ $A_{圈舍-固态}=TAN_{室内} \times (1-X_液)$	$X_液$ 为液态粪肥占总粪肥的质量比例，散养畜禽均取 11%；集约化养殖中畜类取 50%，禽类取 0；放牧畜禽均取 0	
粪便储存处理	排放因子法	$A_{储存-液态}=TAN_{室内} \times X_液 -EN_{圈舍-液态}$ $A_{储存-固态}=TAN_{室内} \times (1-X_液)-EN_{圈舍-固态}$ 其中，$EN_{圈舍-液态}=A_{圈舍-液态} \times EF_{圈舍-液态}$，$EN_{圈舍-固态}=A_{圈舍-固态} \times EF_{圈舍-固态}$		

排放过程	估算方法	估算公式	所需参数	数据获取
施肥过程中液态和固态的总铵态氮	排放因子法	$A_{施肥-液态} = (TAN_{室内} \times X_{液} - EN_{圈舍-液态} - EN_{储存-液态} - EN_{N损失-液态}) \times (1 - R_{饲料})$ 其中，$EN_{储存-液态} = A_{储存-液态} \times EF_{储存-液态}$，$EN_{储存-固态} = A_{储存-固态} \times EF_{储存-固态}$	$R_{饲料}$为粪肥用作生态饲料的比例，通常仅考虑集约化养殖过程	
	排放因子法	$EN_{N损失-液态} = (TAN_{室内} \times X_{液} - EN_{圈舍-液态}) \times (EF_{储存-液态-N_2O} + EF_{储存-液态-NO} + EF_{储存-液态-N_2})$ $EN_{N损失-固态} = [TAN_{室内} \times (1 - X_{液}) - EN_{圈舍-固态}] \times f \times (EF_{储存-固态-N_2O} + EF_{储存-固态-NO} + EF_{储存-固态-N_2})$	f为固态粪便储存过程中总铵态氮向有机氮转化的比例（%），3种养殖过程中各种畜禽均取10%	

（3）人体粪便

除农田生态系统、畜禽养殖等活动外，农村人口的人体粪便也会向大气排放 NH_3，其估算方法及活动水平、排放因子等参数数据来源见表3-13。

表 3-13　人体粪便排放估算方法及所需参数

污染物	估算方法	估算公式	所需参数	数据来源
NH_3	排放因子法	$E = W \times EF$ E 为 NH_3 排放量	W 为农村人口数	统计年鉴
			EF 为排放因子	清单编制技术手册/指南

3.1.3.6　扬尘源

道路、施工和地表松散颗粒物质在自然力或人力作用下进入环境空气中形成一定粒径范围的空气颗粒物，称为扬尘。扬尘源是一个开放污染源，其排放特征受天气环境、地表类型、人类活动强度等众多因素的影响。扬尘的来源十分混杂，一般主要将扬尘分为土壤扬尘、施工扬尘、道路扬尘、堆场扬尘等类别。

一般情况下，道路可以分为铺装道路和未铺装道路两种类型。其中，铺装道路是指人工铺设了水泥、沥青的硬化水泥路面，通常城市道路、高速公路和等级公路都属于铺装道路。铺装道路由于是柏油或水泥硬化表面，自身产生的扬尘量极为有限，而大多为外界颗粒物聚集到道路表面形成的二次起尘。相比之下，那些没有经过人工铺设沥青或水泥砖的道路就是未铺装道路，常见的未铺装道路有乡村土路、碎石路等。未铺装道路的扬尘主要来自未硬化路面本身的颗粒物扬起，因此一次扬尘较多。考虑到铺装道路和未铺装道路的扬尘排放特征差异较大，有必要将两者进行区分处理。

道路扬尘主要指在车辆碾压和气流夹带等合力的作用下，沉积在路面上的尘土、松散料再悬浮重新扬起进入大气环境中的过程。道路扬尘可分为铺装道路扬尘和未铺装道路扬尘两大类。主要排放污染物包括 TSP（总悬浮颗粒物）、PM_{10} 及 $PM_{2.5}$。

施工扬尘是指城市市政建设、建筑物建造与拆迁、道路改造和施工等过程产生的一类无组织源。进行估算时，通常把施工扬尘看作面源，认为施工扬尘的排放量主要与施工面积和施工运作活动有关，采用基于施工面积的排放因子法进行估算。

（1）土壤扬尘

土壤扬尘排放估算方法及所需参数见表 3-14。

表 3-14　土壤扬尘排放估算方法及所需参数

污染物	估算方法	估算公式	所需参数	数据获取
PM_{10} $PM_{2.5}$	排放因子法	$W_{Si}=E_{Si}A_S$ $=D_iC(1-\eta)\times10^{-4}\times A_S$ $=k_iI_{wc}fLV\times\dfrac{0.504u^3}{(PE)^2}\times(1-\eta)\times10^{-4}\times A_S$ W_{Si} 为土壤扬尘中 PM_i 总排放量，t/a；E_{Si} 为排放系数，t/（$m^2\cdot a$）；D_i 为 PM_i 的起尘因子，t/（$10^4 m^2\cdot a$）；C 为气候因子，表征气象因素对土壤扬尘的影响	A_S 为土壤扬尘源的面积	统计年鉴结合国土部门调研获取
			η 为污染控制技术对扬尘的去除效率	清单编制技术手册/指南
			k_i 为 PM_i 在土壤扬尘中的百分含量	参考清单编制技术手册/指南推荐值
			I_{wc} 为土壤风蚀指数，t/（$10^4 m^2\cdot a$）	
			f 为地面粗糙因子	
			L 为无屏蔽宽度因子	
			V 为植被覆盖因子	
			u 为年平均风速，m/s；PE 为桑氏威特降水-蒸发指数	气象部门统计数据

（2）道路扬尘

道路扬尘排放估算方法及所需参数见表 3-15。

表 3-15 道路扬尘排放估算方法及所需参数

污染物	估算方法	估算公式	所需参数	数据获取
PM$_{10}$ PM$_{2.5}$	排放因子法	$W_{Ri}=E_{Ri}L_R N_R \times \left(1-\dfrac{n_r}{365}\right)\times 10^{-6}$ W_{Ri} 为道路中 PM$_i$ 总排放量，t/a; E_{Ri} 为排放系数，g/ (km·辆)	L_R 为道路长度，km	城市统计年鉴；城市道路相关数据来源于住建部门，等级公路相关信息来源于交通部门，高速公路相关信息来源于公路部门
			N_R 为该段道路上的平均车流量	现场调研、高速公司调研数据
			n_r 为不起尘天数，天	可用一年中降水量大于 0.25mm/d 的天数表示，来源于气象监测数据

关于排放因子 E_{Ri}，分铺装道路和非铺装道路进行估算。铺装道路和非铺装道路排放估算方法及所需参数见表 3-16。

表 3-16 铺装道路和非铺装道路排放估算方法及所需参数

道路类别	估算公式	所需参数	数据获取
铺装道路	$E_{Pi}=k_i\times(sL)^{0.91}\times W^{1.02}\times(1-\eta)$ E_{Pi} 为铺装道路的扬尘中 PM$_i$ 排放系数，g/km	k_i 为产生的扬尘中 PM$_i$ 的粒度乘数	清单编制技术手册/指南推荐值
		sL 为道路积尘负荷，g/m^2	清单编制技术手册/指南推荐值
		W 为平均车重，t	
		η 为污染控制技术对扬尘的去除效率，%	参考清单编制技术手册/指南中铺装道路扬尘控制措施的控制效率
非铺装道路	$E_{UPi}=\dfrac{k_i\times(s/12)\times(v/30)^a}{(M/0.5)^b}\times(1-\eta)$ E_{UPi} 为非铺装道路的扬尘中 PM$_i$ 排放系数，g/km	k_i 为产生的扬尘中 PM$_i$ 的粒度乘数	粒度乘数及其系数 a、b 的取值参考清单编制技术指南推荐值
		s 为道路表面有效积尘率，%	调研
		v 为平均车速，km/h	
		M 为道路积尘含水率，%	清单编制技术手册/指南推荐值

（3）施工扬尘

施工扬尘排放估算方法及所需参数见表 3-17。

资源型地区大气污染成因与治理研究
——以山西省为例

表 3-17 施工扬尘排放估算方法及所需参数

污染物	估算方法	估算公式	所需参数	数据获取
PM$_{10}$ PM$_{2.5}$	排放因子法	$W_{Ci} = E_{Ci}A_{C}T$ $E_{Ci} = 2.69 \times 10^{-4} \times (1-\eta)$ W_{Ci} 为施工扬尘源中 PM$_i$ 总排放量，t/a; E_{Ci} 为整个施工工地 PM$_i$ 的平均排放系数，t/（m^2·月）	A_C 为施工区域面积，m^2	山西省统计年鉴
			T 为工地的施工月份数，一般按施工天数（1 个月按 30 天）计算	现场调研
			η 为污染控制技术对扬尘的去除效率，%	参考清单编制技术指南中施工扬尘控制措施的控制效率

（4）堆场扬尘

堆场扬尘排放估算方法及所需参数见表 3-18。

表 3-18 堆场扬尘排放估算方法及所需参数

污染物	估算方法	估算公式	所需参数	数据获取
PM$_{10}$ PM$_{2.5}$	排放因子法	$W_Y = \sum_{i=1}^{m}(E_h \times G_{Yi} \times 10^{-3}) + E_w \times A_Y \times 10^{-3}$ W_Y 为堆场扬尘源中颗粒物总排放量，t/a; E_h 为堆场装卸运输过程的扬尘颗粒物排放系数，kg/t; E_w 为料堆受到风蚀作用的颗粒物排放系数，kg/m^2	m 为每年料堆物料装卸总次数; G_{Yi} 为第 i 次装卸过程的物料装卸量，t; A_Y 为料堆表面积，m^2	各行业调研结合工业管理部门数据

装卸、运输物料过程和堆场风蚀扬尘排放过程扬尘排放系数的估算方法及所需参数见表 3-19。

表 3-19 装卸、运输物料过程和堆场风蚀扬尘排放过程扬尘排放系数的估算方法及所需参数

排放过程	估算方法	估算公式	所需参数	数据获取
装卸、运输物料过程	排放因子法	$E_h = k_i \times 0.0016 \times \dfrac{\left(\dfrac{u}{2.2}\right)^{1.3}}{\left(\dfrac{M}{2}\right)^{1.4}} \times (1-\eta)$ E_h 为堆场卸料扬尘的排放系数，kg/t	k_i 为物料的粒度乘数; M 为物料含水率，%	清单编制技术手册/指南推荐值
			u 为地面平均风速，m/s	城市气象局统计数据
			η 为污染控制技术对扬尘的去除效率，%	参考清单编制技术指南中施工扬尘控制措施的控制效率

排放过程	估算方法	估算公式	所需参数	数据获取
堆场风蚀扬尘排放过程	排放因子法	$E_w = k_i \times \sum_{i=1}^{n} P_i \times (1 - \eta) \times 10^{-3}$ $P_i = \begin{cases} 58 \times (u'-u_t')^2 + 25 \times \\ (u'-u_t') & (u'>u_t') \\ 0 & (u' \leqslant u_t') \end{cases}$ E_w 为堆场风蚀扬尘的排放系数，kg/m^2； P_i 为第 i 次扰动中观测的最大风速的风蚀潜势，g/m^2	k_i 为物料的粒度乘数	清单编制技术手册/指南推荐值
			n 为料堆每年受扰动的次数	
			η 为污染控制技术对扬尘的去除效率，%	参考清单编制技术手册/指南
			u' 为摩擦风速； u_t' 为阈值摩擦风速，即起尘的临界摩擦风速，m/s	根据地面风速、地面风速检测高度、地面粗糙度等参数计算得到

3.1.3.7 生物质燃烧源

生物质燃烧指包括锅炉、炉具等使用未经过改性加工的生物质材料的燃烧过程，以及森林火灾、草原火灾、秸秆露天焚烧等。生物质开放燃烧排放估算方法及所需参数见表 3-20。

表 3-20 生物质开放燃烧排放估算方法及所需参数

污染物	估算方法	估算公式	所需参数	数据获取
SO_2 NO_x VOCs NH_3 $PM_{2.5}$ PM_{10} BC OC CO	排放因子法	$E_i = \sum_{i,j,m} (A_{i,j,k,m} \times EF_{i,j,m})/1000$ $A = PNR\eta$ E_i 为大气污染物的排放量，t； A 为排放源活动水平； i 为某一种大气污染物； j 为地区如区县； m 为秸秆类型； k 为生物质燃烧类型（生物质锅炉、户用生物质炉具、森林火灾、草原火灾、秸秆露天焚烧）	EF 为排放系数	清单编制技术手册/指南推荐值
			P 为农作物产量，t	统计年鉴
			N 为草谷比，指秸秆干物质量与作物产量的比值	清单编制技术手册/指南推荐值
			R 为秸秆露天焚烧比例，%	清单编制技术手册/指南推荐经验值取20%
			η 为燃烧率，%	清单编制技术指南推荐值，取0.9

资源型地区大气污染成因与治理研究
——以山西省为例

生物质锅炉排放量采用排放因子法，计算方法及数据获取见表 3-21。

表 3-21　生物质锅炉排放估算方法及所需参数

污染物	估算方法	估算公式	所需参数	数据来源
SO_2 NO_x VOCs NH_3 $PM_{2.5}$ PM_{10} BC OC CO	排放因子法	$E = A \times EF \times (1-\eta)$	A 为生物质锅炉燃料消耗量	企业调研获取
			EF 为排放因子	清单编制技术手册/指南
			η 为污染控制设施的控制效率，%	企业调研获取

3.1.3.8　储存运输源

储存运输源是指原油、汽油、柴油、天然气在储藏、运输及装卸过程中逸散泄漏造成可挥发性有机物排放的排放源。油气储运源的排放过程主要包括油品灌装、油品运输和油品储存过程。

储存运输源的排放量主要基于排放因子法进行计算，其排放因子参考环保部门排放清单编制技术指南推荐值（表 3-22）。

表 3-22　储存运输源排放估算方法及所需参数

污染物	估算方法	估算公式	所需参数	数据来源
VOCs	排放因子法	$E_{i,j,m} = \sum Q_{i,j} \times EF_{i,j,m} \times (1-\eta)$	Q 为油气运输量或储存量	企业调研和商务部门获取
			$EF_{i,j,m}$ 为排放因子，i 为排放源，j 为地区，m 为第三级排放源的技术和工艺	清单编制技术手册/指南
			η 为污染控制设施的控制效率，%	企业调研结合清单编制技术手册/指南获取

3.1.3.9　废弃物处理源

废弃物处理源是指由工业和生活部门产生、进入集中处理处置设施内的废气、固体废物以及烟气脱硝过程副产物。废物处理处置包括污水处理、固体废物填埋、堆肥和烟气处理过程。

一般情况下，污水处理厂分布于城区或近郊，是对局地空气质量影响较大的 NH_3

排放来源。污水处理过程氨排放主要来自污水处理工艺中活性污泥厌氧消化过程。

固体垃圾处理包括垃圾的焚烧、填埋和堆肥，可能产生 SO_2、NO_x、CO、VOCs、PM_{10}、$PM_{2.5}$、BC、OC、NH_3 等多种空气污染物。

对于废物处理处置过程的氨排放量，主要采用基于污水处理量或废弃物处理量的排放因子法进行估算。其排放因子参考环保部门排放清单编制技术指南推荐值（表 3-23）。

表 3-23　废弃物处理源排放估算方法及所需参数

污染物	估算方法	估算公式	所需参数	数据来源
VOCs NH$_3$	排放因子法	$E = \sum A \times EF \times (1-\eta)$	A 为排放源活动水平，即废水和固体废物处理量	企业调研结合环境统计数据
			EF 为排放因子	清单编制技术手册/指南
			η 为污染控制设施的控制效率	企业调研结合清单编制技术手册/指南获取

3.1.3.10　其他排放源

其他排放源指上述源分类未涵盖的大气污染物排放源集合，目前仅包括餐饮油烟。对于餐饮油烟源，某一大气污染物的排放量 E 的计算采用下面的公式：

$$E = A \times EF \times (1-\eta)$$

式中　A——排放源活动水平；

EF——排放因子；

η——油烟净化器去除效率。

山西省餐饮油烟源按面源处理，按设区市收集活动水平信息，从工商局和环境统计数据获取相关信息；排放因子和油烟净化器去除效率采用大气污染源清单编制技术手册/指南推荐值。

3.2　山西省大气污染源排放清单

3.2.1　2016 年山西省大气污染物排放清单

根据构建的山西省大气污染源综合排放清单结果，山西省 2016 年主要污染物排放情况如下：SO_2 5.609×10^5 t，NO_x 8.725×10^5 t，CO 7.3075×10^6 t，VOCs 6.58×10^5 t，NH_3 3.521×10^5 t，PM_{10} 1.1588×10^6 t，$PM_{2.5}$ 5.967×10^5 t，BC 8.37×10^4 t，OC 1.114×10^5 t。

① SO_2 排放主要以化石燃料固定燃烧源、工艺过程源为主，占比分别为 81.6% 和 16.9%；

资源型地区大气污染成因与治理研究
——以山西省为例

② NO_x 主要排放源为化石燃料固定燃烧源、移动源和工艺过程源，占比分别为 44.4%、32.6% 和 21.6%；

③ CO 主要排放源为化石燃料固定燃烧源、工艺过程源和移动源，占比分别为 56.4%、36.3% 和 5.1%；

④ VOCs 主要排放源为工艺过程源、化石燃料固定燃烧源、溶剂使用源和移动源，占比分别为 52.6%、21.4%、10.2% 和 9.4%，另外生物质燃烧源占比 2.0%；

⑤ NH_3 主要排放源为农业源、工艺过程源和废弃物处理源，占比分别为 87.2%、4.3% 和 6.3%；

⑥ PM_{10} 主要排放源为扬尘源、化石燃料固定燃烧源和工艺过程源，占比分别为 39.9%、28.4% 和 27.9%；

⑦ $PM_{2.5}$ 主要排放源为化石燃料固定燃烧源、工艺过程源和扬尘源，占比分别为 38.1%、34.5% 和 20.4%；

⑧ BC 主要排放源为化石燃料固定燃烧源、工艺过程源、移动源和生物质燃烧源，占比分别为 66.2%、19.2%、10.5% 和 4%；

⑨ OC 主要排放源为化石燃料固定燃烧源、工艺过程源、生物质燃烧源、移动源和其他排放源（餐饮油烟），占比分别为 66.5%、17.9%、11.4%、2.8% 和 1.4%。

化石燃料固定燃烧源是 SO_2、NO_x、CO、BC 和 OC 的最大排放源，工艺过程源是 VOCs 的最大排放源，农业源是 NH_3 的最大排放源。针对颗粒物排放情况分析，扬尘源是 PM_{10} 的最大排放源，但随着颗粒物粒径减小，扬尘源排放的 $PM_{2.5}$ 和 PM_{10} 的总量贡献度减小，同时化石燃料固定燃烧源、工艺过程源随着粒径减小贡献度逐渐增大。

从 2016 年山西省各市大气污染物排放贡献度来看，SO_2 排放量占比较大的市为吕梁市（20.7%）、晋中市（16.7%）、运城市（10.5%）、长治市（9.2%）、忻州市（7.9%）和晋城市（7.6%）；NO_x 排放量占比较大的市为吕梁市（14.4%）、长治市（11.8%）、晋中市（11.2%）、运城市（11%）、临汾市（10.5%）和晋城市（9.8%）；CO 排放量占比较大的市为吕梁市（19%）、长治市（11.8%）、晋城市（11.4%）、晋中市（11.1%）、临汾市（10.6%）和太原市（9.9%）；VOCs 排放量占比较大的市为吕梁市（16.4%）、临汾市（13.5%）、长治市（13.2%）、晋中市（13.2%）和太原市（9.7%）；NH_3 排放量占比较大的市为忻州市（21%）、运城市（16.8%）、晋中市（11.7%）、大同市（11.4%）和朔州市（11%）；PM_{10} 排放量占比较大的市为晋中市（17.5%）、吕梁市（13.5%）、长治市（10.8%）、大同市（10.6%）和运城市（9.4%）；$PM_{2.5}$ 排放量占比较大的市为晋中市（15.9%）、大同市（14.1%）、吕梁市（12.9%）、长治市（11.2%）和临汾市（9%）；BC 排放量占比较大的市为晋中市（24.6%）、吕梁市（16.4%）、晋城市（10.8%）、临汾市（9.9%）、长治市（8.3%）和忻州市（8.0%）；OC 排放量占比较大的市为晋中市（20.4%）、长治市（15.6%）、吕梁市（15.2%）、晋城市（9.6%）和临汾市（9.6%）。SO_2、NO_x、CO、VOCs 等污染物排放量最大的市均是吕梁市，PM_{10}、$PM_{2.5}$、BC、OC 等颗粒物排放量最大的市均是晋中市，NH_3 排放量最大的市是忻州市。

3.2.2 2017年山西省大气污染物排放清单

根据构建的山西省大气污染源综合排放清单结果，山西省 2017 年主要污染物排放情况如下：SO_2 5.308×10^5 t，NO_x 8.029×10^5 t，CO 7.2851×10^6 t，VOCs 6.117×10^5 t，NH_3 3.552×10^5 t，PM_{10} 1.1526×10^6 t，$PM_{2.5}$ 5.801×10^5 t，BC 7.63×10^4 t，OC 1.018×10^5 t。

从山西省各类污染源污染物排放量贡献来看，SO_2 排放主要以化石燃料固定燃烧源、工艺过程源为主，占比分别为 80.2% 和 18.1%；NO_x 主要排放源为化石燃料固定燃烧源、移动源和工艺过程源，占比分别为 42.9%、34.6% 和 21.1%；CO 主要排放源为化石燃料固定燃烧源、工艺过程源和移动源，占比分别为 54.7%、37.7% 和 5.2%；VOCs 主要排放源为工艺过程源、化石燃料固定燃烧源、溶剂使用源和移动源，占比分别为 53.7%、20.6%、10.0% 和 8.7%；NH_3 主要排放源为农业源、废弃物处理源和工艺过程源，占比分别为 86.7%、7.1% 和 4.3%；PM_{10} 主要排放源为扬尘源、化石燃料固定燃烧源和工艺过程源，占比分别为 44.6%、26.7% 和 24.7%；$PM_{2.5}$ 主要排放源为化石燃料固定燃烧源、工艺过程源和扬尘源，占比分别为 36.8.7%、31.7% 和 24.0%；BC 主要排放源为化石燃料固定燃烧源、工艺过程源、移动源和生物质燃烧源，占比分别为 71.4%、12.9%、10.8% 和 4.9%；OC 主要排放源为化石燃料固定燃烧源、生物质燃烧源、工艺过程源、移动源和其他排放源（餐饮油烟），占比分别为 69.9%、13.5%、12.3%、2.8% 和 1.4%。

化石燃料固定燃烧源是 SO_2、NO_x、CO、BC 和 OC 的最大排放源，工艺过程源是 VOCs 的最大排放源，农业源是 NH_3 的最大排放源。针对颗粒物排放情况分析，扬尘源是 PM_{10} 的最大排放源，但随着颗粒物粒径减小，扬尘源排放的 $PM_{2.5}$ 和 PM_{10} 的总量贡献度减小，同时化石燃料固定燃烧源、工艺过程源随着粒径减小贡献度逐渐增大。

2017 年 SO_2 排放量占比较大的市为吕梁市（21.7%）、晋中市（17.5%）、运城市（10.9%）、忻州市（8.3%）、长治市（7.5%）和晋城市（7.3%）；NO_x 排放量占比较大的市为吕梁市（15.4%）、运城市（11.8%）、临汾市（11.3%）、晋中市（10.5%）和忻州市（10.5%）；CO 排放量占比较大的市为吕梁市（19.1%）、长治市（11.6%）、晋中市（11.1%）、晋城市（11.0%）、太原市（10.9%）和临汾市（10.6%）；VOCs 排放量占比较大的市为吕梁市（17.5%）、临汾市（14.4%）、长治市（13.9%）、太原市（11.1%）和晋中市（9.7%）；NH_3 排放量占比较大的市为忻州市（20.8%）、运城市（16.7%）、晋中市（11.6%）、大同市（11.3%）和朔州市（10.9%）；PM_{10} 排放量占比较大的市为晋中市（15.5%）、吕梁市（13.5%）、大同市（11.3%）、长治市（10.0%）和运城市（9.4%）；$PM_{2.5}$ 排放量占比较大的市为大同市（14.4%）、晋中市（13.7%）、吕梁市（13.2%）、长治市（11.1%）和临汾市（9.1%）；BC 排放量占比较大的市为晋中市（20.7%）、吕梁市（18.0%）、晋城市（11.2%）、临汾市（10.8%）、忻州市（8.7%）和长治市（7.0%）；OC 排放量占比较大的市为晋中市

资源型地区大气污染成因与治理研究
——以山西省为例

（16.9%）、吕梁市（16.6%）、长治市（15.1%）、临汾市（10.4%）和晋城市（10.2%）。SO_2、NO_x、CO、VOCs 4 种污染物排放量最大的市均是吕梁市，PM_{10}、BC、OC 等颗粒物排放量最大的市均是晋中市，$PM_{2.5}$ 排放量最大的市是大同市，NH_3 排放量最大的市是忻州市。

第**4**章 典型城市大气污染物来源解析

大气颗粒物尤其是细颗粒物（$PM_{2.5}$）通过直接和间接的气候效应影响着气候变化，作为云凝结核影响着降水，作为大气中多相化学反应的反应物和载体影响着大气化学成分浓度，同时影响着能见度和环境空气质量，也对人体健康造成危害。其人为源贡献巨大，化石燃料燃烧、工艺生产过程、建筑施工扬尘、汽车尾气排放及大气中颗粒物前体物二次转化都对 $PM_{2.5}$ 有重要的影响。作为治理大气颗粒物污染的源头工作，颗粒物的来源解析为控制颗粒物排放提供了理论支撑，是确定各种排放源与大气颗粒物质量之间响应关系的桥梁，是进行空气质量管理的前提准备，是制定防治措施和污染治理的重点核心问题。如何科学判断污染来源并实现定量贡献水平计算是治理大气污染的一个十分重要且复杂的课题。

本研究选择山西省中北部城市——忻州市作为研究对象。忻州市地形复杂多样，工业及经济发达地区主要集中于忻定盆地一带，而且有不少重工业企业分布于城市周边，如焦化、火电、建材、家具等企业，市内还有较多的餐饮、汽修集聚区，快速路环绕城市，给市区带来较为复杂的污染特征。因此，以忻府区为主要研究区进行 $PM_{2.5}$ 来源分析，以期为类似区域相关工作提供参考及借鉴。

4.1 研究方法

对大气颗粒物的来源进行定性或定量研究的技术称为源解析技术。按照《大气颗粒物来源解析技术指南（试行）》（环发〔2013〕92 号）有关规定，目前大气颗粒物来源解析技术方法主要包括源清单法、源模型法和受体模型法。源清单法简单、易操作，但只能定性或半定量识别有组织源，且数据获取难度较大；源模型法能够定量识别多种污染来源，但对源强未知源类或颗粒物开放源识别困难；受体模型法可解决开放源问题，定量解析源类，但无法对区域传输和未来情景进行预测。依据各类模型数据依赖情况、结果准确性、精细程度等优缺点，本研究综合运用多种源解析技术，采用化学质量受体模型（CMB）、因子分析类模型（PMF）、第三代空气质量模型（CAMx）等模型分别计算，不同模型优势互补，对多种结果进行二次分摊、对比、融合，实现了区域传输、本地精细化源类定量解析，得到典型城市较为合理的 $PM_{2.5}$ 源解析结果。具体包括以下几个流程。

① 对忻州市环境空气质量现状及主要大气环境问题进行调查，分析忻州市市区 $PM_{2.5}$ 主要人气污染排放源，确定采样点位及源类。

② 采用相应的源采样技术采集源排放的 $PM_{2.5}$ 样品（包括扬尘、土壤风沙尘、建筑水泥尘、煤烟尘、机动车尾气尘、生物质燃烧尘等），同时配套采集环境受体颗粒物样品。

③ 对源和受体样品进行化学组分分析（包括无机离子、有机碳和元素碳等），建立忻州市主要污染源排放颗粒物成分谱数据库和环境受体颗粒物成分谱数据库。

④ 利用 CMB 模型定量解析全年、采暖季、非采暖季和风沙季环境空气 $PM_{2.5}$ 污染源的分担率，研究不同季节污染源分担率的变化特征。

⑤ 利用 PMF 模型定量解析全年环境空气 $PM_{2.5}$ 污染源的分担率。

⑥ 利用 CAMx 模型模拟得出全年、采暖季、非采暖季和风沙季环境空气 $PM_{2.5}$ 污染源的分担率，以及其他区域对忻州市市区 $PM_{2.5}$ 的来源贡献。

⑦ 对三种模型模拟结果进行对比、融合，提出不同源针对性的大气污染控制对策和相应的协同减排措施。

4.1.1 化学质量受体模型

化学质量受体模型（CMB）是对大气颗粒物样品和源的样品的化学或显微分析，基本原理是质量守恒，基于源排放的成分在一段时间内是恒定的、化学物质互相是不反应的、所有来源已经确定排放特征和对受体的贡献、源的来源或者数量小于或等于物种数量这四个假设构建的。

4.1.1.1 基本理论

假设存在着对受体中的大气颗粒物有贡献的若干源类（j），并且各源类所排放的颗粒物的化学组成有明显的差别；各源类所排放的颗粒物的化学组成相对稳定；各源类所排放的颗粒物之间没有相互作用，在传输过程中的变化可以被忽略。那么在受体上测量的总物质浓度 C 就是每一源类贡献浓度值的线性加和。

$$C = \sum_{j=1}^{J} S_j \tag{4-1}$$

式中　C——受体大气颗粒物的总质量浓度，$\mu g/m^3$；

　　　S_j——每种源类贡献的质量浓度，$\mu g/m^3$；

　　　j——源类的数目，$j = 1, 2, \cdots, J$。

如果受体颗粒物上的化学组分 i 的浓度为 C_i，那么式（4-1）可以写成：

$$C_i = \sum_{j=1}^{J} F_{ij} S_j \tag{4-2}$$

式中　C_i——受体大气颗粒物中化学组分 i 的浓度测量值，$\mu g/m^3$；

　　　F_{ij}——第 j 类源的颗粒物中化学组分 i 的含量测量值，g/g；

S_j——第 j 类源贡献的浓度计算值，$\mu g/m^3$；

j——源类的数目，$j=1$，2，…，J；

i——化学组分的数目，$i=1$，2，…，I。

只有当 $i \geqslant j$ 时，方程组（4-2）有解。源类 j 的分担率为：

$$\eta_j = S_j / C \times 100\%$$ (4-3)

4.1.1.2 基本算法

CMB方程组的算法主要有示踪元素法、线性程序法、普通加权最小二乘法、岭回归加权最小二乘法、有效方差最小二乘法及神经网络法。

目前CMB模型最常采用的算法是有效方差最小二乘法，因为有效方差最小二乘法提供了计算源贡献值 S_j 和其误差 σ_{S_j} 的实用方法。有效方差最小二乘法实际上是对普通加权最小二乘法的改进，即使加权的化学组分测量值与计算值之差的平方和最小：

$$m^2 = \sum_{i=1}^{I} \frac{\left(C_i - \sum_{j=1}^{J} F_{ij} S_j\right)^2}{V_{\text{eff}, i}}$$ (4-4)

最小有效方差（$V_{\text{eff},i}$）为权重值：

$$V_{\text{eff}, i} = \sigma_{C_i}^2 + \sum_{j=1}^{J} \sigma_{F_{ij}}^2 S_j^2$$ (4-5)

式中　σ_{C_i}——受体大气颗粒物的化学组分测量值 C_i 的标准偏差，$\mu g/m^3$；

$\sigma_{F_{ij}}$——排放源的化学组分测量值 F_{ij} 的标准偏差，g/g。

有效方差最小二乘法在实际运算中采用迭代法，即在前一步迭代计算的 S_j 的基础上再来计算一组新的 S_j 值。具体算法如下。

CMB方程组的矩阵形式：

$$\mathop{C}_{1 \times 1} = \mathop{F}_{i \times jj} \mathop{S}_{\times 1}$$ (4-6)

① 设源贡献初始值为零。

$$S_j^{k=0} = 0$$ (4-7)

式中　上标 k——第 k 步迭代的变量值，$k=0$ 表示初始值；

j——源类的数目，$j=1$，2，…，J。

② 计算有效方差矩阵 $V_{\text{eff},i}$ 的对角线上的分量，所有的非对角线上的分量都等于零。

$$V_{\text{eff},i}^k = \sigma_{C_i}^2 + \sum (S_j^k)^2 \times \sigma_{F_{ij}}^2$$ (4-8)

③ 计算 S_j 的第（$k+1$）步迭代的值。

$$S_j^{k+1} = [F^{\mathrm{T}} (V_{\text{eff}}^k)^{-1} F]^{-1} F^{\mathrm{T}} (V_{\text{eff}}^k)^{-1} C$$ (4-9)

④ 如果公式（4-10）中的结果大于1%的话，那么继续执行迭代，如果小于1%的话，终止该算法。

若 $|S_j^{k+1} - S_j^k| / S_j^{k+1} > 0.01$，返回式（4-2）

若 $|S_j^{k+1} - S_j^k| / S_j^{k+1} \leqslant 0.01$，返回式（4-5） (4-10)

资源型地区大气污染成因与治理研究
——以山西省为例

⑤ 计算 σ_{S_j} 的第 $(k+1)$ 步迭代的值。

$$\sigma_{S_j} = \{ \lceil F^{\mathrm{T}} (V_{\mathrm{eff}}^{k+1})^{-1} F \rceil_{jj}^{-1} \}^{\frac{1}{2}} \quad (j=1, \cdots, J) \tag{4-11}$$

因此，应用有效方差最小二乘法求解 CMB 模型时，模型的输入参数包括受体化学组分浓度谱的测量值 C_i 及其标准偏差 σ_{C_i}，源化学组分含量谱的测量值 F_{ij} 及其标准偏差 $\sigma_{F_{ij}}$。模型的输出参数包括源贡献计算值 S_j 及其标准偏差 σ_{S_j}，源的化学组分贡献计算值 S_{ij} 及其标准偏差 $\sigma_{S_{ij}}$。该算法提供了求解源贡献值 S_j 及其误差 σ_{S_j} 的实用方法。源贡献值误差 σ_{S_j} 反映了所有输入模型的源成分谱与受体化学成分谱的测量值按权重大小的误差积累，对精度高的化学组分比精度低的化学组分给出的权重大。

4.1.1.3 模拟优度的诊断

CMB 模型属于线性回归模型，因此需要考虑一些参数来判断其可靠性。回归推断的估算值与实测值的偏离，偏离程度一般用"残差"来检验；对回归推断有大影响的参数是哪些，影响程度如何衡量。解决上述问题的数学方法一般称为回归诊断技术。

（1）源贡献值拟合优度的诊断技术

源贡献计算值是 CMB 模型的主要输出项。源贡献计算值应该具有以下 3 种基本特征：a. 各源类贡献计算值之和应该近似等于受体上总质量浓度的测量值；b. 源贡献计算值不应该是负值，因为负的源贡献值没有物理意义，但是在线性回归计算中，如果有两类或两类以上的源的成分谱相近或成比例（即共线），源贡献值就有可能出现负值；c. 源贡献计算值的标准偏差反映了受体浓度测量值和源成分谱测量值的精度。

根据统计学原理，源贡献值的真值在一倍标准偏差内的分布概率大约为 66%，在两倍标准偏差内的分布概率大约为 95%，因此把两倍的标准偏差作为源贡献值的检出限。如果 CMB 模型计算的源贡献值小于该贡献值的标准偏差的话，那么这个源贡献值就不能被检出。根据上述考虑源贡献值拟合优度用下列回归诊断技术来检验。

① T-统计（TSTAT）：

$$\mathrm{TSTAT} = S_j / \sigma_{S_j} \tag{4-12}$$

TSTAT 是源贡献计算值 S_j 和其标准偏差 σ_{S_j} 的比值。据前所述，源贡献值的检出限应该是源贡献值的标准偏差的两倍。因此，若 TSTAT<2.0，表示源贡献值低于其检出限，说明拟合效果不好。反之，若源贡献值高于检出限，说明拟合效果好。

② 残差平方和（chi 或 X^2）：

$$\mathrm{chi} = X^2 = \frac{I}{I-J} \sum_{i=1}^{I} \left[\left(C_i - \sum_{j=1}^{J} F_{ij} S_j \right)^2 / V_{\mathrm{eff}, \, i, \, j} \right] \tag{4-13}$$

$$V_{\mathrm{eff}, \, i, \, j}^k = \sigma_{C_i}^2 + \sum (S_j^k + \sigma_{F_{ij}})^2 \tag{4-14}$$

式中 X^2——拟合组分的测量值与计算值之差的平方的加权和。

权值为每个化学组分的受体浓度的标准偏差和源成分谱的标准偏差的平方和。理想的情况是化学组分的浓度测量值和计算值之间没有差别，那么 X^2 应该等于零。但是实际情况并非如此。因此，定义 X^2<1，表示数据拟合得好；X^2<2，表示数据拟合结果

可以接受；$X^2 > 4$，表示数据拟合差，有可能是一个或几个化学组分的浓度不能够很好地参与拟合。

③ 自由度（n）：

$$n = I - J \tag{4-15}$$

自由度等于参与拟合的化学组分数目减去参与拟合的源的数目。只有当 $I \geqslant J$ 时，CMB 方程组才有解。

④ 回归系数（R^2）：

$$R^2 = 1 - \left[(I - J) X^2 \right] \Big/ \left(\sum_{i=1}^{I} C_i^2 / V_{\mathrm{eff},\, i,\, j} \right) \tag{4-16}$$

R^2 等于化学组分浓度计算值的方差与测量值的方差的比值。R^2 取值在 $0 \sim 1$ 之间；该值越接近 1，说明源贡献值的计算值与测量值拟合得越好；当 $R^2 < 0.8$ 时，认为拟合不好。

⑤ 百分质量（PM）（percent mass）：

$$\mathrm{PM} = 100 \sum_{j=1}^{J} S_j / C_t \tag{4-17}$$

百分质量表示各源类贡献计算值之和与受体总质量浓度测量值 C_t 的百分比。该值应为 100%，但是在 80% ~ 120% 之间也是可以接受的。总质量浓度测量值的灵敏度对该值影响很大，所以总质量浓度应该测量准确。如果该值 < 80%，则可能是丢失了某个源类的贡献。

（2）不定性/相似性组的诊断技术

当用 CMB 模型求解源贡献值时，源贡献值可能是负值。导致源贡献值为负值的原因有两方面：一是当某种源类的贡献值小于它的检出限的时候，即该源类贡献值的标准偏差很大，这种源类被称为不定性源类；二是当多种源类的成分谱数值相近或成比例时，这几种源类被称为相似性源类。不定性和相似性源类统称为共线性源类。为避免 CMB 模拟时出现负值这种不合理的结果，本项目选用以下两种方法诊断源的共线性，并把诊断出来的共线性源类归为一组，称为不定性/相似性源组。

① T 统计（TSTAT）。对任何一源类来说，若 TSTAT < 2.0，表示源贡献值小于它的检出限，也表示该源类贡献值的标准偏差很大，这源类即可视为不定性源类，从而归入不定性/相似性源组中。

② 奇异值分解法。对于加权的源成分谱矩阵 $\boldsymbol{F}$，根据奇异值分解原理可以分解成以下等式：

$$\boldsymbol{V}_{\mathrm{eff}}^{1/2} \boldsymbol{F} = \boldsymbol{U} \cdot \boldsymbol{D} \cdot \boldsymbol{V}^{\mathrm{T}} \tag{4-18}$$

式中　$\boldsymbol{U}$——$I \times I$ 阶正交矩阵；

　　　$\boldsymbol{V}$——$J \times J$ 阶正交矩阵；

　　　$\boldsymbol{D}$——有 J 个非零正值的 $I \times J$ 阶对角矩阵，其元素被称为分解的奇异值。

$\boldsymbol{V}$ 的列向量就是分解得到的特征向量；$\boldsymbol{V}^{\mathrm{T}}$ 为 $\boldsymbol{V}$ 的转置矩阵。

当两个或两个以上的源成分谱的特征向量超过 0.25 时，就可以认定为共线性源，从而将它们归入不定性/相似性组中。

（3）化学组分浓度计算值拟合优度的诊断技术

CMB 模型不仅给出源贡献浓度计算值，而且还要给出每种化学组分的贡献浓度计算值。化学组分浓度计算值和化学组分浓度测量值拟合优劣的诊断指标以 C/M 和 R/U 表示。

① RATIO_1 即化学组分浓度计算值（C）与化学组分浓度测量值（M）之比值。

$$\text{RATIO}_1 = C/M = C_i/M_i \tag{4-19}$$

$$\sigma_{C/M} = \left(\sqrt{M_i^2 \times \sigma_{C_i}^2} + \sqrt{C_i^2 \times \sigma_{M_i}^2}\right) / \sqrt{(M_i C_i)^2} \tag{4-20}$$

式中　C_i——i 化学组分浓度计算值，$\mu g/m^3$；

　　σ_{C_i}——i 化学组分浓度计算值的标准偏差，$\mu g/m^3$；

　　M_i——i 化学组分浓度测量值，$\mu g/m^3$；

　　σ_{M_i}——i 化学组分浓度测量值的标准偏差，$\mu g/m^3$。

RATIO_1 越接近 1，说明化学组分浓度计算值与测量值拟合得越好。因此，在进行 CMB 拟合时要尽可能地把 $C/M=1$ 的化学组分纳入模型中去进行计算。

② RATIO_2 即计算值和测量值之差（R）与二者标准偏差平方和的方根（U）之比。

$$\text{RATIO}_2 = R/U = (C_i - M_i) / \sqrt{\sigma_{C_i}^2 + \sigma_{M_i}^2} \tag{4-21}$$

当某化学组分的 $|R/U| > 2.0$ 时，该化学组分就需要引起重视。如果该比值为正，那么可能有一个或多个源的成分谱对这个化学组分的贡献值不合理地过大；如果该比值为负，那么可能有一个或多个源成分谱对这个化学组分的贡献值不合理地过小，甚至有源成分谱被丢失。

（4）其他诊断技术

① 对总质量浓度有贡献的源类和化学组分的诊断。对总质量浓度有贡献的源类和化学组分以及贡献的大小，用某类源的某种化学组分的计算值占所有源类的某化学组分测量值之和的比值大小来诊断。用下列公式表示：

$$\text{RATIO}_3 = C_{ij} / \sum_{j=1}^{J} M_{ij} \tag{4-22}$$

式中　C_{ij}——j 源类贡献的 i 化学组分的浓度计算值，$\mu g/m^3$；

　　M_{ij}——j 源类贡献的 i 化学组分的浓度测量值，$\mu g/m^3$。

② 灵敏度矩阵（MPIN）。MPIN 是一个正交化的伪逆矩阵，该矩阵反映了每个化学组分对源贡献值和源贡献值标准偏差的灵敏程度。MPIN 矩阵的表示方式如下：

$$\text{MPIN} = (FTV_{\text{eff}}^{-1}F)^{-1}FTV_{\text{eff}}^{-1/2} \tag{4-23}$$

该矩阵已经进行了规范化处理，使其取值范围在 ± 1 之间。如果某个化学组分的 MPIN 的绝对值在 0.5～1 之间，则被认为是灵敏组分，即对源贡献值和源贡献值标准偏差有显著影响的组分；如果某个组分的 MPIN 的绝对值小于 0.3，则被认为不灵敏组分，即对源贡献值和源贡献值标准偏差没有影响的组分；如果某个组分的 MPIN 的绝对值在 0.3～0.5 之间，则该组分的灵敏程度被认为是模糊的，即影响不显著，或者也可以被认为是没有影响的组分。

4.1.1.4 二重源解析技术

由于环境空气中的颗粒物来源极其复杂，同一源类的颗粒物通常会以不同的形式通过不同的途径进入环境空气中，而目前的源解析技术还没有考虑到环境空气中颗粒物来源的这种复杂性。同时由于城市扬尘污染源的特殊性，其与土壤尘、建筑水泥尘、道路尘等存在着较严重的共线性，这种共线性在目前的条件下还无法通过选择合适的标识组分将它们区分开。城市扬尘的二重性表明，城市扬尘源类既然是各单一源类的接受体，根据化学质量平衡原理，可以采用 CMB 受体模型来计算单一源类对城市扬尘源类的贡献值和分担率。同时，城市扬尘源类既然是环境空气中颗粒物的供体，也可以用 CMB 模型计算其对受体的贡献值和分担率。多次利用 CMB 模型来同时计算城市扬尘源类和各单一源类对受体的贡献值与分担率的技术总汇，称为二重源解析技术。该技术提出的前提如下。

① 土壤尘、煤烟尘、施工扬尘、机动车尾气等排放源类为单一尘源类，城市扬尘为混合尘源类。

② 城市扬尘是一种混合源类，它由来自各单一尘源类的部分颗粒物混合组成，因此扬尘既可以视为环境空气中颗粒物的排放源类，又可以视为各单一尘源类所排放的颗粒物的接受体。

③ 城市扬尘对环境空气中颗粒物的贡献是客观存在的，只要存在各单一尘源类，就存在城市扬尘。也就是说环境空气中的同一源类的颗粒物一部分直接来源于源的排放，另一部分则是在环境空气中沉降后再次或多次以城市扬尘的形式进入环境空气中。

④ 城市扬尘既然是其他源类的接受体，根据化学质量平衡原理，可以采用 CMB 受体模型来计算其他单一尘源类对城市扬尘的分担率。同时，城市扬尘既然是环境空气中颗粒物的排放源类，也可以用 CMB 模型计算其对受体的分担率。

根据以上分析，如果用 i 代表不同的源类，那么可以用 A_i、B_i、C_i、D_i、E_i、E'_i 分别表达如下含义：

① A_i 代表不考虑颗粒物进入环境空气中途径的情况下，各单一尘源类的 CMB 结果，即用各单一源类的成分谱和受体成分谱进行 CMB 拟合，计算出各单一源类对受体的贡献值和分担率。

② B_i 代表城市扬尘的 CMB 解析结果，即用城市扬尘的成分谱代替与其共线性最严重的某单一源类的成分谱（如土壤风沙尘），并与其他单一源类的成分谱进行 CMB 拟合，计算出城市扬尘与其他单一源类对受体的贡献值和分担率。

③ C_i 代表各单一源类对城市扬尘的 CMB 解析结果，即将城市扬尘源类作为接受体，用各单一源类对城市扬尘进行 CMB 解析，计算出各单一源类对城市扬尘的贡献值和分担率。

④ D_i 代表各单一源类以扬尘形式在受体中的贡献值和分担率，即用各单一源类对城市扬尘源类的分担率分解城市扬尘对受体的贡献值，得到各单一源类以扬尘形式在受体中的贡献值，$D_i = BC_i$。

资源型地区大气污染成因与治理研究
——以山西省为例

⑤ E_i 代表各单一源类以初始态形式对受体的贡献值和分担率，即用各单一源类对受体的贡献值减去各单一源类以扬尘形式在受体中的贡献值，得到各单一源类净初始态颗粒物对受体的贡献值，$E_i = A_i - D_i$。

⑥ E'_i 表示扬尘源类和各单一源类对受体的贡献值或分担率之和，即所有参与解析的源类的初始态的和扬尘态的颗粒物对受体的贡献值之和。

4.1.2 第三代空气质量模型

本研究采用 WRF-CAMx-PSAT 空气质量复合模拟系统进行模拟，该系统由排放源模式、中尺度气象模式（WRF）和三维空气质量复合扩展模式（CAMx）耦合示踪机制的细颗粒物来源追踪技术（PSAT）组成。PSAT 颗粒物来源追踪方法是 CAMx 模型的一个重要扩展功能，是一种针对特定源地区和排放源进行的颗粒物源追踪技术，目前在国内外应用广泛。PSAT 技术不仅可在一次计算中追踪包括硫酸盐、硝酸盐、铵盐、颗粒态汞、二次有机气溶胶（SOA）以及六种一次颗粒物（元素碳、一次有机碳、细模态地壳类一次颗粒物、其他细模态一次颗粒物、粗模态地壳类一次颗粒物、其他粗模态一次颗粒物）在内的所有物质，而且也可同时示踪出污染物的传输范围。PSAT 技术的优势在于其在计算化学转化时采用了不同的计算源分配方法，有效地避免了非线性化学的影响，计算步骤简便易行，并且在标记污染物过程中认为当颗粒物发生化学反应及转化时，其地理属性不变，因此能较好地追踪污染物来源。

选取了 Lambert 投影坐标系，坐标原点位于北纬 39.5°，东经 116.5°。采用两层网格嵌套，网格分辨率分别为 27km×27km 和 9km×9km，两层网格数分别为 89×89 和 103×103，其中第一层网格覆盖了中国中东部大部分地区，第二层网格包括整个山西省及相邻省市的部分地区。第一层模拟域的作用是为第二层提供边界条件，第二层模拟域是本研究关注的主要区域。WRF 与 CAMx 的模拟域基本一致，只在四个边界各多两个网格。为进一步模拟忻州市颗粒物的区域来源贡献，本研究设置了 11 个源区，包括忻州、大同、阳泉、太原、晋中、吕梁、榆林、保定、石家庄、朔州以及除此之外的其他区域，受体区域选取忻州市区所在网格。

采用了 WRF 3.7.1 版本及 CAMx 6.40 版本。WRF 模式主要参数设置为：Goddard 短波和 RRTM 长波辐射模块，YSU 行星边界层模块，以及 Grell 3D 积云参数化方案。CAMx 模式采用 CB05 气相化学机理和 RADM-AQ 液相化学机理，气溶胶模块选取的是 CF Scheme，此外模式还采用了 WESELY89 干沉降参数化方案和 PPM 水平平流方案。WRF 模式输入的第一猜测场数据来源于美国国家环境预报中心（NCEP）的全球再分析资料（final operational global analysis data，FNL），水平分辨率 1°×1°，时间间隔 6h，下垫面数据来源于 USGS 30 全球地形/MODIS 下垫面分类数据。排放源清单采用清华大学开发的 MEIC 清单，2016 年清单包含 5 种人为排放源（农业、工业、电厂、民用和机动车）中 8 个主要污染物 [二氧化硫（SO_2）、氮氧化物（NO_x）、一氧化碳（CO）、氨气（NH_3）、二氧化碳（CO_2）、非甲烷类挥发性有机物（NMVOCs）、

PM_{10} 和 $PM_{2.5}$〕的排放量。CAMx 模式第一层模拟域的初始条件和边界条件由 CAMx 提供的清洁大气廊线提供，第二层模拟域的初始条件和边界条件由第一层的模拟结果提供。同时每次模拟提前 5d 开始进行，以消除初始条件和边界条件的影响。

4.1.3　因子分析类模型

正定矩阵因子分解模型（PMF）是一种受体源解析模型，被广泛应用于大气颗粒物源解析研究。受体成分谱矩阵可拆分成两个非负子矩阵，分别代表因子贡献（factor contribution）矩阵和因子成分谱（factor profile）矩阵，如下式所示：

$$X = GF + E \tag{4-24}$$

式中　X——$n \times m$ 矩阵，代表受体成分谱（其中，n 为样品数量，m 为化学组分数量）；

　　　G——$n \times p$ 矩阵，代表因子贡献（其中，p 为因子数量）；

　　　F——$p \times m$ 矩阵，代表因子成分谱；

　　　E——残差矩阵。

E 用矩阵中的系数表示，如下式所示：

$$x_{ij} = \sum_{k=1}^{p} g_{ik} f_{kj} + e_{ij} \tag{4-25}$$

式中　x_{ij}——i 样品中 j 组分的浓度；

　　　p——因子个数；

　　　f_{kj}——k 因子的成分谱中 j 组分的浓度；

　　　g_{ik}——k 因子对 i 样品的相对贡献量；

　　　e_{ij}——PMF 计算过程中 i 样品上 j 组分的残差。

PMF 模型运行时，因子贡献矩阵与因子成分谱矩阵被限定为非负，G 与 F 中各元素均不会出现负值。当 X^2（残差）最小时，得到最优结果，用 Q 表示，如下式所示：

$$Q = \sum_{i=1}^{n} \sum_{j=1}^{m} \left(\frac{e_{ij}}{\sigma_{ij}} \right)^2 \tag{4-26}$$

式中　e_{ij}——i 样品中 j 组分的残差；

　　　σ_{ij}——i 样品中 j 组分的不确定度。

本研究使用美国环保署（EPA）PMF5.0 模型进行解析。首先，需要输入浓度及不确定度，并进行一系列数据检查（信噪比、浓度关系、时间序列等）；然后选择运行次数、因子数，运行（basic run），并从结果中选择最小的 Q（稳健值）；最后，通过模拟值和观测值的对比、残差分析来考察结果的可用性，并依据因子谱图来确定污染源类，结合因子贡献给出全年忻州市 $PM_{2.5}$ 的初步源解析结果。不确定度（UNC）的计算方法有很多种，本研究参考美国 EPA 指南规定，按如下公式计算：

$$UNC = 5/6 \times MDL_i \quad (con \leqslant MDL) \tag{4-27}$$

对于高于方法检测限浓度的物质，其不确定度按如下公式计算：

资源型地区大气污染成因与治理研究
——以山西省为例

$$UNC = \sqrt{(EF \times con)^2 + MDL_i^2} \quad (con > MDL) \tag{4-28}$$

式中　EF——误差比例，常以经验数据20%计算；

　　　con——物质浓度；

　MDL$_i$——各物质方法检测限，是指在通过某一分析方法全部测定过程（包括样品预处理）中，被分析物产生的信号能以99%置信度区别于空白样品从而被测定出来的最低浓度。

4.2　样品采集与化学分析

4.2.1　样品采集

源解析研究样品采集包括环境样品采集和主要污染源样品采集。

本案例研究环境样品主要在忻州市城区原有3个空气质量国控监测站点的基础上，增设1个点位；污染源样品主要采集了工业企业、集中供热锅炉、各类扬尘、机动车等排放源。

4.2.1.1　环境样品采集

（1）监测点位布设

环境样品采样点位均依据《环境空气质量监测规范（试行）》（公告2007年 第4号）中相关布设原则进行布置，充分考虑城市风向、气候、地理条件、污染源等复杂因素对颗粒物污染水平的综合影响；既考虑城区分布及城区环境质量的代表性，又着重考虑城市功能区，点位应当位于城市的建成区内；点位数量应根据研究的目的、城市功能区的划分、人口密度、环境敏感程度以及经费情况等方面综合考虑来确定。采样布点优先选择国控或市控环境空气监测点。因此，共设计4个点位，分别为忻州市脑科医院、环保局、日月大酒店、健身中心，高度为近地面5~15m以内。

（2）采样仪器和滤膜选择

采样仪器的选择及性能要求参见《环境空气颗粒物（PM$_{2.5}$）手工监测方法（重量法）技术规范》（HJ 656）的要求及规定。滤膜的选择根据滤膜本身特性和分析化学组分的需要来确定。PM$_{2.5}$采样的滤膜分为两种材质，即无机滤膜（如石英纤维滤膜）和有机滤膜（如聚四氟乙烯滤膜、聚丙烯滤膜、醋酸纤维酯滤膜），滤膜直径通常分为47mm和90mm两种（根据不同的采样设备进行选择）。对元素进行分析可采用聚四氟乙烯（teflon）滤膜、聚丙烯滤膜、醋酸纤维酯滤膜等有机滤膜，对水溶性离子进行分析可采用聚四氟乙烯滤膜、石英纤维滤膜，对碳组分和有机物（如多环芳烃）进行分析可采用石英纤维滤膜。

（3）采样时间和周期

环境样品采样频次依据颗粒物浓度、排放源的季节性变化特征及气象因素确定，典型污染过程加密采样频次。样品的采集数量符合受体模型的要求。受体样品每次采样的时间一般不少于20h，根据颗粒物浓度等因素，可适当缩短或延长采样时间。在非采暖季（9月）、采暖季（2~3月）、风沙季（4月）进行连续采样，每个采样周期为7d（表4-1）。如遇降水、仪器意外停机等情况，采样时间顺延。

表4-1　采样时间

季节	采样周期/d	采样时间范围
非采暖季	7	2018 年 9 月 29 日～10 月 5 日
采暖季	7	2019 年 2 月 24 日～3 月 2 日
风沙季	7	2019 年 4 月 23～30 日

（4）样品采集

采样前对采样仪器的切割器进行清洗，并对采样器的环境温度、大气压力、气密性、采样流量等进行检查和校准，检查频率和方法详见《环境空气颗粒物（PM$_{2.5}$）手工监测方法（重量法）技术规范》（HJ 656）。样品采集时，考虑采样器的安装合理性、多台采样器平行采样的间距等要求安放采样器，详见《环境空气颗粒物（PM$_{2.5}$）手工监测方法（重量法）技术规范》（HJ 656）。采样人员佩戴乙烯基等实验室专用手套，将已编号、称量的滤膜用镊子放入洁净的滤膜夹内，滤膜毛面应朝向进气方向。将滤膜牢固压紧。将滤膜夹正确放入采样器中，设置采样时间等参数，启动采样器采样。采样结束后，用镊子取出滤膜放入滤膜保存盒中，记录采样体积等信息。

（5）质量控制

① 重复样、重复分析样和空白样。重复样是指由不同人在同一地点或设备上采集的同一类样品，占总采样数量的 2‰～3‰ 即可；重复分析样是指某一类样品中的某个样品分成 2 份或 3 份，重复分析；采样过程中配置空白滤膜，空白滤膜与采样滤膜一起进行恒重、称量，并记录相关数据。

② 受体采样泵的采样流量计的标定。每次采样前，对受体采样泵的流量按国标方法进行标定，校验不同采样仪器的采样体积，以便对仪器间的系统误差进行校正。采样时，有专人负责巡检采样泵的流量计，负责人按一定的频率抽检采样泵的流量计，并做好记录，防止因采样流量误差而影响浓度的准确性。

4.2.1.2　污染源样品采集

（1）源分类与识别

大气一次颗粒物排放源（直接由污染源排放）包括固定源、开放源和移动源。经调研，忻州市固定源主要是燃煤尘（电厂、工业锅炉、民用散烧）；开放源主要是土壤尘、道路尘、建筑水泥尘、城市扬尘；移动源主要是机动车尾气排放。二次颗粒物（由污染源直接排放的气态前体物 SO$_2$、NO$_x$ 和 VOCs 等在大气中经化学反应生成）包括硫酸盐、硝酸盐和二次有机物。大气颗粒物排放源分类如图 4-1 所示。

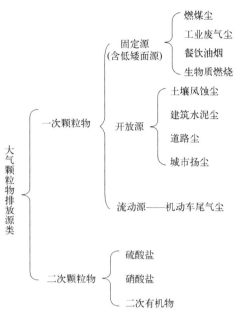

图 4-1 大气颗粒物排放源分类

污染源样品采样选择有明显地域特点的颗粒物源类去采集，经分析忻州市的主要排放源类型和排放特征，确定采集固定源（燃煤、工业、生物质）、移动源（机动车尾气）和开放源（道路扬尘、建筑水泥尘、城市扬尘、土壤尘）等样品。

（2）固定源采样——稀释通道采样法

该方法主要用于固定源排放的污染物，通过样品的稀释、冷却和停留等过程，能够初步反映污染物从污染源进入环境的过程。烟气稀释通道采样方法是将具有一定温度和湿度的烟气或废气从排放装置中引入稀释通道设备内，用洁净空气进行稀释，并冷却至大气环境温度，稀释冷却后的混合气体进入采样舱，停留一段时间后污染物（如颗粒物、气态污染物）被采样器捕集或被在线分析仪器测试。该方法模拟烟气或废气排放到大气中几秒到几分钟内的稀释、冷却、凝结等过程，捕集的污染物可近似认为是燃烧源排放的一次污染物，包括一次气态污染物、一次固态颗粒物和一次凝结颗粒物。

① 采样点位确定。采样时污染源处于正常工况条件，应采集污染源排放到环境空气中较稳定存在的污染物，必要时可利用特殊装置（如稀释通道采样装置）模拟颗粒物进入环境空气的真实过程。对于同一源类的不同子源（如固定燃烧源的不同锅炉类型、工业过程源的不同工艺过程），应分别采集。

本次固定源采样采集了固定燃烧源和工艺过程源。选择典型的燃烧正常的不同吨位、不同燃烧方式（链条炉、煤粉炉、流化床）、不同除尘方式的燃煤锅炉，以及不同工艺过程（如水泥、建材、橡胶、食品等）的工业窑炉。根据环境统计数据排放量排名，选择忻府区主要大气污染物排放总量排名靠前的企业作为采样对象，同时兼顾行业分布，选择火电、焦化、化工、砖瓦、学校等不同生产生活领域进行样品采集。

② 采样设备。稀释通道采样设备包括四个部分，即烟气采样装置（等速采样头、旋风切割器、烟气采样管）、洁净空气发生系统（稀释气）、烟气稀释系统（稀释比控制系统、烟温加热系统、烟气停留室）和稀释烟气采集系统（颗粒物采样器）。采用的烟气稀释通道采样系统示意见图 4-2。

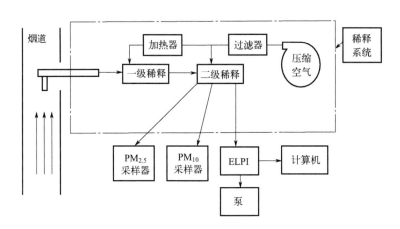

图 4-2　烟气稀释通道采样系统示意
（注：ELPI 为荷电低压颗粒物撞击器）

固定源采样设备信息见表 4-2。

表 4-2　固定源采样设备信息

序号	监测项目	监测内容	数据类型	设备	型号
1	颗粒物	PM_{10}、$PM_{2.5}$ 成分谱	滤膜样品	膜采样器	DERENDA　MVS，配 PM_{10} 和 $PM_{2.5}$ 切割头
2	稀释气	洁净空气	稀释烟气 8 倍左右	烟气稀释通道设备	DEKATI FPS-4000

③ 仪器布设。参照《固定污染源排气中颗粒物测定与气态污染物采样方法》（GB/T 16157）和《固定源废气监测技术规范》（HJ/T 397）的相关规定，固定源采样位置选择在垂直管段，避开烟道弯头和断面急剧变化的部位。采样位置设置在距弯头、阀门、变径管下游方向不小于 6 倍直径和距上述部件上游方向不小于 3 倍直径处。对矩形烟道，其当量直径 $D=2AB/（A+B）$，式中 A、B 为边长。测试现场空间有限，难以满足上述要求时，采样断面与弯头等的距离至少是烟道直径的 1.5 倍。采样平台应有足够的工作面积，使工作人员安全、方便地操作。平台面积不小于 1.5m²，并设有 1.1m 高的护栏和不低于 10cm 的脚部挡板，采样平台的承重不小于 200kgf/m²，采样孔距平台面为 1.2～1.3m，孔径不得小于 60mm。仪器分两路接电，其中空压机单接一路电源，电流 ≥17A，220V；稀释通道采样设备和膜采样器单接一路，总电流 ≥10A，220V。

④ 采样步骤。连接稀释通道采样系统；计算烟气流速、密度、含湿量、等速采样

资源型地区大气污染成因与治理研究
——以山西省为例

流量等参数，按照《固定污染源排气中颗粒物测定与气态污染物采样方法》（GB/T 16157）规范方法采用预测流速法确定等速采样嘴的直径；根据烟气流速、稀释空气流速、所有仪器的流量，确定稀释倍数（一般为 10～30 倍），调整好稀释空气进气口和出气口气体流量；开启各个仪器的采样泵，同步采集样品，记录采样开始时间等信息；根据现场定时检查采样情况，确定满足组分分析需要的采样时间（对于工业过程源，采样时间应尽量覆盖完整的工艺过程）；采样结束后，关闭采样泵，记录结束时间和采样体积；每个点位每种污染物分别采集 1 组平行样品。

⑤ 质量控制。质量控制具体方法及参数参见《环境空气 PM_{10} 和 $PM_{2.5}$ 的测定 重量法》（HJ 618—2011）、《环境空气颗粒物（PM_{10} 和 $PM_{2.5}$）采样器技术要求及检测方法》（HJ 93—2013）。$PM_{2.5}$ 采样器的切割头在采样前需要在风洞使用气溶胶标准粒子进行标定，采样流量需要使用至少达到二级标准的流量计进行标校；滤膜在采样前进行净化处理，空白值满足化学分析要求；到达现场后，对所有仪器设备再进行一次流量标校；采样过程中，避免连续采集不同源类的样品，及时用酒精和蒸馏水清洁采样设备，防止样品之间的交叉污染；采样结束，将采样滤膜放入便携式冰箱中冷冻保存，及时运回实验室进行称重和化学分析。称重用恒温恒湿自动称重天平。

（3）移动源采样——稀释通道采样法

移动源采样方法与固定源采样方法一致，利用稀释通道采样法进行样品采集。

① 采样点位确定。根据忻州市各类车辆保有量、车辆燃料类型和排气量、实际情况以及各类车辆污染物（NO_x）排放的相关情况初步确定要检测的车辆类型，如表 4-3 所列。

表 4-3　移动源采样信息

车型	燃料类型	采样方法	采样数量/辆
小型客车	汽油	稀释通道采样法	3
重型货车	柴油	稀释通道采样法	2
小型货车	柴油	稀释通道采样法	1
中型货车	柴油	稀释通道采样法	2

② 采样系统和装置。利用 FPS-4000 稀释采样仪采集机动车尾气，FPS 精密颗粒采样器是在高密度和湿热条件下测量颗粒物的采样设备。尾气稀释分两步完成：第一步稀释采用回热或冷却，利用一个扩散型的穿孔管来执行，改变稀释空气流控制稀释率，减少损失；在第二步中，使用注射型稀释器进行稀释，将第一步稀释样品吸入稀释器，通过对流量、压力、温度的监控，对稀释器稀释比例进行相关的运算，以控制稀释比例。稀释后的尾气通过颗粒物切割器采集到样品膜上。

③ 仪器布设。采样仪器布设于机动车排气筒内，开口端向前并位于排气管或其延长管（必要时）的轴线上。探头应位于烟气分布大致均匀的断面上，因此探头应尽可能放置在排气管的最下游，必要时放在延长管上。设 D 为排气管开口处的直径，探头的端部应位于直管段取样点上游，直管长度至少为 6D，下游直管长度至少为 3D。如果使

用延长管，则接口处不允许有空气进入。当上述条件不满足时，取样探头应能插入机动车辆排气管至少 400mm。

④ 采样步骤。滤膜称重，将用于有机组分分析的滤膜置于马弗炉中，在 500℃ 条件下烘烤 4h，以去除有机杂质。完成采样系统气密性检查。开启测试对象并调整至相应工况。安装滤膜，将采样管按照相应规定放入排气管内。设置采样时间及采样流量，开启稀释空气泵及采样泵进行采样。采样时间的设定考虑滤膜采集样品量，满足后续称重、组分分析等样品量要求。根据使用切割器的切割流量确定采样流量。记录采样期前后累积体积、滤膜编号、采样流量、采样时间及稀释比，同时记录采样对象工况、发动机型号/排量、进气方式、排气处理装置、使用燃料牌号、供油系统类型、累计行驶里程等信息。采样结束后取出采样滤膜，立即放入便携式冰箱内冷冻保存。

（4）开放源采样

开放源通常包括土壤尘、道路扬尘、施工扬尘、堆场扬尘和城市扬尘等。由于开放源的排放面大、强度低、受周边环境干扰强，实地采样往往难以获得具有代表性的样品，故可以实地直接采集构成源的物质，利用再悬浮采样器，进行 $PM_{2.5}$ 源样品的采集。

1）土壤尘

土壤尘主要为裸露地面及农田在风力作用下扬起的大气颗粒物，主要来源于农田、干河滩、山体等裸露地面，应根据地区特点选取代表性的采样点。一般在城市东、南、西、北 4 个方向距市区 20km 左右范围内的郊区均匀布点，分别采样。布点数量要满足样本容量的基本要求，参照《土壤环境监测技术规范》，一般要求每个方向最少设 3 个点；在主导风向上要加密布点，以 3～6 个点为宜。布点周围避免烟尘、工业粉尘、汽车、建筑工地等人为污染源的干扰。本课题采集的土壤风沙扬尘样品信息见表 4-4。

表 4-4　忻州市土壤风沙扬尘样品信息

样品编号	土壤类型	详细地点
1	农田	顿村西北 1
2	果园	顿村西北 2
3	未开垦荒地	顿村西北 3
4	未开垦荒地	忻州高铁站 1
5	未开垦荒地	忻州高铁站 2
6	未开垦荒地	忻州高铁站 3
7	农田	云中北路与九原街交叉口 1
8	农田	云中北路与九原街交叉口 2
9	未开垦荒地	云中北路与九原街交叉口 3
10	未开垦荒地	南街村 1
11	农田	南街村 2
12	农田	南街村 3

资源型地区大气污染成因与治理研究
——以山西省为例

参照《土壤环境监测技术规范》，采用梅花点位法，每个点使用木铲或竹铲分别采集地表土和地表 20cm 以下的土样。取样时，若样品量较多，应混合弄碎，在簸箕或塑料布上铺成四方形，用 4 分法对角取 2 份再分，一直分至所需数量。分取到的土壤样品放在洗净的干布袋（新布要先洗净去浆）或纸袋内，一袋土样填写两张标签，内外各放一张，记录采样信息，带回实验室。

2）道路扬尘

道路扬尘是城市道路降尘在机动车及空气流动的作用下飞扬到大气中的颗粒物，其来源广泛，粒径不均匀。参照《防治城市扬尘污染技术规范》（HJ/T 393），城市道路根据其承担交通功能的不同，可以分为主干道、次干道、支路和快速路。由于城区道路较多，无法对所有道路都进行监测。因此，选择代表性路段进行测定，为保证样品的代表性需避开施工工地附近的路段。监测在晴天进行，如果出现下雨天气，路面干燥（2～7d）后方进行道路积尘测定。假设路长为 RL，则可以在［0，RL］中选取 3 个随机数 x_1、x_2、x_3，然后在 x_1、x_2、x_3 距离处采样，继而混合成一个样品。本项目采集的道路扬尘样品信息见表 4-5。

表 4-5 忻州市道路扬尘样品信息

样品编号	道路类型	地点
1	主干道	二广高速
2	支路	五保高速口
3	主干道	208 国道
4	主干道	208 国道西外环
5	次干道	迎宾街
6	次干道	108 国道与九原街
7	主干道	南环街
8	主干道	七一北街
9	次干道	长征东街
10	次干道	光明东街
11	主干道	和平街
12	快速路	云中南路
13	次干道	公园西街
14	支路	忻中北巷
15	支路	北五巷

参照《防治城市扬尘污染技术规范》（HJ/T 393）附录 B，在确认采样安全的情况下，视道路洁净程度，用带状标识物横跨道路标出 0.3～3m 宽的区域，用真空吸尘器吸扫路面积尘，按照 $1min/m^2$ 的速率均匀清扫，积尘较多路段或采用刷扫方式，道路

尘样品是道路各部位的混合样，样品量不低于 500g。采样完毕后，将样品装入一个密封袋或容器中，记录采样信息，带回实验室。

3）施工扬尘

采集目前忻州市使用较多和市面上常见的正大 325、正大 425、北白 325、北白 425四种水泥样品。选择当地较大的水泥生产企业，采集不同标号的水泥。另外，可选择几个典型建筑施工场所，收集散落在施工作业面（如建筑楼层水泥地面、窗台、楼梯、水泥搅拌场地等）上的建筑尘混合样品，每袋样品不少于 500g，做好采样记录。

4）堆场扬尘

根据堆场种类不同，参照《土壤环境监测技术规范》（HJ/T 166）或《工业固体废物采样制样技术规范》（HJ/T 20）选取适宜的采样工具，按梅花采样法采集堆场表层（1～2cm）样品，以四分法混合成整个堆料的综合样品，装袋，每袋样品不少于 500g，做好采样记录。

5）城市扬尘

城市扬尘是暴露于城市环境空气中某些载尘体上的降尘，是各单一源类排放的初始态颗粒物沉降部分的混合物。选择临街两边的居住区楼房、商业区楼房、工业区厂房等建筑物，分别采集窗台、橱窗、台架等处长期积累的灰尘，一般采样高度 5～20m。本研究采集的城市扬尘样品信息见表 4-6。

表 4-6　忻州市城市扬尘样品信息

样品编号	采集高度	所在功能区	详细地点
1	5m	居住区	生态环境局 1
2	5m	商业区	生态环境局 2
3	5m	居住区	生态环境局 3
4	6m	居住区	生态环境局 4
5	20m	商业区	日月大酒店 1
6	5m	商业区	日月大酒店 2
7	15m	商业区	日月大酒店 3
8	6m	居住区	日月大酒店 4
9	6m	居住区	脑科医院 1
10	10m	居住区	脑科医院 2
11	6m	居住区	脑科医院 3
12	5m	居住区	脑科医院 4
13	5m	居住区	健身中心 1
14	5m	居住区	健身中心 2
15	5m	居住区	健身中心 3
16	5m	居住区	健身中心 4

用毛刷将窗台、橱窗、台架等处长期积累的灰尘刷入袋内，或在窗台和楼顶上铺置收集降尘的容器如纸盒、纸板类，铺放时间根据具体收集样品量确定，避免雨天进行。相邻区域的样品可以考虑合并，每袋样品不少于500g，做好采样记录。

（5）样品制备与再悬浮采样

收集的样品不进行研磨，保持采样时的初始状态，过150目标准筛以获取粒径＜$100\mu m$的组分，过筛后的样品通过冷冻干燥去除其中的水分，尽量减少硝酸盐和有机碳等挥发性组分的流失，待再悬浮采样。

将样品经过载气吹入混合箱中，使颗粒物再悬浮（具体参数视不同再悬浮仪器设置而定），采集颗粒物样品。颗粒物再悬浮采样器一般包括送样系统、再悬浮箱、切割器以及采样气路。其中送样系统将已干燥、筛分好的颗粒物进行悬浮并送至再悬浮箱中和洁净空气混合，为颗粒物再悬浮采样提供原始样品；再悬浮箱是悬浮颗粒物的容纳场所，通过顶部开口向采样器提供洁净空气；切割器是进行分级采样的执行元件，由不同切割头来完成对原始样品中$PM_{2.5}$样品的采集。主要操作步骤如下。

① 将过筛后的尘样品（0.5g左右）放入250mL带有侧孔的锥形瓶中，并由过滤后的洁净空气吹入再悬浮舱，流量一般为5L/min。

② 不同型号的再悬浮仪器存在流量不同或滤膜直径不同的情况，其对应的尘样品采集时长也不同。确定采样时长的原则是应保证滤膜上的尘样重量既能保证后续分析的需要，又可避免超重过载。颗粒物采样量一般在5～30mg之间。

（6）质量控制

① 粉末样品过筛应选择尼龙筛，以减少对样品的影响。

② 每一类样品过筛完毕后，用蒸馏水充分清洗尼龙筛并晾干，防止交叉污染。

③ 样品在晾晒和过筛过程中应注意不破坏样品的自然粒度。

④ 使用颗粒物再悬浮采样器时，注意及时清洗，防止交叉污染。

⑤ 采样器每次使用前需进行流量校准，校准方法按《环境空气 PM_{10} 和 $PM_{2.5}$ 的测定 重量法》（HJ 618）附录A执行；所用 $PM_{2.5}$ 和 PM_{10} 切割头要经过单颗粒气溶胶发生器的校准。

⑥ 滤膜使用前均需进行检查，不得有针孔或任何缺陷。滤膜称量时应消除静电的影响。

⑦ 取清洁滤膜若干张，在恒温恒湿箱中按平衡条件平衡24h，称重。参照《环境空气 PM_{10} 和 $PM_{2.5}$ 的测定 重量法》（HJ 618）的要求检查该批样品滤膜是否称量合格。

⑧ 要经常检查采样头是否漏气。当滤膜安放正确，采样系统无漏气时，采样后滤膜上颗粒物与四周白边之间界限应清晰，如出现界限模糊的情况则表明应更换滤膜密封垫。

⑨ 对电机有电刷的采样器，应尽可能在电机由于电刷原因停止工作前更换电刷，以免使采样失败。更换时间视以往情况确定。更换电刷后要重新校准流量。新更换电刷的采样器应在负载条件下运转1h，待电刷与转子的整流子接触良好后再进行流量校准。

⑩ 采样过程中保存完整的采样记录。

4.2.2　样品管理与化学分析

在对采集到的样品做好标识、运输、储存等工作的基础上，依据不同源的类型，采取离子色谱法、热光碳分析、质谱联用等分析方法进行检测，并做好过程的空白比对和质量控制工作。

4.2.2.1　样品管理

每个样品应当进行标识，包括点位名称、采样日期、滤膜材质等信息。例如 XZP2.5O201801051 代表有机膜采集样品（XZ 表示忻州，P2.5 表示 $PM_{2.5}$，O 表示有机膜，2018 表示 2018 年，01 表示 1 月，05 表示 5 日，1 表示 $1^{\#}$ 点位，即忻州 $PM_{2.5}$ 有机膜 2018 年 1 月 5 日 1 号点位的样品）；XZP2.5Q201801051 代表无机膜采集样品（XZ 表示忻州，P2.5 表示 $PM_{2.5}$，Q 表示无机膜，2018 表示 2018 年，01 表示 1 月，05 表示 5 日，1 表示 $1^{\#}$ 点位，即忻州 $PM_{2.5}$ 无机膜 2018 年 1 月 5 日 1 号点位的样品）。

样品采集完成后，应用镊子取出滤膜并放于专用滤膜盒内，且放置在 4℃ 条件下密封冷藏保存，最长不超过 30d。其中分析 OC（有机碳）/EC（元素碳）的滤膜需置于特制滤膜盒（盒内需放一层铝箔覆盖）中密封冷藏保存。针对需要运输的样品，将样品和冰盒（事先应冷冻 24h 以上）一起放入冷藏箱中，确保运输过程中样品性质稳定。

样品的接收、核查和发放各环节应受控。样品交接记录、样品标签及其包装应完整。案例研究中未发现样品有异常或处于损坏状态。

4.2.2.2　滤膜处理和称重

滤膜处理前应检查边缘平整性、厚薄均匀性，以及有无毛刺，有无污染，有无针孔或任何破损。采样前将石英膜在马弗炉内 450℃ 下烘烧 4h，以去除吸附或残留在采样膜上的有机物。采样前后的石英膜和特氟纶膜均需放在恒温恒湿箱内 48h，然后称重。将处理后的滤膜放入特制的聚乙烯塑料滤膜保存盒中，并贴好相应的采样标签，备用。

将各种滤膜放置在恒温恒湿箱中，在恒温 [（25±1）℃]、恒湿 [（50±5）%] 的条件下放置 48h。称量采样滤膜时所需的天平灵敏度为 0.01mg（十万分之一）一般可以达到样品称量的要求，采样流量较低时应选择灵敏度更高的天平（百万分之一）进行称量。同时要求天平室温度维持在 15～35℃ 之间，相对湿度 <50%。称量滤膜时，将空白滤膜参差不齐的边缘清理干净，并做到快速称重，称量一次后，再次放入恒温恒湿箱（室）内，隔 1h 进行第二次称量，每次称量至恒重，结果精确至 0.01mg，并保证两次称量之差不大于 0.04mg 即为衡重。滤膜采集样品后不能立即称重的，在 −20℃ 条件下冷冻保存，当需称重时，重复空白滤膜的称重程序，计算两次的称重差，以备做浓度的计算。具体要求详见《环境空气颗粒物（$PM_{2.5}$）手工监测方法（重量法）技术规范》（HJ 656）。本研究使用万分之一的恒温恒湿自动称重天平系统进行称重。

4.2.2.3 化学成分分析

源和受体 $PM_{2.5}$ 样品化学成分谱分析包括 Na、K、As、Cd、Cr、Mn、Co、Ni、Cu、Zn、Pb、V、Al、Sr、Mg、Ti、Ca、Fe 和 Si 19 种无机元素（用有机膜分析），OC、EC 2 种碳组分（用石英膜分析），F^-、Cl^-、NO_3^-、SO_4^{2-}、Na^+、Mg^{2+}、K^+、Ca^{2+}、NH_4^+ 9 种水溶性离子组分（用石英膜分析）。根据生态环境部发布的《大气颗粒物来源解析技术指南（试行）》，选择优先推荐的分析技术方法进行化学成分分析。

（1）元素分析

将 1/4 面积的聚四氟乙烯滤膜剪碎在消解罐内，依次加入 9mL HNO（65%）、0.9mL HF（40%），将消解罐拧好，放入微波消解仪中采用逐步升温的方法进行微波消解，先升温至 120℃，保持 10min；然后再升温至 180℃，保持 10min；最后升温至 200℃，保持 40min。每批消解样品加入空白膜以控制分析质量。消解结束后冷却至室温，取出消解罐，将其转移到 180℃ 赶酸仪上赶酸，待冷却后，用一级水多次洗涤消解罐并定容至 30mL，并将消解液经 $0.45\mu m$ 滤头转移至聚乙烯瓶中，4℃ 下保存待测。

消解后的样品使用电感耦合等离子体质谱仪（ICP-MS）进行元素分析，ICP-MS 测试中金属成分经过雾化由载气送入 ICP 炬焰中，经过蒸发、解离、原子化、电离等过程，转化为带正电荷的正离子，经离子采集系统进入质谱仪，质谱仪根据质荷比进行分离。对于一定的质荷比，质谱积分面积与进入质谱仪中的离子数成正比，即样品中金属元素的浓度与质谱的积分面积成正比，通过测量质谱的峰面积来测定样品中金属元素的浓度。测定硅元素采用电感耦合等离子体发射光谱仪（ICP-OES）测定。为了最大限度地减少污染，实验容器均在 10% 的 HNO_3 中浸泡 24h，所有容器的洗涤均用一级水，重复洗涤 3 次。

（2）碳分析

样品滤膜中 OC/EC 的测定采用了美国沙漠研究所研制的 Model 2001A 型热光碳分析仪进行分析（TOR 方法），并遵循 MPROVE 分析协议规定。该方法可以快速、简便、准确地分析出样品中所含的有机碳（OC）和元素碳（EC）组分，是当前大气中 OC/EC 测量最准的一种推荐方法。

取 $0.525cm^2$ 的样品滤膜片置于仪器中，在 100% 的纯氦气环境中，分别于 140℃、280℃、480℃ 和 580℃ 的温度下对样品滤膜片进行加热，分别得到 OC_1、OC_2、OC_3、OC_4 组分，此时滤膜上的颗粒态碳转化为二氧化碳（CO_2）；然后再将载气切换为 2% 的氧气和 98% 的氦气，分别于 580℃、740℃、840℃ 下逐步加热，得到 EC_1、EC_2 和 EC_3 组分，此时样品中的元素碳释放出来，并被转化为 CO_2。上述各个温度梯度下产生的 CO_2 经二氧化锰（MnO_2）催化，于还原环境下转化为可通过氢火焰离子检测器（FID）检测的 CH_4。样品在加热过程中，部分有机碳可发生碳化现象形成黑碳（BC），使滤膜变黑，导致热谱图上的有机碳和元素碳的峰不易区分。因此，在测量过程中，采用 633nm 氦-氖激光检测滤纸的反光光强，利用光强的明暗变化指示出元素碳氧化的起始点。有机碳碳化过程中形成的碳化物称为裂解碳（OP）。当一个样品测试完毕时，有机碳和元素碳的 8 个组分（OC_1、OC_2、OC_3、OC_4、EC_1、EC_2、EC_3、OP）同时给出。

根据 IMPROVE 协议的定义：

$$OC = OC_1 + OC_2 + OC_3 + OC_4 + OP$$
$$EC = EC_1 + EC_2 + EC_3 - OP$$

进行 OC 和 EC 分析前均采用甲烷/二氧化碳标准气对仪器进行校正。每测定 10 个样品，进行一次平行样品和空白样品分析。本研究中平行样品 OC 和 EC 的实验误差均在 5% 以内，OC 和 EC 的浓度扣除空白值。

（3）离子分析

用陶瓷剪刀剪取样品膜的 1/4 并剪碎放入离心管中，加入 30mL 去离子水，在低温下超声提取 45min。将提取液通过 0.45μm 无机（聚醚砜）滤头过滤后，使用 Dionex ICS-90 型离子色谱仪分析样品中的阳离子（Na^+、NH_4^+、K^+、Mg^{2+}、Ca^{2+}）和阴离子（F^-、Cl^-、NO_3^-、SO_4^{2-}）。阳离子浓度检测采用 SCS1 分析柱，淋洗液为 3mmol/L 的甲烷磺酸溶液，流速为 1mL/min；阴离子浓度检测采用 AS23 分析柱，淋洗液为 9mmol/L 的碳酸钠溶液，流速为 1mL/min。进样量均为 10μL。

分析使用的标准曲线为 6 个点（0.5μg/L、1μg/L、2μg/L、5μg/L、10μg/L、20μg/L），相关系数大于 0.99。每分析 10 个样品，再分析已知标准样品来校验标准曲线，其分析值与标准值相差不大于 5%，否则重做标准曲线。

检测过程的质量控制应包括：标准曲线校准、实验空白、精确度、准确度，具体要求参照上述内容；阴阳离子平衡，阴阳离子电荷摩尔数比在 0.8～1.2 范围内；$PM_{2.5}$ 的质量闭合百分数在 80%～100% 范围内；盲样审核合格率在 90% 以上。

4.3 源解析结果

4.3.1 $PM_{2.5}$ 成分谱特征分析

大气颗粒物各排放源类成分谱之间的差异主要体现在谱的组成、含量范围、特征元素和源成分谱的共线性等方面。案例研究通过算术平均法和加权平均法建立了忻州市本地的一次排放颗粒物源（城市扬尘、道路扬尘、土壤尘、建筑水泥尘、燃煤尘、机动车尾气尘、生物质燃烧源）和二次颗粒物源（二次硫酸盐、二次硝酸盐和二次有机碳）成分谱。分析了各个成分谱中占比较高的组分，识别各类排放源的标志性组分。

4.3.1.1 一次排放颗粒物源成分谱特征分析

（1）城市扬尘

本研究在 4 个采样点采集了城市扬尘样品，使用算术平均法计算得到忻州市的城市扬尘源谱。

从谱图中可以看出，Al、Si、Ca、SO_4^{2-}、OC_3 和 OC_4 是忻州市城市扬尘的主要组分，其次还有少量的 Mg、K、Fe、OC_2、EC_1 和 OP 等。其中，城市扬尘成分谱中 Si 含量最高，其次为 Ca、SO_4^{2-}，再次为 Al，这 4 种组分在 $PM_{2.5}$ 中的含量依次为 11.11％、6.63％、6.16％、4.82％。研究表明，城市扬尘成分谱中组分以地壳元素最多，Si、Ca、Al 均属于地壳元素，说明城市扬尘中主要为天然尘，土壤风沙尘对城市扬尘的影响较大。

（2）道路扬尘

本研究道路扬尘样品取自主干路、次干路和快速路路面，使用算术平均法构成了忻州市的道路扬尘源谱。

从谱图中可以看出，Si、Al、Ca、OC_3 和 OC_4 是其主要成分，其次还有少量的 SO_4^{2-}、Mg、Na、K、Fe 等。其中，道路扬尘成分谱中 Si 含量最高，其次为 OC_4、Ca，再次为 Al，这 4 种组分在 $PM_{2.5}$ 中的含量依次为 10.38％、9.68％、4.94％、3.92％。Ca、Al、Si 均属于地壳元素，说明道路扬尘与城市扬尘类似，主要为天然尘。

（3）土壤尘

本研究通过在忻州市城区四个方向均匀布点来采集土壤尘样品，并通过再悬浮方法获得相应的滤膜样品，经分析获得相应的化学组分后，使用算术平均法构建土壤尘源谱。

从谱图中可以看出，土壤尘的主要成分为 Si、Ca、Al、OC_4，其次还有少量的 K、Fe、OC_3 等。其中，土壤尘成分谱中 Si 含量最高，其次为 Ca、Al，再次为 OC_4，这 4 种成分在 $PM_{2.5}$ 中的含量分别为 15.56％、7.47％、7.34％、2.40％。研究表明土壤尘的成分以地壳元素（Si、Al、Ca、Fe）为主。Si 作为地壳元素，在土壤中的丰度较高，表明可以利用 Si 作为土壤尘的标识元素。

（4）建筑水泥尘

采集忻州市常用的标号水泥样品，通过再悬浮获得建筑水泥尘源样品，并通过化学分析构建建筑水泥尘源谱。

从谱图中可以看出，建筑水泥尘的主要成分为地壳元素，主要为 Ca，其次为 Si、SO_4^{2-}、Al、Na 和 Fe，其中 Ca 是含量最高的元素，明显高于其他组分，也是建筑水泥尘区别于其他源类的重要元素，Ca 在 $PM_{2.5}$ 中的含量为 17.09％。此外，Si、SO_4^{2-}、Al、Na 和 Fe 在 $PM_{2.5}$ 中的含量分别为 11.66％、7.32％、4.66％、3.04％和 2.96％。

（5）燃煤尘

燃料燃烧过程是大气环境污染物的重要来源之一，对人体健康、空气质量和气候变化均产生严重影响。本研究采集了供热燃煤锅炉和热电燃煤锅炉的燃煤飞灰样品，制作了燃煤尘的组分图谱。

从谱图中可以看出，燃煤尘源谱中 Cl^- 是含量最高的组分，其次为 OC（OC_1、OC_2、OC_3、OC_4 和 EC_1），再次为 SO_4^{2-}，此外 NH_4^+、Si、Fe、Al、Ca 也有一定的占比。$PM_{2.5}$ 中 Cl^-、SO_4^{2-}、OC、EC 的占比分别为 8.93％、6.96％、26.77％、6.85％，可以看出忻州市燃煤尘直接排放的 SO_4^{2-}、Cl^- 占比较高。

（6）机动车尾气尘

本研究使用随车采样的方法，分别采集了不同车型的柴油车和汽油车尾气样品并进行了化学组分分析，结合排放源清单，使用汽油车和柴油车排放的颗粒物占比，分别获得忻州市汽油车和柴油车尾气尘化学成分谱。

① 汽油车尾气尘。汽油车尾气尘源谱中含量最高的组分为 OC 组分，含量超过 25％，远高于其他组分；其次为 EC，含量在 18％左右；从 8 种碳组分的含量来看，汽油车尾气尘中 OC 主要由 OC_2、OC_3 构成，含量分别在 14.57％、14.17％左右。

② 柴油车尾气尘。柴油车尾气尘源谱中含量最高的组分为 OC，含量在 39％左右；其次为 EC，含量在 8％左右。其中，OC 以 OC_3 为主，含量接近 10.83％；EC 以 EC_1 为主，占比在 15％左右。此外，Mg、Si、Al、Ca、Fe 元素也有一定的占比。

（7）生物质燃烧源

本研究采集了生物质燃烧锅炉排放的大气颗粒物，经化学组分分析，构建忻州本地的生物质燃烧源成分谱。生物质燃烧源源谱中含量最高的组分是 EC_1，在 $PM_{2.5}$ 中的含量为 9.88％，其次是 K^+ 和 Cl^-，含量分别为 6.38％和 4.99％。此外，SO_4^{2-}、NH_4^+ 等也占有一定的比例。

4.3.1.2　二次颗粒物源成分谱的建立

环境空气中的气态污染物在一定条件下能够转化生成的颗粒物质被称为二次颗粒物，能够转化为颗粒物质的不同类的气态污染物被称为二次颗粒物排放源类，主要分为以下几类。

（1）SO_4^{2-} 的排放源类

环境空气中的气态物质硫氧化物（SO_x）和硫化物（H_xS）等，包括 SO_2、H_2S 等，在一定的条件下可以转化为硫酸盐粒子（SO_4^{2-}）。其来源包括燃烧矿物燃料（煤或油）的工业或民用设施排放二氧化硫（SO_2），机动车尾气排放的二氧化硫（SO_2），蛋白质等有机物的分解，火山喷发或温泉产生的气体中含有的硫化氢（H_2S）等气态物质。硫酸盐排放源类的成分谱用纯硫酸铵的成分谱代替（表 4-7）。

表 4-7　硫酸盐、硝酸盐和二次有机碳排放源类成分谱

源类	硫酸盐		硝酸盐		二次有机碳	
成分	含量值/（g/g）	标准偏差/（g/g）	含量值/（g/g）	标准偏差/（g/g）	含量值/（g/g）	标准偏差/（g/g）
Na	0	0.0001	0	0.0001	0	0.0001
Mg	0	0.0001	0	0.0001	0	0.0001
…	…	…	…	…	…	…
TC	0	0.0001	0	0.0001	1	0.1
OC	0	0.0001	0	0.0001	1	0.1
EC	0	0.0001	0	0.0001	0	0.0001
Cl^-	0	0.0001	0	0.0001	0	0.0001
NO_3^-	0	0.0001	0.775	0.0775	0	0.0001
SO_4^{2-}	0.727	0.0727	0	0.0001	0	0.0001
NH_4^+	0.273	0.0273	0.225	0.0225	0	0.0001

（2） NO_3^- 的排放源类

环境空气中的气态物质氮氧化物（NO_x）包括 NO、NO_2、N_2O、NO_3、N_2O_3、N_2O_4、N_2O_5 等，在一定的条件下可以转化为硝酸盐粒子（NO_3^-）。氮氧化物可以由燃烧矿物燃料（煤或油）的工业或民用设施排放、机动车尾气排放、生物活动如土壤中细菌的厌氧还原产生。硝酸盐排放源类的成分谱用纯硝酸铵的成分谱代替（表 4-7）。

（3） OC 的排放源类

环境空气中气态的烃类化合物在一定的条件下转化为有机碳粒子，主要由燃烧或产业活动排放，以及自然界中动植物等有机物腐烂等产生。二次有机碳排放源类的成分谱采用纯有机碳的成分谱，见表 4-7。

4.3.2 环境受体 PM$_{2.5}$ 成分谱特征分析

大气颗粒物对空气质量有显著影响，研究它的化学组分是研究大气颗粒物及其特征的基础，不同区域内 PM$_{2.5}$ 成分谱可能随着污染源类别的差异而呈现不同特征，因此摸清研究区域的环境受体成分谱是开展源解析工作的前提。

4.3.2.1 环境受体 PM$_{2.5}$ 浓度特征

（1）采暖季

表 4-8 为采暖季采样期间各采样点 PM$_{2.5}$ 浓度统计特征。采暖季采样期间，各采样点 PM$_{2.5}$ 浓度变化介于 $107.20 \sim 272.19 \mu g/m^3$ 之间，平均值为 $185.01 \mu g/m^3$，是日均浓度国家二级标准（$75 \mu g/m^3$）的 $1.42 \sim 3.63$ 倍。采暖季采样期间（7d），全市 PM$_{2.5}$ 日均浓度超标严重，表明忻州市采暖季的 PM$_{2.5}$ 污染较为严重。采暖季期间，脑科医院、生态环境局、日月大酒店和健身中心的 PM$_{2.5}$ 浓度的时间变化特征基本一致，说明采暖季忻州市的 PM$_{2.5}$ 呈现区域性污染特征。

表 4-8　采暖季采样期间各采样点 PM$_{2.5}$ 浓度统计特征　　　单位：$\mu g/m^3$

项目	脑科医院	生态环境局	日月大酒店	健身中心
最小值	131.49	124.79	107.20	172.24
最大值	272.19	269.68	245.39	269.79
平均值	191.91	194.42	168.70	212.40
标准偏差	44.45	43.98	51.45	36.45

（2）非采暖季

表 4-9 为非采暖季采样期间各采样点 PM$_{2.5}$ 浓度统计特征。非采暖季采样期间，各

采样点 $PM_{2.5}$ 浓度变化范围介于 $11.98 \sim 60.80 \mu g/m^3$ 之间，平均值为 $31.78 \mu g/m^3$，是日均浓度国家二级标准（$75 \mu g/m^3$）的 $0.16 \sim 0.81$ 倍。非采暖季采样期间（7d），全市 $PM_{2.5}$ 日均浓度没有超标现象，表明忻州市非采暖季 $PM_{2.5}$ 污染相对较轻。非采暖季期间，脑科医院、生态环境局、日月大酒店和健身中心的 $PM_{2.5}$ 浓度的时间变化特征基本一致，说明非采暖季忻州市的 $PM_{2.5}$ 呈现区域性污染特征。

表 4-9　非采暖季采样期间各采样点 $PM_{2.5}$ 浓度统计特征　　单位：$\mu g/m^3$

项目	脑科医院	生态环境局	日月大酒店	健身中心
最小值	13.47	16.73	15.09	11.98
最大值	55.87	54.18	60.80	50.04
平均值	33.83	30.54	32.85	29.91
标准偏差	14.79	14.31	16.01	13.81

（3）风沙季

表 4-10 为风沙季采样期间各采样点 $PM_{2.5}$ 浓度统计特征。风沙季采样期间，各采样点 $PM_{2.5}$ 浓度变化范围介于 $18.39 \sim 120.60 \mu g/m^3$ 之间，平均值为 $57.80 \mu g/m^3$，是日均浓度国家二级标准（$75 \mu g/m^3$）的 $0.25 \sim 1.61$ 倍。风沙季采样期间（7d），全市 $PM_{2.5}$ 日均浓度超标率为 21%，表明忻州市风沙季 $PM_{2.5}$ 污染较非采暖季相对严重，较采暖季相对较轻。风沙季采样期间，脑科医院、生态环境局、日月大酒店和健身中心的 $PM_{2.5}$ 浓度的时间变化特征基本一致，说明风沙季忻州市的 $PM_{2.5}$ 呈现区域性污染特征。

表 4-10　风沙季采样期间各采样点 $PM_{2.5}$ 浓度统计特征　　单位：$\mu g/m^3$

项目	脑科医院	生态环境局	日月大酒店	健身中心
最小值	26.80	28.60	18.44	18.39
最大值	97.15	120.26	120.60	117.89
平均值	57.23	62.36	57.97	53.65
标准偏差	23.13	30.80	38.06	30.42

（4）不同季节比较

图 4-3 为各季节采样期间 4 个采样点 $PM_{2.5}$ 的平均浓度。

资源型地区大气污染成因与治理研究
——以山西省为例

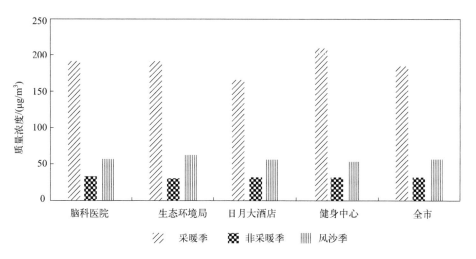

图 4-3 忻州市各季节采样期间各采样点 $PM_{2.5}$ 平均浓度

如图 4-3 所示，采暖季全市 $PM_{2.5}$ 的平均浓度（185.01μg/m³）显著高于风沙季（57.80μg/m³）和非采暖季（31.78μg/m³），而风沙季的质量浓度相比非采暖季略高，采暖季各个站点的平均浓度（脑科医院 191.91μg/m³、生态环境局 194.42μg/m³、日月大酒店 168.70μg/m³ 和健身中心 212.40μg/m³）超标严重，而风沙季（脑科医院 57.23μg/m³、生态环境局 62.36μg/m³、日月大酒店 57.97μg/m³ 和健身中心 53.65μg/m³）和非采暖季（脑科医院 33.83μg/m³、生态环境局 30.54μg/m³、日月大酒店 32.85μg/m³ 和健身中心 29.91μg/m³）的平均浓度远低于二级标准。采暖季全市 $PM_{2.5}$ 平均浓度较高，这可能是因为采暖季大气层结构通常比较稳定，边界层较低，不利于污染物扩散，导致 $PM_{2.5}$ 污染。此外，采暖季因供暖需求燃煤排放（特别是散煤燃烧排放）增大。相比较而言，风沙季和非采暖季大气层结不稳定，边界层较高，有利于污染物的扩散，导致全市 $PM_{2.5}$ 平均浓度相对较低，但风沙及风力作用导致城市扬尘和土壤尘等对 $PM_{2.5}$ 浓度的贡献增大。

4.3.2.2 环境受体 $PM_{2.5}$ 成分谱特征

本研究分析测试了 $PM_{2.5}$ 中的水溶性无机离子、碳组分和元素的质量浓度。采样期间忻州市环境受体 $PM_{2.5}$ 中各采样点化学组分质量浓度和百分含量统计特征中，含量较高的组分有 EC、OC、SO_4^{2-}、NO_3^-、NH_4^+、Cl^-、Si、Ca、Fe、Al、Na、Mg 和 K，质量分散均在 1% 以上，其他大量未能测出的化学组分主要包括 H_2O、与 OC 和 EC 结合的氢（H）及氧（O）、与地壳元素以及部分微量元素结合的氧，以及本研究中未测得的其他化学组分等。

为了便于分析讨论，将 $PM_{2.5}$ 的浓度进行质量闭合计算。质量闭合通过对测定组分组成物质的化学结构间接计算获得颗粒物中的主要构成物质及占比，将其浓度之和与由称重法确定的颗粒物质量浓度比较，可对分析结果的可靠性进行检验（通常，物质浓度之和占颗粒物质量浓度 80%～120% 较为合理）。颗粒物的物质重构主要分为：

① 颗粒态有机物（OM）、元素碳（EC）、矿物尘（MD）、微量元素、SO_4^{2-}、NO_3^-、NH_4^+ 和 Cl^-。以上组分中，除 EC 和微量元素由直接测定浓度值推算外，其他物质均以相应组分的浓度测定值为基础进行折算得到。通常以 $OM = k \times OC$ 计算出包括未测出的 H、S、N、O 在内的有机物含量，转化系数 k 的取值一般在 $1.2 \sim 2.4$ 之间，本研究中取 1.4 作为忻州市 OC 的转化系数（即 $[OM] = 1.4 \times [OC]$）。

② 地壳类物质，以构成大陆地壳物质最主要的化合物（SiO_2、Al_2O_3、Fe_2O_3、CaO、K_2O、Ti_2O 等）的相应元素进行换算得到（即 $[MD] = [1.89 \times Al] + [2.14 \times Si] + [1.4 \times Ca] + [1.43 \times Fe] + [1.67 \times Ti] + [1.2 \times K] + [1.66 \times Mg]$）。

③ 微量元素（TE，等于除矿物尘元素外的所有元素之和）。

总体来看，研究中 $PM_{2.5}$ 的质量闭合度绝大多数介于 $80\% \sim 100\%$ 之间，个别质量闭合度介于 $50\% \sim 120\%$ 之间，表明 $PM_{2.5}$ 的主要化学组分分析结果可靠，可以进行来源解析分析。

（1）采暖季

采暖季采样期间，NO_3^- 和 OM 是最主要的化学成分，分别占 $PM_{2.5}$ 质量的 27.28% 和 15.38%；其次是 SO_4^{2-}、NH_4^+ 和 MD，分别占 $PM_{2.5}$ 质量的 12.83%、12.78% 和 10.07%；Cl^- 和 EC 在 $PM_{2.5}$ 中也有一定占比，分别为 3.84% 和 2.60%；TE 在 $PM_{2.5}$ 中占比最小，占 $PM_{2.5}$ 质量的 0.70%。总体来看，二次无机离子（SO_4^{2-}、NH_4^+、NO_3^-）、MD 和 OM 在 $PM_{2.5}$ 中占比较高，三者之和超过了 70%。通常，二次无机离子来自燃煤、工业生产和机动车尾气一次排放的 SO_2、NO_x、NH_3、VOCs 等前体物的二次化学转化，MD 来自扬尘，OM 来自燃煤、工业生产和机动车尾气的一次排放及一次排放的 SO_2、NO_x、NH_3、VOCs 等前体物的二次化学转化。

采暖季采样期间各站点 $PM_{2.5}$ 平均浓度及其质量闭合情况如下：各采样点 $PM_{2.5}$ 质量闭合度均在 $70\% \sim 90\%$ 之间；化学组成基本相似，均是 OM、NO_3^- 在 $PM_{2.5}$ 中占比较高（均超过 10%），特别是 NO_3^- 比较大，分别可达到 $26\% \sim 29\%$，其次是 SO_4^{2-}、MD 和 NH_4^+，再次是 Cl^-（4% 左右）、EC（3% 左右），TE（0.7% 左右）最小。采暖季采样期间，4 个采样点 $PM_{2.5}$ 的平均阴/阳离子摩尔比在 $0.98 \sim 1.04$ 之间，由低到高依次为脑科医院、生态环境局、日月大酒店、健身中心站点，表明颗粒物接近弱酸性～中性，MD 对其有一定的影响。

图 4-4 和图 4-5 为采暖季采样期间各采样点 NO_3^- 和 SO_4^{2-} 与 NH_4^+ 的相关性。采暖季采样期间，脑科医院、日月大酒店和健身中心三个采样点的 SO_4^{2-} 与 NH_4^+ 的相关性非常好，R^2 均大于 0.8，表明 SO_4^{2-} 主要与 NH_4^+ 形成二次颗粒物，生态环境局的 SO_4^{2-} 与 NH_4^+ 的相关性为 0.79，表明 SO_4^{2-} 除了与 NH_4^+ 形成二次颗粒物外，可能还与其他离子进行反应生成二次颗粒物；各个采样点的 NO_3^- 与 NH_4^+ 的相关性较好，R^2 均大于 0.8，表明 4 个采样点 NO_3^- 主要与 NH_4^+ 形成二次颗粒物。

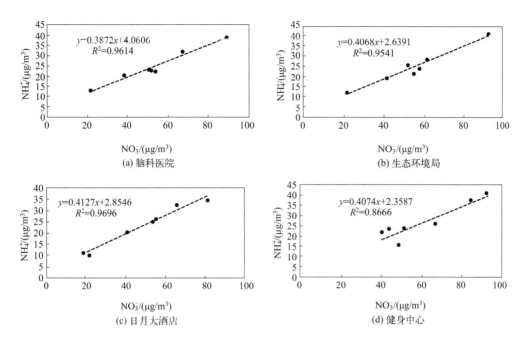

图 4-4 采暖季采样期间各采样点 NO_3^- 与 NH_4^+ 的相关性

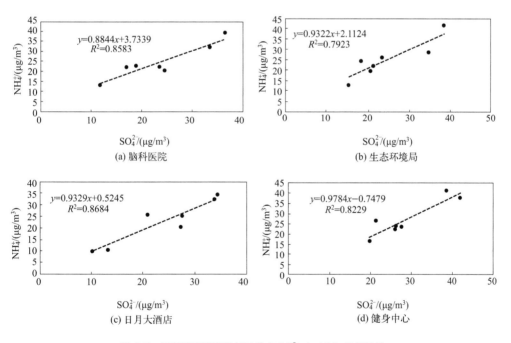

图 4-5 采暖季采样期间各采样点 SO_4^{2-} 与 NH_4^+ 的相关性

图 4-6 为采暖季采样期间各采样点 OC 与 EC 的相关性分析。如图 4-6 所示，采暖季采样期间，生态环境局的 OC 与 EC 的相关性较好，而其余 3 个站点的 OC 与 EC 的相关性一般（R^2 分别为 0.32～0.40），表明 OC 除了来自燃烧源的一次排放外，还有部

分来自二次生成。

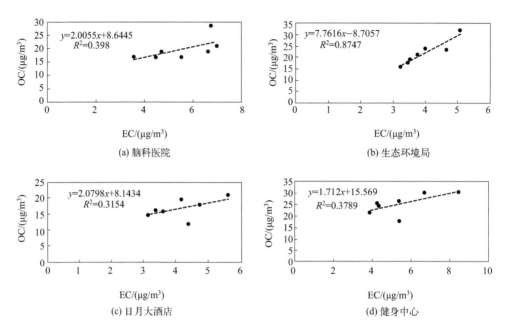

图 4-6 采暖季采样期间各采样点 OC 与 EC 的相关性

图 4-7 为采暖季采样期间各采样点 OC/EC 值以及 SOC（二次有机碳）/OC 的百分比。各采样点中 OC/EC 值均大于 2，表明会发生二次反应，产生二次有机碳。本研究利用最小比值法估算了 3 个采样点的二次有机碳生成量 [SOC＝OC－EC×（OC/EC）$_{min}$]。研究表明脑科医院、日月大酒店和健身中心这 3 个采样点 SOC/OC 的值较高，与前文这 3 个站点 OC/EC 相关性较差相对应。

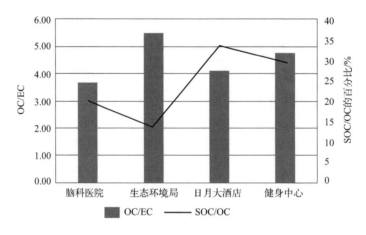

图 4-7 采暖季采样期间各采样点 OC/EC、SOC/OC 浓度比值

（2）非采暖季

非采暖季采样期间，MD 是 PM$_{2.5}$ 中最主要的化学成分，占 PM$_{2.5}$ 质量的 38.53%；

资源型地区大气污染成因与治理研究
——以山西省为例

其次是 SO_4^{2-} 和 OM，分别占 $PM_{2.5}$ 的 18.57% 和 16.74%；NO_3^- 和 NH_4^+ 在 $PM_{2.5}$ 中占比也较高，分别为 6.46% 和 6.63%；EC 在 $PM_{2.5}$ 中占比相对较小，为 4.62%；TF 和 Cl 在 $PM_{2.5}$ 中占比最小，为 $1\%\sim3\%$。总体来看，SO_4^{2-}、MD 和 OM 在 $PM_{2.5}$ 中占比较高，均超过 15%，三者之和超过了 60%。各采样点 $PM_{2.5}$ 的质量闭合度均在 $90\%\sim101\%$ 之间；化学组成基本相似，均是 MD 和 OM 在 $PM_{2.5}$ 中占比较高，两者在 $PM_{2.5}$ 中平均占比分别介于 $37\%\sim40\%$ 和 $16\%\sim18\%$ 之间。

非采暖季采样期间，4 个采样点的平均阴/阳离子摩尔比介于 $0.78\sim0.90$ 之间，由低到高依次为健身中心、生态环境局、脑科医院、日月大酒店点位，表明颗粒物呈碱性。

图 4-8 和图 4-9 为非采暖季采样期间各采样点 NO_3^- 和 SO_4^{2-} 与 NH_4^+ 的相关性。非采暖季采样期间，健身中心的 NO_3^- 与 NH_4^+ 的相关性一般，表明 NO_3^- 除了与 NH_4^+ 形成二次颗粒物外，可能还与其他离子进行反应生成二次颗粒物；其余各采样点的 SO_4^{2-} 与 NH_4^+、NO_3^- 与 NH_4^+ 的相关性都非常好，R^2 均大于 0.85，表明各采样点 SO_4^{2-}、NO_3^- 主要与 NH_4^+ 形成二次颗粒物。

图 4-10 为非采暖季采样期间各采样点 OC 与 EC 的相关性。非采暖季采样期间，各采样点 OC 与 EC 的相关性均较好，R^2 介于 $0.83\sim0.95$ 之间，表明 OC 主要来自燃烧源的一次排放。

图 4-11 为非采暖季采样期间各采样点 OC/EC 值以及 SOC/OC 的百分比。如图 4-11 所示，各采样点中 OC/EC 值均大于 2，表明会发生二次反应，产生二次有机碳。本研究利用最小比值法估算了 4 个采样点的二次有机碳（SOC）生成量，研究表明生态环境局这个采样点 SOC/OC 值最高，为 30%。

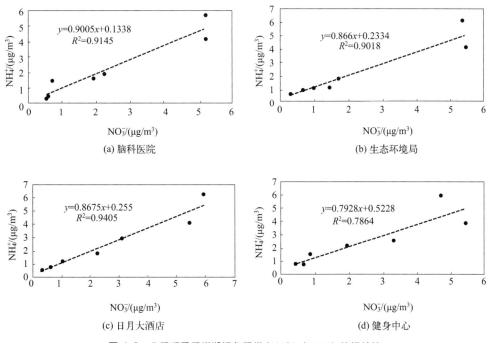

(a) 脑科医院

(b) 生态环境局

(c) 日月大酒店

(d) 健身中心

图 4-8 非采暖季采样期间各采样点 NO_3^- 与 NH_4^+ 的相关性

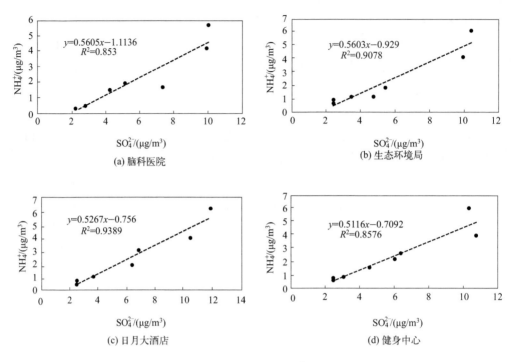

图 4-9 非采暖季采样期间各采样点 SO_4^{2-} 与 NH_4^+ 的相关性

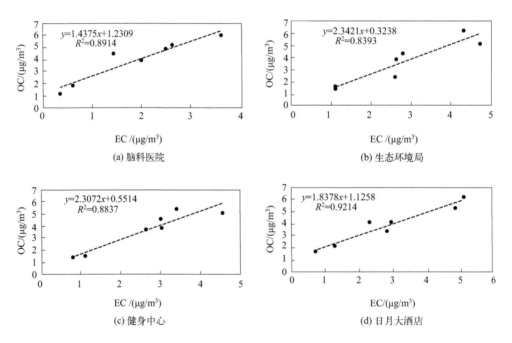

图 4-10 非采暖季采样期间各采样点 OC 与 EC 的相关性

资源型地区大气污染成因与治理研究
——以山西省为例

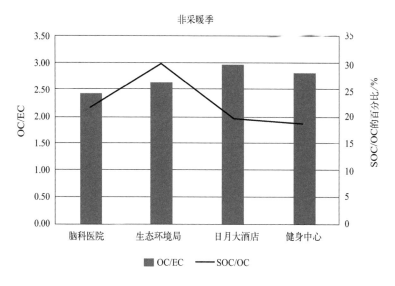

图 4-11 非采暖季采样期间各采样点 OC/EC、SOC/OC 浓度比值

（3）风沙季

风沙季采样期间，MD 是 $PM_{2.5}$ 中最主要的化学成分，占 $PM_{2.5}$ 质量的 32.50%；其次是 NO_3^- 和 SO_4^{2-}，分别占 $PM_{2.5}$ 的 13.70% 和 13.30%；OM 和 NH_4^+ 在 $PM_{2.5}$ 中占比也较高，分别为 11.28% 和 8.11%；EC 和 TE 在 $PM_{2.5}$ 中占比相对较小，介于 2%~3% 之间；Cl^- 在 $PM_{2.5}$ 中占比最小，为 0.86% 左右。总体来看，SO_4^{2-}、MD 和 NO_3^- 在 $PM_{2.5}$ 中占比较高，均超过 13%，三者之和超过了 55%。

风沙季采样期间各站点 $PM_{2.5}$ 平均浓度及其质量闭合研究结果表明：各采样点 $PM_{2.5}$ 质量闭合度均在 80%~90% 之间；化学组成基本相似，均是 MD 和 NO_3^- 在 $PM_{2.5}$ 中占比较高，两者在 $PM_{2.5}$ 中平均占比分别介于 30%~35% 和 12%~15% 之间。

风沙季采样期间各站点阴/阳离子摩尔比表明：采样期间，4 个采样点的平均阴/阳离子摩尔比介于 0.74~0.90 之间，由低到高依次为健身中心、生态环境局、日月大酒店、脑科医院点位，表明颗粒物呈碱性。

图 4-12 和图 4-13 为风沙季采样期间各采样点 NO_3^- 和 SO_4^{2-} 与 NH_4^+ 的相关性。风沙季采样期间，各采样点的 SO_4^{2-} 与 NH_4^+、NO_3^- 与 NH_4^+ 的相关性都非常好，R^2 均大于 0.85，表明各采样点 SO_4^{2-}、NO_3^- 主要与 NH_4^+ 形成二次颗粒物。

图 4-14 为风沙季采样期间各采样点 OC 与 EC 的相关性。风沙季采样期间，各采样点 OC 与 EC 相关性较好，R^2 均大于 0.8，表明 OC 主要来自燃烧源的一次排放。

图 4-15 为风沙季采样期间各采样点 OC/EC 值及 SOC/OC 的百分比。风沙季采样期间，各采样点中 OC/EC 值均大于 2，表明存在二次有机碳（SOC）。利用最小比值法估算二次有机碳（SOC）生成量，估算 SOC 在 OC 中的平均占比为 19%~28%。

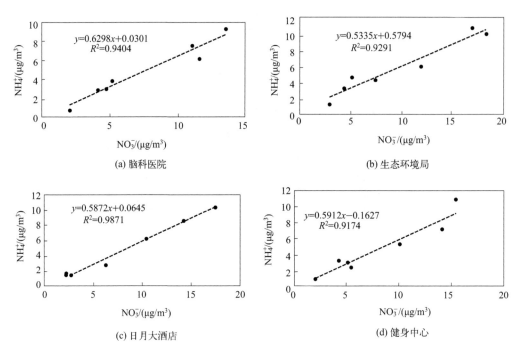

图 4-12 风沙季采样期间各采样点 NO_3^- 与 NH_4^+ 的相关性

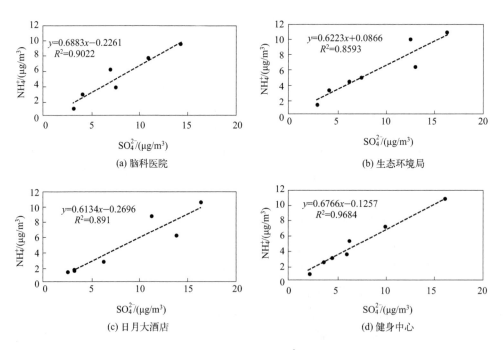

图 4-13 风沙季采样期间各采样点 SO_4^{2-} 与 NH_4^+ 的相关性

资源型地区大气污染成因与治理研究
——以山西省为例

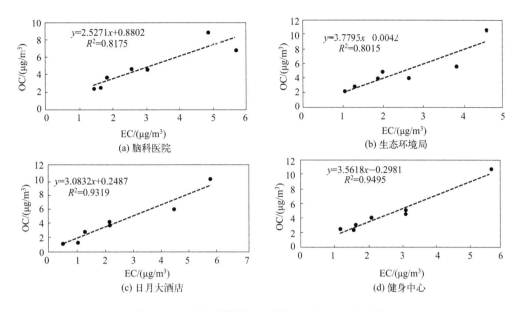

图 4-14 风沙季采样期间各采样点 OC 与 EC 的相关性

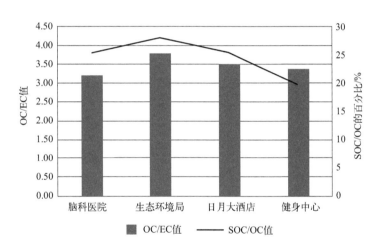

图 4-15 风沙季采样期间各采样点 OC/EC 值、SOC/OC 值

（4）不同季节比较

各季节采样期间全市 $PM_{2.5}$ 平均浓度及其质量闭合结果表明：从各化学组分浓度来看，采暖季 $PM_{2.5}$ 中 EC、OM、Cl^-、NO_3^-、SO_4^{2-} 和 NH_4^+ 平均浓度显著高于风沙季和非采暖季，而风沙季中 MD 平均浓度显著高于采暖季和非采暖季。从各化学组分占比来看，采暖季 $PM_{2.5}$ 中 NO_3^- 占比最高，其次是 OM，NH_4^+ 和 SO_4^{2-} 占比也相对较大，而风沙季和非采暖季 $PM_{2.5}$ 中 MD 和 SO_4^{2-}、OM 和 NO_3^- 占比较高，再次是 NH_4^+；采暖季 Cl^-、NO_3^- 和 NH_4^+ 的占比显著高于风沙季和非采暖季，而风沙季和非采暖季 MD 的占比显著高于采暖季；EC 占比在三个季节差异不大。造成上述季节差异的原因可能

与采暖季因供暖需求大、燃煤排放增强以及不利的大气扩散条件和边界层较低有关，而风沙季和非采暖季的气象条件有利于污染物扩散，同时导致扬尘源排放增强。此外，由于忻州市采暖季相对湿度较高（可能与冬季降雪量大有关），湿度较高的环境有利于SO_2、NO_2等气态前体物的二次转化，而且采暖季低温环境和高浓度的气态前体物NO_x促进硝酸盐的生成，而风沙季和非采暖季相对较高的温度环境中硝酸盐不稳定，易挥发，因此采暖季SO_4^{2-}、NO_3^-、NH_4^+占比较高。

图 4-16 为各季节采样期间市区 SO_4^{2-} 和 NO_3^- 与 NH_4^+ 的相关性。风沙季、非采暖季两个季节忻州市 SO_4^{2-} 与 NH_4^+ 的相关性较好，表明 SO_4^{2-} 主要与 NH_4^+ 形成二次颗粒物，而采暖季 SO_4^{2-} 与 NH_4^+ 的相关性一般，表明 SO_4^{2-} 除了与 NH_4^+ 形成二次颗粒物外，可能还与其他离子进行反应生成二次颗粒物；三个采样季节的 NO_3^- 与 NH_4^+ 的相关性均较好，表明 NO_3^- 主要与 NH_4^+ 形成二次颗粒物。

针对上述各季节 SO_4^{2-} 和 NO_3^- 的来源差异性，本研究计算了硫酸盐转化率（SOR＝（SO_4^{2-}/96）/［（SO_4^{2-}/96）＋（SO_2/64）］）和硝酸盐转化率（NOR＝

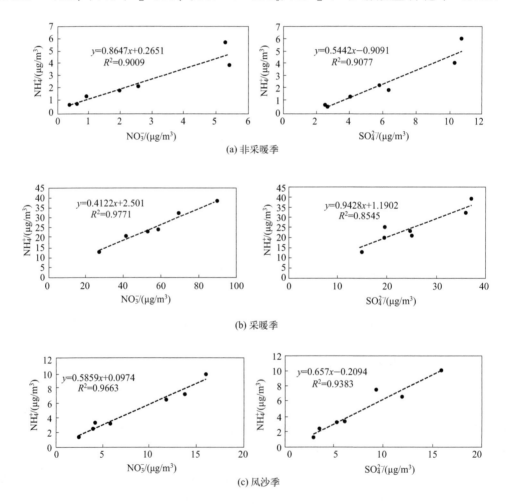

图 4-16 各季节采样期间市区 SO_4^{2-} 和 NO_3^- 与 NH_4^+ 的相关性

资源型地区大气污染成因与治理研究
——以山西省为例

（$NO_3^-/62$）／［（$NO_3^-/62$）＋（$NO_2/46$）］）。采暖季采样期间全市 SOR 和 NOR（23.50％和 32.82％）显著高于风沙季（16.79％和 14.25％）与非采暖季（约 14.11％和 3.36％），表明采暖季硫酸盐和硝酸盐主要来自二次转化，而风沙季与非采暖季硫酸盐和硝酸盐转化率相对低，且受其他源（如扬尘源）的影响。

采暖季平均阴/阳离子摩尔比为 1，颗粒物呈中性；风沙季和非采暖季的平均阴/阳离子摩尔比均为 0.8，颗粒物呈弱碱性，MD 对其影响较大。

图 4-17 为各季节采样期间市区 OC 与 EC 的相关性。风沙季和非采暖季采样期间，忻州市 OC 与 EC 相关性较好（$R^2 > 0.90$），表明 OC 和 EC 主要来自燃烧源的一次排放；采暖季 OC 与 EC 相关性一般（R^2 为 0.86），表明 OC 除了来自燃烧源的一次排放外，还来自 SOC 的二次生成。采暖季采样期间全市 OC/EC 值的平均比值（4.43）大于风沙季和非采暖季（3.43 和 2.72），但均超过 2，这表明采样期间 OC 除了受燃烧源的影响外，还受其他源的影响。

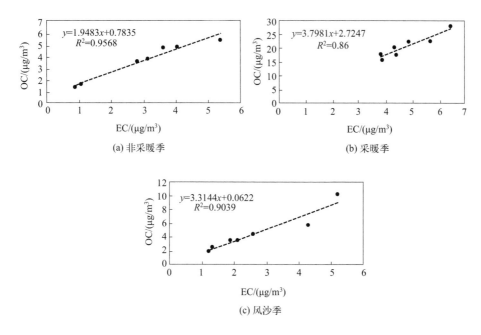

图 4-17 各季节采样期间 OC 与 EC 的相关性

4.3.2.3　$PM_{2.5}$ 污染过程分析

忻州市采暖季细颗粒物污染严重，因此，专门对采暖季采样期间 $PM_{2.5}$ 与其他物质的时间变化特征关系进行分析。在颗粒物污染过程中 SO_2（$40 \sim 66 \mu g/m^3$）、NO_2（$66 \sim 93 \mu g/m^3$）和 CO（$1.2 \sim 2.2 mg/m^3$）的时间变化趋势与颗粒物基本一致。从 $PM_{2.5}$ 中主要化学成分的占比来看，各成分呈现出不同的时间变化特征，各成分占比变化趋势与颗粒物并不完全同步，但 SOR 和 NOR 变化趋势与颗粒物基本同步，随颗粒物浓度的升高而升高，表明污染越严重的天气条件下，SO_2 和 NO_x 越容易向硫酸盐和硝酸盐转化。采暖季采样期间 PM$_{2.5}$ 质量重构结果表明，PM$_{2.5}$ 构成组分以 OM、二次无机颗粒物（硝酸盐＋硫酸盐＋铵盐）、矿物尘为主，且随着污染的加重，矿物尘的占比明显下降，二次颗粒物的占比明显上升。

4.3.3 PM$_{2.5}$ 来源模型解析结果分析

对三种不同类型的模型模拟结果进行罗列和对比，并结合各类方法的特点和优势，提出进一步细化和融合的可能性。

4.3.3.1 CMB 模拟结果分析

（1）全年

全年内，二次硝酸盐对 PM$_{2.5}$ 的分担率最大，为 29.57％；其次是二次硫酸盐，对 PM$_{2.5}$ 的分担率为 17.64％；再次是生物质燃烧尘、汽油车尾气尘和土壤尘，对 PM$_{2.5}$ 的分担率分别为 9.89％、7.91％和 5.95％；燃煤尘、建筑水泥尘、道路扬尘等源类对 PM$_{2.5}$ 的分担率占到 3％左右；柴油车尾气尘和二次有机碳对 PM$_{2.5}$ 的分担率较小。总体来看，二次颗粒物（二次硫酸盐和二次硝酸盐）和扬尘（道路扬尘、建筑水泥尘和土壤尘）对 PM$_{2.5}$ 的分担率较高，二者之和超过了 60％，是全年 PM$_{2.5}$ 的最主要来源。

（2）采暖季

采暖季期间，二次硝酸盐对 PM$_{2.5}$ 的分担率最大，为 34.78％；其次是二次硫酸盐，对 PM$_{2.5}$ 的分担率为 16.27％；再次是生物质燃烧尘，对 PM$_{2.5}$ 的分担率为 13.42％；扬尘和机动车尾气尘对 PM$_{2.5}$ 的分担率较小，分别为 5％左右。

总体来看，二次颗粒物（二次硫酸盐和二次硝酸盐等）和生物质燃烧尘对 PM$_{2.5}$ 的分担率较高，二者之和超过了 60％，是采暖季 PM$_{2.5}$ 的最主要来源。

（3）风沙季

风沙季期间，二次硫酸盐、二次硝酸盐和土壤尘对 PM$_{2.5}$ 的分担率最大，分别为 16.73％和 16.19％和 16.87％；其次是汽油车尾气尘和道路扬尘，二者对 PM$_{2.5}$ 的分担率分别为 11.54％和 8.87％；生物质燃烧尘占比也还可以，为 6.51％；建筑水泥尘、燃煤尘在风沙季也有一定占比。

总体来看，扬尘和二次颗粒物对 PM$_{2.5}$ 的分担率最高，是风沙季 PM$_{2.5}$ 的最主要来源。此外，机动车尾气尘的贡献也不容忽视。

（4）非采暖季

非采暖季期间，道路扬尘和二次硫酸盐对 PM$_{2.5}$ 的分担率最大，为 32.04％和 21.70％；其次是汽油车尾气尘、生物质燃烧尘和二次硝酸盐，对 PM$_{2.5}$ 的贡献分别为 12.75％、8.36％和 8.26％；建筑水泥尘、燃煤尘和柴油车尾气尘对 PM$_{2.5}$ 的贡献较小，分担率介于 2％～4％之间。

总体来看，扬尘对 PM$_{2.5}$ 的分担率最高，是非采暖季 PM$_{2.5}$ 的最主要来源。此外，二次颗粒物和机动车尾气尘也不容忽视。

（5）不同季节比较

表 4-11 为忻州市市区各季节 $PM_{2.5}$ 的 CMB 源解析结果。总体来看，扬尘、机动车尾气尘和二次颗粒物存在显著的季节差别。

表 4-11　忻州市市区各季节 $PM_{2.5}$ 的 CMB 源解析结果

季节	煤烟尘 /%	生物质尘 /%	开放源/%				二次颗粒物/%			其他 /%
			扬尘	土壤尘	建筑尘	机动车尾气尘	硫酸盐	硝酸盐	有机碳	
采暖季	4.51	13.42	2.18	4.79	0.07	5.36	16.27	34.78	4.29	14.33
非采暖季	2.94	8.36	32.04	2.94	3.89	16.56	21.7	8.26	0.47	2.83
风沙季	2.88	6.51	8.87	16.87	3.15	15.67	16.19	16.73	1.79	11.36
全年	3.6	9.89	3.41	5.95	3.78	9.82	17.64	29.57	1.71	14.64

扬尘源（开放源中除机动车尾气尘外）在采暖季对 $PM_{2.5}$ 的贡献（7.04%）显著小于风沙季（28.89%）和非采暖季（38.87%），这可能是因为采暖季道路或裸土因冰雪覆盖导致扬尘减少。

机动车尾气尘在风沙季（15.67%）和非采暖季（16.56%）对 $PM_{2.5}$ 的贡献显著高于采暖季（5.36%）。

二次颗粒物（二次硫酸盐＋二次硝酸盐）在采暖季对 $PM_{2.5}$ 的贡献很大（51.05%），特别是二次硝酸盐对 $PM_{2.5}$ 的分担率最大，可达 30% 以上。二次颗粒物在风沙季和非采暖季的贡献相对较小（30% 左右）。

4.3.3.2　CAMx 结果分析

（1）一次源类对 $PM_{2.5}$ 浓度贡献分析

非采暖季、采暖季和风沙季三个季节采样期间农业、工业、生活、机动车、电厂和生物对 $PM_{2.5}$ 的贡献浓度及贡献率变化研究结果如下。

① 在非采暖季期间，基本都是工业源占比较高，为 43.18%；其次是生物源，为 21.6%；其余各类源占比相差不大，在 7%～11% 之间。但是在 9 月 30 日上午 8～23 时、10 月 1 日 9～18 时和 10 月 2 日 9～19 时期间，生物源占比增加，达到 30%～50% 左右，考虑是否有突然的生物质燃烧源出现。

② 在采暖季期间，生活源占比较高，为 30.92%；工业源和生活源相差不大，占比为 25.88%；其余各源类占比在 7%～15% 之间。在 2 月 25 日 2～21 时，生活源和生物源占比较高；其次是工业源；此外，基本都是生活源＞工业源＞生物源＞机动车源＞农业源＞电厂。

③ 在风沙季期间，和非采暖季类似，工业源占比较高，可达 50%；其次是生活源，占比为 14.5%；其余各源类相差不大。4 月 25 日 8 时开始到 4 月 25 日 21 时，工业源

占比逐渐减少，生物源占比增加。4 月 23 日 12 时到 4 月 24 日 17 时和 4 月 26 日 10 时到 4 月 28 日 7 时，农业源和生物源占比较小，仅有 3%左右。

由图 4-18 可以看出，非采暖季和风沙季均是工业源占比较高，高达 50%左右，而采暖季中工业源占比仅为 25.88%。在非采暖季中，除工业源外，生物质燃烧源占比较高，为 21.60%，其余源类相差不大。在采暖季中，生活源占比最高，为 30.92%，接下来是工业源，其余源类相差不大。在风沙季中，除工业源占比达 50.09%外，其余源类相差不大。

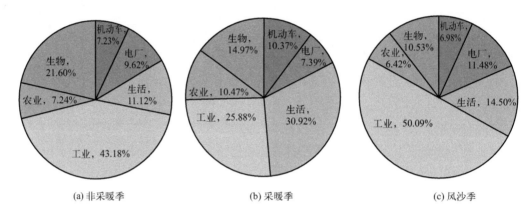

(a) 非采暖季　　　　　　　　　(b) 采暖季　　　　　　　　　(c) 风沙季

图 4-18 CAMx 模型一次源结果

（2）二次源类对 PM$_{2.5}$浓度贡献分析

采用文献调研源谱将 CAMx 一次源类进行折算，结果如下。

① 在非采暖季期间，基本都是工业源占比较高，为 32.44%；其次是燃煤，为 16.93%；SOC 占比也相对较高，为 13.36%。但是在 9 月 30 日上午 9～21 时期间，SOC 占比增加，达到 40%～50%左右。

② 在采暖季期间，刚开始 2 月 24 日 0 时到 18 时，燃煤源占比较高，其次是 NO$_3^-$和工业源。从 2 月 24 日 22 时开始，燃煤源占比逐渐下降，NO$_3^-$占比上升，一直到 2 月 27 日 9 时。从 2 月 27 日 9 时开始，各组分在 PM$_{2.5}$中的占比情况大概为 NO$_3^-$>燃煤源>SO$_4^{2-}$，机动车占比最小。

③ 在风沙季期间，4 月 23 日 0 时开始到 4 月 25 日 15 时，SO$_4^{2-}$占比较高。从 4 月 25 日 21 时开始，NO$_3^-$占比逐渐增加，SO$_4^{2-}$占比也相对较高。从 4 月 28 日开始，工业源、燃煤源占比逐渐增加，SO$_4^{2-}$、NO$_3^-$逐渐降低，对 PM$_{2.5}$的贡献为工业源>燃煤源>SO$_4^{2-}$>SOC。

由图 4-19 可以看出，采暖季、非采暖季和风沙季均是二次离子占比较高，其中，采暖季和风沙季二次离子高达 60%左右，非采暖季二次离子占到了 44%左右，而工业源在非采暖季占比较高，达 32.44%，其次是风沙季，为 20.91%，采暖季占比较少，为 11.31%。燃煤源则表现出采暖季>非采暖季>风沙季；机动车在各个采样阶段相差不多，基本为 6%左右。

资源型地区大气污染成因与治理研究
——以山西省为例

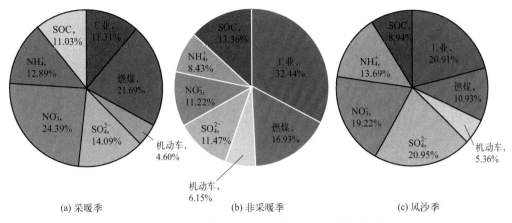

|(a) 采暖季|(b) 非采暖季|(c) 风沙季|

图 4-19 不同源类在不同采样季节对 PM$_{2.5}$ 的贡献百分比

4.3.3.3 PMF 模拟结果分析

经 PMF 模型模拟计算后,忻州市全年 PM$_{2.5}$ 实测值与拟合值之间的相关性系数 R 为 0.75,说明解析结果是合理的。最终 PM$_{2.5}$ 识别出 5 个因子,图 4-20 给出了 PM$_{2.5}$ 的因子谱图。

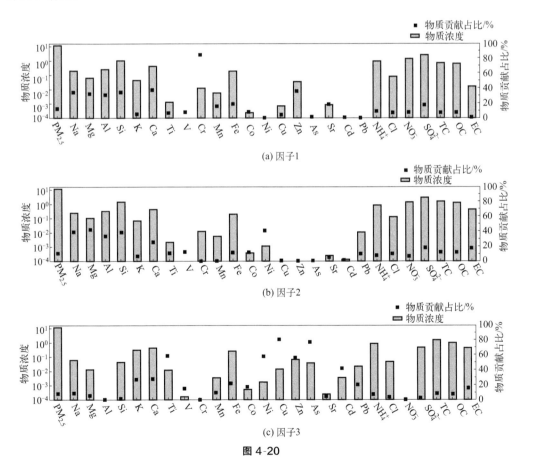

(a) 因子1

(b) 因子2

(c) 因子3

图 4-20

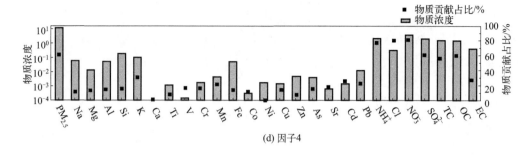

(d) 因子4

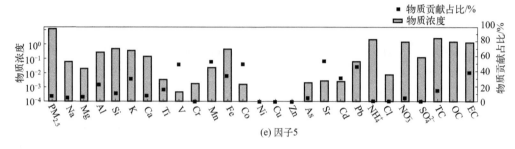

(e) 因子5

图 4-20 $PM_{2.5}$ 五因子贡献谱图

① 因子 1 中，Cr 的占比较高，Cl^-、SO_4^{2-}、OC 也有一定的占比，Cr 可能来自燃煤排放，Cl^-、SO_4^{2-}、OC 也主要来自化石燃料燃烧，因此判断该因子为燃煤源；

② 因子 2 中，Si、Al、Ca、Fe 的占比较高，这些元素主要为地壳元素，判断该因子为扬尘源；

③ 因子 3 中，Cu、Zn、Pb 占比较高，此外 OC、EC 也有一定的占比，Pb、Zn 和 Cu 通常来源于交通污染，主要来自燃料燃烧、轮胎磨损、漏油以及电池和金属部件的磨损等，判定该因子为机动车；

④ 因子 4 中，NH_4^+、SO_4^{2-}、NO_3^-、OC、EC 占比较高，判断该因子为二次颗粒物；

⑤ 因子 5 中，Mn、V 和 Sr 的占比较高，OC、EC 也有一定的占比，V 主要来自工业排放，判断该因子为工业排放。

最终源贡献结果显示，$PM_{2.5}$ 的主要贡献源包括二次颗粒物（60.98%）、机动车（8.47%）、扬尘源（10.31%）、燃煤源（12.94%）和工业排放（7.31%）。综合来看，忻州市大气颗粒物的主要污染源为二次颗粒物、燃煤排放、扬尘源。

4.3.4 $PM_{2.5}$ 来源解析结果分析

针对模型结果可能存在二次源整体分配的特点，依据当地的源排放清单对其进行二次分配，同时将几种方法融合，在特定的研究范围内形成统一的源解析结果，空气质量模式也进一步给出了区域传输的特点，为颗粒物控制对策措施的提出和完善提供参考。

4.3.4.1 源类贡献结果分析

（1）二次源解析结果对比分析

为了验证结果的合理性，开展 CMB、PMF 与 CAMx 二次源结果对比分析工作，由于 PMF 只解析出了全年的结果，因此与 CMB、CAMx 的全年结果进行了对比（见表 4-12）。从全年来看，三种模型的机动车源和二次源类结果比较相近，差异在 1%～10% 之间；燃煤源和其他源，三个模型解析结果差异略大，差异可达 15% 左右。整体看来，模拟结果较为相近，有一定的可比性和参考性。

表 4-12　PMF、CMB 与 CAMx 二次源解析结果比较

源类/全年	PMF	CMB	CAMx
燃煤源	12.94	3.60	18.40
扬尘源	10.31	13.14	—
机动车源	8.47	9.82	5.44
二次源	60.98	48.92	53.48
其他源	7.31	24.52	22.69

（2）一次源解析结果对比分析

1）CMB 一次源（二次分摊）贡献结果

为使得解析结果更便于管理部门操作和使用，案例研究考虑将 CMB 的解析结果中二次颗粒物进行再分配，利用更新后的忻府区大气污染源清单中 SO_2、NO_x、VOCs 等污染源排放量比例作为二次颗粒物的分配比例，分别将二次颗粒物分摊至一次工艺过程源、电力、机动车（不含非道路移动机械）等源类上，形成更为直接、合理的细颗粒物来源解析结果。

图 4-21 为忻州市市区全年 $PM_{2.5}$ 的二次分摊结果。如图所示，将二次硫酸盐和二次硝酸盐进行二次分摊计算后，机动车尾气尘对 $PM_{2.5}$ 的分担率最大，为 24.99%；其次是扬尘源、农业源和民用源，对 $PM_{2.5}$ 的分担率也较大，分别为 13.14%、11.46% 和 12.06%；工艺过程源和电力源对 $PM_{2.5}$ 的分担率相差不大，分别为 5.07% 和 4.67%；燃煤源对 $PM_{2.5}$ 的分担率较小，为 3% 左右。将扬尘源进一步细分，结果显示，土壤尘对 $PM_{2.5}$ 的分担率较大，为 5.95%；其次是建筑水泥尘和道路扬尘，分别为 3.78% 和 3.41%。

以同样的方法对不同时段二次源和扬尘源进行分摊。图 4-22 为忻州市市区采暖季 $PM_{2.5}$ 的二次分摊结果。将二次硫酸盐和二次硝酸盐进行二次分摊计算后，机动车尾气尘对 $PM_{2.5}$ 的分担率最大，为 23.37%；其次是民用源、农业源和生物质源，对 $PM_{2.5}$ 的分担率也较大，且相差不大，分别为 12.01%、12.26% 和 13.49%；工艺过程源、电力源、扬尘源和燃煤源对 $PM_{2.5}$ 的分担率较小，为 4%～7%；工业锅炉的分担率最小。将扬尘源进一步细化，结果显示，土壤尘对 $PM_{2.5}$ 的分担率较大，为 4.79%；建筑水泥尘仅占 0.07%。

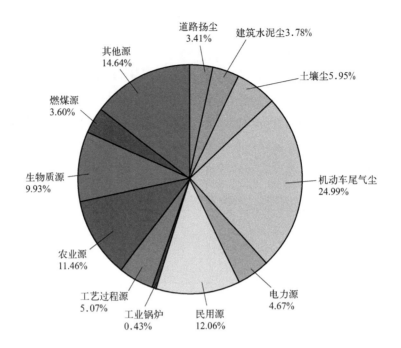

图 4-21 忻州市市区全年 PM$_{2.5}$ 二次分摊结果

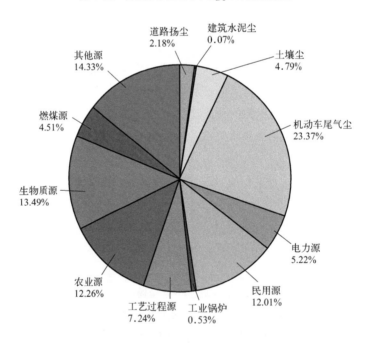

图 4-22 忻州市市区采暖季 PM$_{2.5}$ 二次分摊结果

图 4-23 为忻州市市区风沙季 PM$_{2.5}$ 的二次分摊结果。将二次硫酸盐和二次硝酸盐进行二次分摊计算后,扬尘源对 PM$_{2.5}$ 的分担率最大,为 28.89%;其次是机动车尾气尘,为 24.37%;民用源和农业源占比也较大,分别为 10.67% 和 8.18%;其余各源类对 PM$_{2.5}$ 的分担率相差不大,介于 3%~6% 之间;工业锅炉对 PM$_{2.5}$ 的分担率最小,

资源型地区大气污染成因与治理研究
——以山西省为例

为 0.3% 左右。将扬尘源进一步细化，结果显示，土壤尘对 $PM_{2.5}$ 的分担率较大，为 16.87%；建筑水泥尘仅占 3.15%。

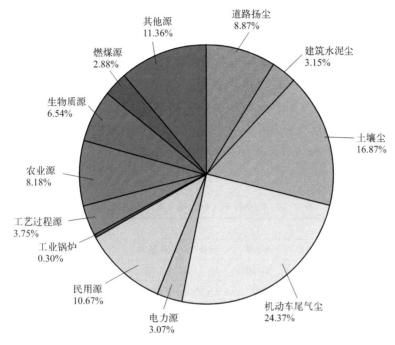

图 4-23 忻州市市区风沙季 $PM_{2.5}$ 二次分摊结果

图 4-24 为忻州市市区非采暖季 $PM_{2.5}$ 的二次分摊结果。将二次硫酸盐和二次硝酸盐进行二次分摊计算后，扬尘源对 $PM_{2.5}$ 的分担率最大，为 38.87%；其次是机动车尾气尘，为 20.93%；民用源对 $PM_{2.5}$ 的分担率也较大，为 13.29%；农业源和生物质源对 $PM_{2.5}$ 的分担率相差不大，分别为 7.78% 和 8.38%；电力源、工艺过程源和燃煤源

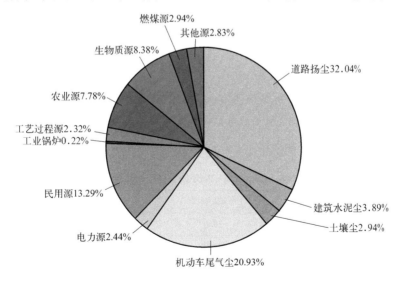

图 4-24 忻州市市区非采暖季 $PM_{2.5}$ 二次分摊结果

对 PM$_{2.5}$ 的分担率较小，介于 2%～3% 之间；工业锅炉分担率占比最小。将扬尘源进一步分摊计算，结果显示，道路扬尘对 PM$_{2.5}$ 的分担率较大，为 32.04%；建筑水泥尘和土壤尘仅占 3.89% 和 2.94%。

2）CAMx 与 CMB 一次源解析结果对比分析

为开展 CAMx 与 CMB 一次源结果对比分析工作，需对 CAMx 和 CMB 一次源结果分别进行再处理。其中，CMB 一次源解析结果中，为汇总工业源和生活源以便与 CAMx 结果对比，需将燃煤源和生物质源分别拆分为工业与民用两部分再进行再次组合；CAMx 模型模拟未纳入扬尘源，为与 CMB 结果具有可对比性，将 CMB 结果的扬尘源直接作为 CAMx 的扬尘源贡献结果，同时将其他源类等比例分担。经处理 CAMx 与 CMB 一次源再处理结果如表 4-13 所列。

表 4-13　CAMx 与 CMB 两个模型的结果比较　　　　单位：%

源类	CMB				CAMx			
	采暖季	非采暖季	风沙季	全年	采暖季	非采暖季	风沙季	全年
扬尘源	7.03	38.87	28.89	13.14	7.03	38.87	28.89	13.14
农业源	12.26	7.78	8.18	11.46	9.73	4.43	4.57	7.63
工业源	14.16	5.86	7.16	10.13	24.06	26.39	35.62	30.50
生活源	23.62	21.30	16.97	20.97	28.75	6.80	10.31	18.51
机动车源	23.37	20.93	24.37	24.99	9.64	4.42	4.96	7.63
电厂源	5.22	2.44	3.07	4.67	6.87	5.88	8.16	7.52
其他源	14.33	2.83	11.36	14.64	13.91	13.21	7.49	15.07

对比分析可知，农业源、生活源、电厂源和其他源类 CAMx 与 CMB 两个模型的结果比较相近，而工业源和机动车源 CAMx 与 CMB 两个模型的解析结果差异较大。从全年来看，CMB 模型解析的工业源贡献率为 10.13%，远小于 CAMx 模型解析的工业源贡献率 30.50%；CMB 模型解析的机动车源贡献率为 24.99%，远大于 CAMx 模型解析的贡献率 7.63%。

（3）PM$_{2.5}$ 来源解析最终结果

由于 CAMx 与 CMB 源解析结果各有优劣，均存在一些不可能避免的误差情况，因此，结合忻州市调研实际，将 CAMx 与 CMB 源结果进行融合以得到本研究最终的忻州市 PM$_{2.5}$ 来源解析结果，见表 4-14。

表 4-14　CAMx 与 CMB 两个模型的融合结果　　　　单位：%

源类	采暖季	非采暖季	风沙季	全年
扬尘源	7.03	38.87	28.89	13.14
农业源	11.00	6.10	6.37	9.55
工业源	19.11	16.12	21.39	20.32
生活源	26.18	14.05	13.64	19.74

资源型地区大气污染成因与治理研究
——以山西省为例

源类	采暖季	非采暖季	风沙季	全年
机动车源	16.50	12.68	14.67	16.31
电厂源	6.05	4.16	5.62	6.10
其他源	14.12	8.02	9.42	14.85

① 采暖期间，生活源和工业源对 $PM_{2.5}$ 的分担率最大，分别为 26.18% 和 19.11%；其次是机动车源，其对 $PM_{2.5}$ 的分担率为 16.50%；农业源、电厂源和扬尘源对 $PM_{2.5}$ 的分担率较小，其对 $PM_{2.5}$ 的分担率分别为 11.00%、6.05% 和 7.03%；其他源类对 $PM_{2.5}$ 的分担率为 14.12%。

② 非采暖期间，扬尘源对 $PM_{2.5}$ 的分担率最大，高达 38.87%；其次是工业源，其对 $PM_{2.5}$ 的分担率为 16.12%；再次是生活源和机动车源，其对 $PM_{2.5}$ 的分担率分别为 14.05% 和 12.68%；农业源和电厂源对 $PM_{2.5}$ 的分担率较小，其对 $PM_{2.5}$ 的分担率分别为 6.10% 和 4.16%；其他源类对 $PM_{2.5}$ 的分担率为 8.02%。

③ 风沙季期间，扬尘源对 $PM_{2.5}$ 的分担率最大，高达 28.89%；其次是工业源，其对 $PM_{2.5}$ 的分担率为 21.39%；再次是机动车源和生活源，其对 $PM_{2.5}$ 的分担率分别为 14.67% 和 13.64%；农业源和电厂源对 $PM_{2.5}$ 的分担率较小，其对 $PM_{2.5}$ 的分担率分别为 6.37% 和 5.62%；其他源类对 $PM_{2.5}$ 的分担率为 9.42%。

④ 全年来看，工业源和生活源对 $PM_{2.5}$ 的分担率最大，分别为 20.32% 和 19.74%；其次是机动车源和扬尘源，其对 $PM_{2.5}$ 的分担率分别为 16.31% 和 13.14%；农业源和电厂源对 $PM_{2.5}$ 的分担率较小，其对 $PM_{2.5}$ 的分担率分别为 9.55% 和 6.10% 左右；其他源类对 $PM_{2.5}$ 的分担率为 14.85%，其他源可能包含植物源等自然源排放、非道路移动机械排放、餐饮油烟排放等。

这一结果与忻州市机动车保有量水平、工业发展水平及农业生产情况基本吻合。忻州市机动车保有量在全省处于中下水平，因此机动车污染相比其他略发达的城市属于较低水平；大型工业企业较少，但企业离市区近，且小散企业多，也是忻州市区的主要污染源；电厂和集中供热锅炉也有一定的贡献占比，且采暖季占比略大于非采暖季，与忻州市市区冬季以集中供热为主的供热方式符合；另外，对于电厂以外的居民供暖，在"禁煤区"外仍存在一定的散烧煤情况，农村居民基数大等因素都导致生活源占比较高，尤其是采暖季期间；农业生产比重在全省处于较高水平，导致忻州市农业源也有一定量的比重；由于风力、自然土质等条件，自然扬尘不及大同、朔州等地区，且城市化进程在全省处于较低水平，大型施工建设较少，加之忻府区道路宽阔、环卫保障到位、车流量较小等，因此，扬尘源整体占比不高，但风沙季扬尘较高，这也与实际情况符合。

4.3.4.2 区域贡献结果分析

（1）忻州市气象条件对 $PM_{2.5}$ 浓度的影响

气象因素对环境空气质量有较大的影响，因此，选择较为常规的气象因素监测数据与对应时刻的环境空气质量自动监测数据进行对比，分别作变化趋势图和 SPSS 相关性分析。由表 4-15 和图 4-25 可以看出，气温和风速都是与 $PM_{2.5}$ 浓度呈负相关，相对湿度与 $PM_{2.5}$ 呈正相关。从相关性指数大小来看，$PM_{2.5}$ 浓度与风速的相关性略高于气温和相对湿度。当风速较小、相对湿度较高时，不利于污染物扩散，导致污染物浓度升高；当风速增高而相对湿度较低时，污染物浓度会下降。对于气温，在冬季较低温的条件下比春秋季的 $PM_{2.5}$ 浓度要高，这也与冬季冷空气下沉、垂直扩散程度不高、大气静温天气较多等因素有关。

表 4-15　$PM_{2.5}$ 与气象条件的相关性

项目	气温	相对湿度	风速
$PM_{2.5}$	-0.319[①]	0.339[①]	-0.583[①]

① 在 0.01 水平（双侧）上显著相关。

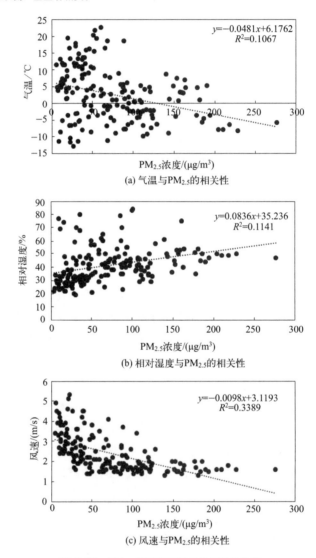

(a) 气温与 $PM_{2.5}$ 的相关性

(b) 相对湿度与 $PM_{2.5}$ 的相关性

(c) 风速与 $PM_{2.5}$ 的相关性

图 4-25　$PM_{2.5}$ 浓度与气象条件相关性分析

资源型地区大气污染成因与治理研究
——以山西省为例

（2）区域气象对忻州市 PM$_{2.5}$ 浓度的影响模拟结果

从 CAMx 模拟结果可以看出，忻州市外来源主要包括太原、石家庄、晋中等区域输送，污染物质以东南区域输送为主。非采暖季和风沙季期间，PM$_{2.5}$ 主要来源以忻州本地排放贡献和太原等地输送为主，朔州市土壤扬尘和风力综合作用对忻州市 PM$_{2.5}$ 的贡献也较大；采暖季期间，PM$_{2.5}$ 主要来源于长距离的传输贡献，仍以太原市、石家庄市为主，本地排放占比仍较大。但考虑到此次模拟面积较小及 WRF 模拟风速偏大等问题，外地污染传输结果可能会有一定的高估。从气象条件来分析，刮东南风时易对忻州市的环境空气质量造成不利影响，导致 PM$_{2.5}$ 的浓度增加，北风或西风时环境空气质量较好，这与前面所说的忻州市 PM$_{2.5}$ 受南边和东边城市污染输送的影响较大的结果符合。

4.3.4.3　不确定性分析

（1）监测结果的不确定性

本次源解析监测所采样品数量略有不足，加上后续样品处理和实验室分析工作均存在一定的误差，因此给整体模拟工作的输入带来一定的不确定性。不确定性分析可从定性和定量对比两方面入手，定性的对比是通过手工采样结果和监测数据随时间变化的走势图来判断，定量的对比是通过统计分析来判断手工采样结果和监测数据之间的偏差以验证模拟效果。将环境受体 PM$_{2.5}$ 监测结果与对应的自动监测站点数据进行比较，比较结果显示，两种监测结果变化趋势基本一致，可以认为监测结果基本可信。但从两者趋势图来看仍存在一定的偏差，这给后续的解析结果也带来了一定的影响，因此采用评估研究中常用的相关系数（COR）、平均偏差（MB）和平均误差（ME）、标准化平均偏差（NMB）、标准化平均误差（NME）和标准误差（RMSE）、平均分数偏差（MFB）和平均分数误差（MFE）评估手工采样结果与自动站监测结果的吻合程度。

NMB 反映的是各模拟值与监测值的平均偏离程度，NME 反映的是平均绝对误差，NMB 和 NME 是两个没有量纲的统计指标。RMSE 反映模拟值和监测值的偏离程度，是一个有量纲的统计量。它们越接近 0，表明模拟效果越好。同时，使用相关系数 COR 表征模拟结果和监测结果之间变化趋势的吻合程度，其越接近 1，表明模拟效果越好。MFB 计算结果在 ±30％ 以内、MFE 计算结果在 50％ 以内说明模型的模拟结果较为理想。MFB 计算结果在 ±60％ 以内、MFE 计算结果在 75％ 以内为可接受范围。将脑科医院、生态环境局和日月大酒店的实际监测数据与相对应的国控站点监测数据进行对比，相关的统计指标见表 4-16。从各统计指标分析，这 3 个站点的手工监测浓度与对应的自动站点的监测结果的 COR 在 0.8 以上，表明吻合程度较好。3 个站点的 MFB 和 MFE 均在 60％ 之内，说明手工监测结果可以接受，其中日月大酒店的 MFB 在 30％ 以内，说明结果较为理想。从 MB、NMB 和 MFB 统计指标的结果来看，手工监测结果较自动站点监测结果偏高，其中脑科医院的结果与对应的自动站点的监测结果相差最大，为 30.34$\mu g/m^3$。

表 4-16　环境受体监测数据与对应的国控站点自动监测数据的偏差统计分析

站点	MB/（μg/m³）	NMB	NME	COR	RMSE	MFB	MFE
脑科医院	30.34	47.41%	49.15%	0.94	42.72	51.71%	53.35%
生态环境局	25.43	36.14%	38.28%	0.95	38.60	37.82%	39.90%
日月大酒店	21.12	31.09%	48.32%	0.83	44.12	24.79%	41.78%

（2）模型的不确定性

模型只是对模拟结果的趋势性拟合，无法做到与实际情况完全一致。在进行模型模拟时对于参数的选择、污染源输入、气象场模拟均具有不确定性。CMB 在最后的模型计算结果中，所解析出的源类之和并不全部等于 100%，对分析的各个组分对 $PM_{2.5}$ 进行质量重构范围为 80%～120%，认为模拟结果是合理的。同时，CAMx 模拟的结果也是有一定的误差，为评估 CAMx 模型对忻州市气象场和空气质量的模拟效果，现以基准情景的气象场和环境空气 $PM_{2.5}$ 浓度的模拟结果，分别与忻州市气象观测结果和空气质量自动监测数据进行对比分析。通过图 4-25 可以看出，气温和相对湿度的变化趋势基本一致，而 $PM_{2.5}$ 和风速的变化趋势略有差异，模型模拟的 $PM_{2.5}$ 结果比自动监测结果略低，模型模拟的风速较观测值整体偏大。将 CAMx 模拟的 $PM_{2.5}$ 和气象数据与实际的 $PM_{2.5}$ 浓度和气象观测数据进行了比对（见表 4-17），除风速外，气温、相对湿度和 $PM_{2.5}$ 的 COR 均在 0.8 以上，气温、相对湿度和风速平均分数偏差 MFB 计算结果在 ±30% 之内，平均分数误差 MFE 在 50% 之内，说明模拟结果较好；而 $PM_{2.5}$ 的平均分数偏差 MFB 计算结果在 ±60% 以上，偏差略大，但整体趋势一致。

表 4-17　气象模拟结果和监测结果的比较

项目	MB	NMB	NME	COR	RMSE	MFB	MFE
温度	−0.58	−4.80%	10.51%	0.96	1.55	−3.1%	11.8%
风速	0.77	31.15%	47.67%	0.78	1.54	14.98%	39.50%
相对湿度	−5.64	−11.47%	14.73%	0.82	9.21	−11.64%	15.89%
$PM_{2.5}$	−32.84	−49.02%	49.02%	0.82	47.61	−63.13%	63.13%

第**5**章 山西省臭氧污染特征分析

5.1 污染形势

5.1.1 山西省臭氧污染形势严峻，臭氧浓度波动性上升

2013～2019 年间，山西省全省 O_3 年平均浓度升高 38%，已逐渐成为影响全省环境空气质量的重要指标。2019 年臭氧浓度为 $182\mu g/m^3$，超标 0.14 倍。2019 年临汾市、晋城市、晋中市 O_3 浓度最高，大同市和朔州市 O_3 浓度最低，为全省 O_3 浓度未超标的两个市。全省 11 个市均同比 2018 年有所升高，同比变化率为 2.6%～16.4%。

5.1.2 臭氧污染已日益凸显，对优良天的影响已超过 PM₂.₅

2019 年全省臭氧作为首要污染物出现的天数为占总超标天数的 48%，已超过 $PM_{2.5}$ 和 PM_{10} 作为首要污染物出现的天数。而长治市、晋中市、临汾市和晋城市臭氧作为首要污染物出现的天数分别占总超标天数的 56.9%、55.1%、53.2%、52.5%。从全省总体情况来看，臭氧作为首要污染物出现的天数已超过 $PM_{2.5}$ 作为首要污染物出现的天数，且除忻州市、运城市、太原市外，其余 8 市均为超标天中臭氧作为首要污染物出现的天数最多。

2019 年山西省环境空气 6 项评价因子中，$PM_{2.5}$ 污染负荷占 23.9%，PM_{10} 污染负荷占 23.1%，是影响山西省环境空气质量的重要因素。而 O_3 污染负荷占比由 2017 年的 16.2% 增长到 19.6%，O_3 污染负荷逐年增加，逐渐成为除颗粒物外影响环境空气质量的重要因素。从 2019 年 6～8 月各市空气污染物污染负荷比例来看，臭氧的污染负荷最高，基本占 1/3，是夏季污染负荷比例最高的污染指标。

5.1.3 臭氧超标以轻度污染为主，中度及以上污染呈增加趋势

2019 年全省 O_3 超标天以轻度污染为主，占 O_3 超标天的 84%；大同市、朔州市、运城市和吕梁市臭氧超标以轻度污染为主，占比 95% 及以上；阳泉市和临汾市臭氧污染等级略高，中度及重度污染比例高于 20%，也是出现臭氧重度污染的两个城市。分

析 2017~2019 年 O_3 污染等级，2017 年全省 O_3 超标天中轻度污染占比 93%，2018 年全省 O_3 超标天中轻度污染占比 96%，2019 年全省 O_3 超标天中轻度污染占比 84%。

5.1.4 臭氧区域性污染问题日益凸显，联防联控势在必行

从全省各区县 O_3 浓度分布情况来看，呈现较强的地域性特征。具体表现为吕梁山脉以东、以南的所有县（区、市）都超标，吕梁山脉以西、以北的区域，只有个别县（区、市）超标。位于吕梁山脉东南的平顺县、沁水县等山区县，工业企业很少，山清水秀，细颗粒物等其他污染物都已达标，但臭氧年评价结果却超标。

5.1.5 臭氧污染集中在 5~9 月，日变化呈"单峰型"

从 2019 年各月臭氧浓度变化情况看，1~6 月全省臭氧浓度逐月升高，并在 6 月份达到峰值；5~9 月份臭氧浓度均超过臭氧浓度限值，超标比例在 10.6%~36.9%。从全省各市臭氧浓度月际变化情况看，全省各市臭氧浓度均为 6 月份达到峰值，各市臭氧浓度月际变化规律基本一致。2019 年各市均为 6 月达最高值，其中，临汾市、晋城市、运城市共有 6 个月超标（4~9 月），晋中市、长治市、阳泉市、太原市共有 5 个月超标（5~9 月），忻州市、吕梁市共有 4 个月超标（5~7 月和 9 月），朔州市共有 4 个月超标（5~8 月），大同市仅 6 月超标。

从全省 2019 年超标天数及 O_3 为首要污染物的占比情况统计来看，春、夏季臭氧问题凸显，尤以 5~7 月臭氧为首要污染物的超标天数最多，且 6~9 月份臭氧作为首要污染物出现的概率均为 100%。各市 6~8 月臭氧高发季节进入倒数排名城市明显增多。根据 2018 年和 2019 年全国城市空气质量报告统计，6~8 月全省各市进入 168 个城市中空气质量相对较差的 20 位城市的数量增多。

分析全省各市 2019 年各季节臭氧日变化情况，臭氧浓度的日变化呈"单峰型"。以 2019 年太原市各季节 ρ（O_{3-1h}）（O_{3-1h} 平均浓度）日变化特征为例，00：00~07：00 ρ（O_{3-1h}）较低，主要是由于 O_3 被 NO 不断反应消耗，浓度持续下降，并在 07：00 左右出现谷值；早高峰（07：00~09：00）随着 VOCs 和 NO_x 等 O_3 前体物排放增加，太阳辐射增强，光化学反应增强，ρ（O_{3-1h}）逐渐升高，并在 15：00 左右达到当日峰值；之后，随着太阳辐射减弱，光化学反应程度降低，ρ（O_{3-1h}）逐渐下降直至夜间维持在较低浓度水平。此外，对比不同季节 ρ（O_{3-1h}）日变化情况发现，由于太阳辐射的影响，夏季 O_3 浓度日变幅最大，冬季最小。

5.1.6 臭氧与前体物的相关特征分析

NO_2 和 VOCs 是近地面 O_3 生成的 2 个主要前体物，NO_x 主要源自工业、交通排放，VOCs 主要源自溶剂使用以及工业、交通、居民源和植被排放等。O_3 浓度与前体

物 VOCs、NO₂浓度呈相反的变化趋势。根据 2019 年太原市 NO₂和 O₃小时浓度分析发现：NO₂浓度夜晚高、白天低，O₃浓度白天高、夜晚低；NO₂浓度早间出现高峰，随后 O₃浓度出现高峰。

图 5-1 为太原市 2019 年 7 月 5～13 日 O₃与 NO₂、VOCs 组分 3h 平均浓度的日变化情况。其中，太原市 VOCs 采样为 3h 采集一个样品进行分析，故将 3h O₃和 NO₂小时浓度平均值与 VOCs 浓度对应分析。

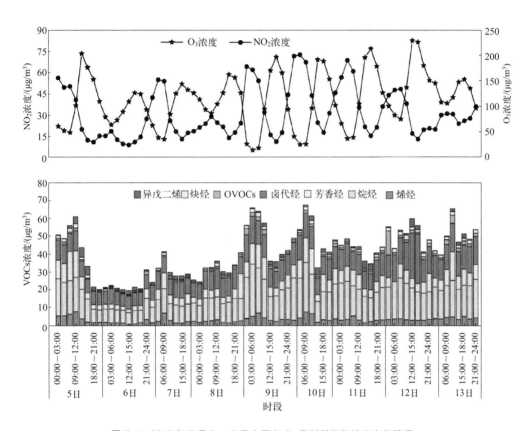

图 5-1 2019 年 7 月 5～13 日太原市 O₃及其前体物浓度变化情况

由图可见：白天 VOCs 浓度峰值出现在 06：00～09：00，同时出现 NO₂浓度峰值；随着太阳辐射的增强，光化学反应随之增强，VOCs 浓度逐渐下降，O₃浓度出现峰值；18：00 后，由于温度降低、光照强度减弱，光化学反应速率降低，在夜间交通源、光化学反应减弱及夜间扩散条件差的共同作用下，VOCs 浓度在 18：00～24：00 之间再次上升，而 O₃浓度在夜间迅速下降。各组分中芳香烃被消耗得最快；卤代烃较稳定，浓度变化相对较小；异戊二烯主要来自植被排放，在一定温度范围内温度和光照强度越高，植物异戊二烯排放量越大，其浓度在 12：00～15：00 之间达最大值。同时，由于 O₃发生光化学反应需要一定的时间，O₃浓度峰值比前体物谷值滞后。

5.1.7 气象条件的影响

气象条件是影响近地面大气中各类污染物浓度的重要因素之一。紫外线辐射为 O_3 生成提供光解原动力，温度影响氧化剂活性，适量水分子提供自由基光解源，小风使得前体物集聚易达到高浓度，风向决定臭氧高污染区域，气溶胶在一定程度上削弱了光解原动力，混合层高度会影响臭氧的垂直传输和分布特征。以 O_3 污染问题突出的晋城市为例，分析 2019 年气象参数与 ρ（$O_{3\text{-}1h}$）的相关性。ρ（$O_{3\text{-}1h}$）与气温、相对湿度、风速在不同季节均呈显著相关关系，其中 ρ（$O_{3\text{-}1h}$）与气温呈显著正相关。

5.1.7.1 温度

自由基与氧化剂的活化能较低，可能在常温下发生热反应。温度升高，分子运动加快，分子间碰撞频率增加，因此反应速度加快。温度每升高 10℃，反应速度增加 2～3 倍。当气温较低时，ρ（$O_{3\text{-}1h}$）小幅上升；当气温高于 20℃ 时，ρ（$O_{3\text{-}1h}$）大幅上升；当气温超过 30℃ 时，ρ（$O_{3\text{-}1h}$）容易出现超标现象，这是因为高温通常出现在晴朗的天气条件下，太阳辐射强，光化学反应速率加剧，ρ（$O_{3\text{-}1h}$）随之升高。温度受控于太阳辐射，夏季的太阳辐射最强，地表光化学反应剧烈，O_3 生成量增大，冬季与之相反，O_3 浓度较低。温度与 O_3 的强相关性只是不同季节太阳辐射强度在统计学上的表现。

5.1.7.2 相对湿度

全省有利于臭氧污染形成的相对湿度范围可能在 30%～50% 之间。ρ（$O_{3\text{-}1h}$）与相对湿度呈显著负相关，相对湿度与 ·OH 及其他自由基的生成有关，但高湿天气条件下水汽充足，紫外辐射削弱，光化学反应减弱，因此低湿更有利于 O_3 生成。晋城市有利于 O_3 污染形成的相对湿度范围可能在 30%～60% 之间。通过对温度、相对湿度与 ρ（$O_{3\text{-}1h}$）的综合分析，发现高温、低湿条件有利于 O_3 的形成，晋城市温度在 25℃ 以上、相对湿度在 30%～60% 之间时易出现 ρ（$O_{3\text{-}1h}$）高值。

5.1.7.3 风速

风速对 ρ（$O_{3\text{-}1h}$）的影响较为复杂，晋城市 ρ（$O_{3\text{-}1h}$）随风速增大而升高。当风速高于 5m/s 时 ρ（$O_{3\text{-}1h}$）急剧下降，这是由于当地面风速低于某一阈值时，风速增大有利于区域 O_3 及其前体物的传输扩散，容易形成本地 ρ（$O_{3\text{-}1h}$）高值。当风速继续增大时，扩散稀释效应导致 ρ（$O_{3\text{-}1h}$）下降。

臭氧超标日的出现伴随着一系列的气象条件的共同变化，包括相对湿度降低、总辐射量增强、边界层高度抬升、气温升高、云量减少、日照时间延长、风速降低、降雨减少等。这些因素导致光化学反应增强，高空高浓度臭氧向地面扩散加速，地面臭氧迅速累积，从而造成严重的光化学污染事件。超标日结束时往往伴随着相反的气象条件，且变化更加剧烈，表现为相对湿度增加、总辐射量减少、边界层高度降低、气温降低、云

资源型地区大气污染成因与治理研究
——以山西省为例

量增加、日照时间变短、风速增加、降雨增加等。一方面大大削减了臭氧的光化学反应过程，另一方面加快了污染物的水平输送和稀释，从而导致本地臭氧浓度迅速降低。

5.2 基于卫星遥感的臭氧形成敏感性分析

由于几乎所有的 VOCs 在降解过程中都会生成甲醛，并且活性高的 VOCs 其甲醛产生率也高，因此甲醛与经过活性加权的总 VOCs（以下简称 TVOCs）呈正相关关系，可以指示 VOCs 的总量。利用卫星同时观测 O_3 及其前体物，分析臭氧生成敏感性，避免了不同仪器观测不同前体物导致的系统误差。本研究采用 $HCHO/NO_2$ 值判定 O_3 生成控制类型。$HCHO/NO_2$ 值大于阈值时为 NO_x 控制区，$HCHO/NO_2$ 值小于阈值时为 VOCs 控制区，$HCHO/NO_2$ 值介于阈值区间范围时为 VOCs-NO_x 共同控制区。

通过卫星遥感解译结果，全省 HCHO 浓度高值区主要分布于山西中南部地区，尤其是"1＋30"区域；NO_2 浓度高值区主要分布在太原盆地、长治盆地等。全省各市盆地范围内的 $HCHO/NO_2$ 值小于阈值，臭氧处于 VOCs 控制区；偏远农村地区的 $HCHO/NO_2$ 大于阈值，臭氧处于 NO_x 控制区；其余地区的 $HCHO/NO_2$ 值介于阈值区间范围内，臭氧处于 VOCs-NO_x 共同控制区。

5.3 基于观测的臭氧来源解析

根据太原市 VOCs 组分例行监测数据，选择 2019 年 3 月至 2020 年 2 月一年的数据分析 VOCs 的浓度特征及来源解析，2020 年 2 月受疫情影响未采样。春季采样时间为 2019 年 3～5 月，夏季采样时间为 2019 年 6～8 月，秋季采样时间为 2019 年 9～11 月，冬季采样时间为 2019 年 12 月～2020 年 1 月。

5.3.1 典型城市环境 VOCs 浓度及特征

太原市作为省会城市，是全省经济和人口的中心，2019 年臭氧浓度为 $203\mu g/m^3$，与 2013 年比较同比增长 55%，其臭氧浓度水平和增长水平与全省水平相当，且太原市挥发性有机物观测点位较多，观测指标较为全面。故选取太原作为本研究基于观测的臭氧来源解析研究的典型城市。

5.3.1.1 总挥发性有机物浓度

春季观测期间，TVOCs 变化范围为 $43.77～162.11\mu g/m^3$，平均浓度为 $109.58\mu g/m^3$。夏季观测期间，TVOCs 小时浓度变化范围为 $57.47～97.19\mu g/m^3$，平均浓度为 $76.13\mu g/m^3$。秋季观测期间，TVOCs 小时浓度变化范围为 $58.95～181.54\mu g/m^3$，平均浓度为 $115.89\mu g/m^3$。冬季观测期间，TVOCs 小时浓度变化范围为 $71.25～209.39\mu g/m^3$，平均浓度为 $123.32\mu g/m^3$。由此可见，太原市大气 TVOCs 浓度在冬季

最高，其余依次为秋季、春季、夏季。秋、冬季采样期间，大气稳定度较高，对流作用较弱，污染物不易扩散，加之秋季日照时间缩短，大气中 VOCs 的光化学作用降低，VOCs 的降解能力减弱，且夜晚经常出现逆温现象，容易造成 VOCs 的积累，导致秋、冬季采样期 VOCs 浓度较高。夏季 VOCs 浓度较低的主要原因是：一方面，夏季降雨频繁、边界层较高、气压较低，光化学反应较活跃，有利于污染物的去除与扩散；另一方面，夏季气温较高，太阳辐射较强，VOCs 作为臭氧的前体物大量参与光化学反应，在光化学反应中消耗较大，因而在大气中浓度较低。

由于太原市 4 个站点监测时间有所不同，故选择 6~8 月分析站点之间的变化规律。VOCs 浓度的变化规律均为小店＞桃园＞晋源＞上兰。上兰监测点作为太原市上风向（背景点）点位，浓度较低。

5.3.1.2　VOCs 各组分季节变化特征

将 VOCs 分为烷烃、烯烃、芳香烃、卤代烃、OVOCs（含氧 VOCs）、炔烃和有机硫。全年 VOCs 排放的烷烃、烯烃、芳香烃、卤代烃、OVOCs、炔烃和有机硫浓度对 TVOCs 浓度的贡献率分别为 29.13％、6.58％、18.53％、19.35％、22.51％、2.66％、1.23％，烷烃、OVOCs 贡献率较高。春季 VOCs 排放的烷烃、烯烃、芳香烃、卤代烃、OVOCs、炔烃和有机硫浓度对 TVOCs 浓度的贡献率分别为 27.58％、5.47％、14.47％、27.64％、22.50％、1.47％、0.87％，卤代烃、烷烃、OVOCs 贡献率较高。夏季 VOCs 排放的烷烃、烯烃、芳香烃、卤代烃、OVOCs、炔烃和有机硫浓度对 TVOCs 浓度的贡献率分别为 25.11％、7.65％、12.01％、15.69％、35.32％、1.88％、2.34％，OVOCs、烷烃贡献率较高。秋季 VOCs 排放的烷烃、烯烃、芳香烃、卤代烃、OVOCs、炔烃和有机硫浓度对 TVOCs 浓度的贡献率分别为 30.94％、5.89％、21.80％、19.49％、17.73％、3.00％、1.16％，烷烃、芳香烃贡献率较高。冬季 VOCs 排放的烷烃、烯烃、芳香烃、卤代烃、OVOCs、炔烃和有机硫浓度对 TVOCs 浓度的贡献率分别为 32.90％、7.31％、25.84％、14.59％、14.50％、4.30％、0.56％，烷烃、芳香烃贡献率较高。

采样期间，烷烃（以乙烷、丙烷为主）的年均质量浓度最高，占 TVOCs 的 29.13％，因此烷烃的季节变化对 TVOCs 的季节变化影响较大。烷烃总体季节分布表现为冬季（32.90％）＞秋季（30.94％）＞春季（27.58％）＞夏季（25.11％），全年体积分数差异较大，这可能与夏季降雨频繁、边界层较高，有助于 VOCs 的稀释和扩散，而冬季大气光化学反应消耗较少，且边界层较低，有利于 VOCs 积累有关。

含氧化合物（以丙酮为主）的年均质量浓度占 TVOCs 的 22.51％，总体季节分布为夏季（35.32％）＞春季（22.50％）＞秋季（17.73％）＞冬季（14.50％），季节差异性较大。这主要是受光化学反应的影响，夏季光照强度较大，光化学反应生成 OVOCs 的比重增加。同时春、夏季含氧化合物的质量浓度和占比较高，可能与丙酮的季节性变化有关。在 OVOCs 中丙酮占比位居首位，年均质量浓度占 OVOCs 比为 41.10％，而夏季丙酮与其他季节相比具有更高的一次排放，如植物挥发、机动车尾气和生物质燃烧等一次来源，导致丙酮的平均浓度在夏季高于冬季。

卤代烃（以二氯甲烷、二氟二氯甲烷、1,2-二氯乙烷为主）的年均质量浓度占比为19.35%，总体季节分布为春季（27.64%）＞秋季（19.49%）＞夏季（15.69%）＞冬季（14.59%），季节差异性较明显，这可能与它的来源有关。卤代烃的来源主要包括天然源（海洋、果树）、工业源（乙烯石化、垃圾焚烧发电、海绵加工）、生活源（空调氟利昂）、机动车排放等。芳香烃（以苯、甲苯、萘为主）的年均质量浓度占比为18.53%，仅次于含氧化合物，总体季节分布为冬季（25.84%）＞秋季（21.80%）＞春季（14.47%）＞夏季（12.01%）。芳香烃主要来自溶剂使用、工业生产和燃料挥发，冬季的不利条件使得它不易挥发，浓度较高。烯烃（以乙烯为主）的年均质量浓度占比为6.58%，总体季节分布为夏季（7.65%）＞冬季（7.31%）＞秋季（5.89%）＞春季（5.47%），全年质量浓度占比比较稳定，烯烃人为源主要为汽车尾气排放和燃料挥发，天然源主要为植物生长代谢。乙炔作为一种重要的VOCs，年均质量浓度占比为2.66%，在117种VOCs中体积分数位居第四位，其年变化较为稳定：冬季（4.30%）＞秋季（3.00%）＞夏季（1.88%）＞春季（1.47%）。乙炔主要来自燃料燃烧和汽油挥发过程，被广泛用作机动车尾气排放示踪物，化学活性较低，在大气中的存在比较稳定。

5.3.1.3　VOCs排放优势物质的筛选

将不同季节不同时段的VOCs平均浓度由大到小排列，排名前十的物质作为VOCs排放优势物质。春、夏、秋、冬四个季节观测期间VOCs排放优势物质如下：

① 春季VOCs排放排名前十的优势物质是丙酮、乙烷、丙烷、苯、异戊烷、正丁烷、二氯甲烷、乙醛、二氟二氯甲烷、甲苯，其总浓度为41.67μg/m³，占春季VOCs排放总浓度的38.03%。

② 夏季VOCs排放排名前十的优势物质是丙酮、乙烷、乙醛、苯、丙烷、正戊烷、丁酮、异戊烷、甲苯、乙烯，其总浓度为39.91μg/m³，占夏季VOCs排放总浓度的52.42%。

③ 秋季VOCs排放排名前十的优势物质是乙烷、苯、丙酮、萘、丙烷、二氯甲烷、乙烯、甲苯、乙醛、乙炔，其总浓度为57.38μg/m³，占秋季VOCs排放总浓度的49.51%。

④ 冬季VOCs排放排名前十的优势物质是苯、乙烷、丙烷、萘、乙烯、丙酮、乙炔、甲苯、正丁烷、乙醛，其总浓度为72.23μg/m³，占冬季VOCs排放总浓度的58.57%。

由此可以看出，各季节主要VOCs物质占比较高的有丙酮、乙烷、丙烷、苯、甲苯等。

5.3.2　臭氧生成潜势

臭氧的生成潜势与挥发性有机物（VOCs）在大气中的反应活性有关。目前研究有机物反应活性主要有3种方法：a. 计算等效丙烯浓度法；b. ·OH消耗速率法（L_{OH}）；c. 最大增量反应活性系数法（maxincremental incremental reactivities，MIR法）。前两种方法只考虑了 VOCs 与·OH 的反应速率，没有涉及后续复杂反应；第 3 种方法体现了机制反应性，研究 O_3 的生成较为客观。

本研究选择 MIR 系数法计算 VOCs 的臭氧生成潜势，综合考虑了环境条件下臭氧前体物 VOCs 的反应活性。MIR 是基于最佳臭氧生成条件，如在光化学辐射较强和最佳 Q（NMHCs，即非甲烷总烃）/Q（NO_x）条件下臭氧的最大生成量，MIR 可以用来辨认高反应活性的物质。臭氧生成潜势（ozone formation potential，OFP）是综合衡量 VOCs 的化学反应活性对 O_3 生成的指标参数，用于评估某一地区 VOCs 在 O_3 生成过程中的作用，其大小主要取决于环境空气中各 VOCs 物质的浓度及最大增量反应活性（MIR），其数值为某一 VOCs 物质（或每种源对环境受体中每个物质 VOCs）环境浓度的贡献值与相应 MIR 系数（单位浓度 VOCs 所能生成 O_3 的最大浓度）的乘积，其计算公式如下：

$$OFP = MIR \times [VOC] \tag{5-1}$$

式中 OFP——某一 VOCs 物质的臭氧生成潜势，$\mu g/m^3$；

　　　MIR——某一 VOCs 物质在臭氧最大增量反应中的臭氧生成系数，本研究采用 Carter 基于 SAPRC-07 化学机制研究的 MIR 系数；

　　　[VOC]——某一 VOCs 物质的环境浓度，$\mu g/m^3$。

环境中各物质臭氧生成潜势估算：

$$OFP_i = MIR_i \times [VOC]_i \tag{5-2}$$

环境中各物质对臭氧生成的分担率估算：

$$OFP_{总} = \sum_{i=1}^{n} OFP_i \ (n \text{ 为 VOCs 种类数}) \tag{5-3}$$

$$\eta_i = \frac{OFP_i}{OFP_{总}} \tag{5-4}$$

可以认为 OFP 值近似地代表了环境条件下 VOCs 生成臭氧的能力，特别是在一般城市区域的夏季，NO_x 浓度高，光辐射较强，O_3 主要来源于局地生成，MIR 可以用来辨认高反应活性的物质，可对 O_3 进行较客观的溯源。表 5-1 为 VOCs 组分的 MIR 值。

表 5-1 VOCs 组分的 MIR 值

化合物	MIR	化合物	MIR
乙烯	9	二氟二氯甲烷	—
丙烯	11.66	一氯甲烷	0.038
正丁烯	9.73	1,1,2,2-四氟-1,2-二氯乙烷	—
顺-2-丁烯	14.24	氯乙烯	2.83
反-2-丁烯	15.16	一溴甲烷	0.0187
1-戊烯	7.21	氯乙烷	0.29
反-2-戊烯	10.56	一氟三氯甲烷	—
2-甲基-1,3-丁二烯	10.61	1,1-二氯乙烯	1.79

化合物	MIR	化合物	MIR
顺-2-戊烯	10.38	1,2,2-三氯-1,1,2-三氟乙烷	—
1-己烯	5.49	二氯甲烷	0.041
丁二烯	12.61	顺-1,2-二氯乙烯	1.7
乙烷	0.28	1，1-二氯乙烷	0.069
丙烷	0.49	反-1,2-二氯乙烯	1.7
异丁烷	1.23	三氯甲烷	0.022
正丁烷	1.15	1,1,1-三氯乙烷	0.0049
异戊烷	1.45	1,2-二氯乙烷	0.21
正戊烷	1.31	四氯化碳	0
2,2-二甲基丁烷	1.17	三氯乙烯	0.64
环戊烷	2.39	1,2-二氯丙烷	0.29
2,3-二甲基丁烷	0.97	一溴二氯甲烷	—
2-甲基戊烷	1.5	顺-1,3-二氯-1-丙烯	3.7
3-甲基戊烷	1.8	反-1,3-二氯-1-丙烯	5.03
正己烷	1.24	1,1,2-三氯乙烷	0.086
2,4-二甲基戊烷	1.55	二溴一氯甲烷	—
甲基环戊烷	2.19	四氯乙烯	0.031
环己烷	1.25	1,2-二溴乙烷	0.102
2-甲基己烷	1.19	氯苯	—
2,3-二甲基戊烷	1.34	三溴甲烷	—
3-甲基己烷	1.61	四氯乙烷	0.031
2,2,4-三甲基戊烷	1.26	1,3-二氯苯	—
正庚烷	1.07	氯代甲苯	—
甲基环己烷	1.7	对二氯苯	0.178
2,3,4-三甲基戊烷	1.03	邻二氯苯	0.178
2-甲基庚烷	1.07	1,2,4-三氯苯	—
3-甲基庚烷	1.24	1,1,2,3,4,4-六氯-1,3-丁二烯	—
正辛烷	0.9	异丙醇	0.61
正壬烷	0.78	甲基叔丁基醚	0.73
正癸烷	0.68	乙酸乙烯酯	3.2

化合物	MIR	化合物	MIR
正十一烷	0.61	乙酸乙酯	0.63
正十二烷	0.55	四氢呋喃	4.31
苯	0.72	甲基丙烯酸甲酯	15.61
甲苯	4	1,4-二氧六环	2.62
乙苯	3.04	4-甲基-2-戊酮	3.88
间二甲苯	9.75	2-己酮	3.14
对二甲苯	5.84	乙炔	0.95
苯乙烯	1.73	二硫化碳	0.25
邻二甲苯	7.64	甲醛	9.46
异丙苯	2.52	乙醛	6.54
正丙苯	2.03	丙烯醛	7.45
1-乙基-2-甲基苯	5.59	丙酮	0.36
1-乙基-3-甲基苯	7.39	丙醛	7.08
1,3,5-三甲苯	11.76	丁烯醛	9.39
对乙基甲苯	4.44	甲基丙烯醛	6.01
1,2,4-三甲苯	8.87	丁酮	1.48
1,2,3-三甲苯	11.97	丁醛	5.97
1,3-二乙基苯	7.1	苯甲醛	−0.67
对二乙苯	4.43	戊醛	5.08
萘	3.34	间+对甲基苯甲醛	—
		己醛	4.35

对太原市大气中 117 种 VOCs 化合物进行臭氧潜势判别计算，结果表明太原市大气 TVOCs 的总 OFP 为 $231.84\mu g/m^3$，各类 VOCs 对 OFP 的贡献表现为芳香烃（31.30%）＞烯烃（30.57%）＞OVOCs（24.26%）＞烷烃（11.26%）＞卤代烃（1.36%）＞炔烃（1.12%）＞有机硫（0.13%）。可以看出虽然芳香烃及烯烃在 TVOCs 中的含量仅为 18.53% 和 6.58%，远低于烷烃（29.13%），但其 OFP 贡献率位居前二，说明控制芳香烃和烯烃的排放是未来控制太原市臭氧污染的关键。同时，芳香烃也是二次有机气溶胶的重要前体物，毒性较高，所以对太原市芳香烃的排放进行控制显得尤为重要。

表 5-2 列出了太原市 OFP 贡献前 10 位的化合物，此 10 种化合物质量浓度共占 TVOCs 的比例为 18.17%，而其臭氧生成潜势达到了 OFP 的 58.35%。其中排名前 10

的有 5 种烯烃，3 种芳香烃，2 种 OVOCs。乙烯的 OFP 贡献率以 13.31％位居榜首，乙烯在机动车和石油化工排放中占有较大比例，同时乙烯也常作为天然源排放的示踪物，说明除了人为源外，天然植物排放对太原市大气的污染也不可忽视。其次，OFP 贡献率较大的为乙醛，间/对二甲苯和甲苯，芳香烃类物质主要源于机动车排放和溶剂涂料，因此控制太原市臭氧排放的首要任务是控制机动车排放和溶剂排放。

表 5-2 太原市 OFP 贡献前 10 位化合物及其所占百分比

序号	化合物	OFP	OFP 贡献率/％
1	乙烯	30.87	13.31
2	乙醛	22.63	9.76
3	间/对二甲苯	19.31	8.33
4	甲苯	13.00	5.61
5	萘	11.36	4.90
6	丙烯	10.97	4.73
7	甲基丙烯酸甲酯	7.23	3.12
8	2-甲基 1,3-丁二烯	7.22	3.12
9	正丁烯	6.61	2.85
10	丁二烯	6.08	2.62

分季节来看，春季臭氧生成潜势最大的前 10 种化合物分别是间/对二甲苯、乙醛、乙烯、甲基丙烯酸甲酯、甲苯、丙烯、四氢呋喃、丁二烯、正丁烯、己醛，对臭氧的贡献达 54.71％；夏季臭氧生成潜势最大的前 10 种化合物分别是乙醛、乙烯、2-甲基-1,3-丁二烯、间/对二甲苯、丁二烯、甲苯、正丁烯、丙烯、丙酮、甲基丙烯酸甲酯，对臭氧的贡献达 62.34％；秋季臭氧生成潜势最大的前 10 种化合物分别是乙烯、乙醛、间/对二甲苯、萘、甲苯、丙烯、正丁烯、2-甲基-1,3-丁二烯、邻二甲苯、甲基丙烯酸甲酯，对臭氧的贡献达 62.24％；冬季臭氧生成潜势最大的前 10 种化合物分别是乙烯、萘、间/对二甲苯、乙醛、甲苯、丙烯、苯、邻二甲苯、1,2,3-三甲苯、正丁烯，对臭氧的贡献达 65.91％。整体来看，OFP 较高的 VOCs 物质是乙烯、乙醛、间/对二甲苯和甲苯，对臭氧生成的影响较大。

5.3.3 来源解析

5.3.3.1 比值分析

由于不同排放源具有特定的 VOCs 物质，且不同 VOCs 的化学年龄也有差别，因此可以用 VOCs 组分中特征污染物的比值来初步判别相关物质的污染来源与贡献高低。本节选取 4 组较为典型的特征污染物的比值进行分析，分别为异戊烷/正戊烷、甲苯/苯、二甲苯/苯、二甲苯/乙苯。

异戊烷/正戊烷比值常用来说明燃烧源的排放特征。异戊烷/正戊烷比值约为 2.93 时，表现为机动车排放，煤燃烧比值为 0.56～0.80，液体汽油和燃料蒸发比值分别在 1.50～3.00 和 1.80～4.60 之间。本研究点位的比值变化范围为 0.1～3.1，平均比值为 1.06，表明太原市区 VOCs 排放受燃煤源和机动车源共同影响。

甲苯/苯值（T/B 值）常用来说明城市交通源的排放特征。当 T/B 值小于 0.20 时，判断为溶剂使用；在 0.50～0.60 时为车辆排放；在 1.50～2.20 时为燃煤排放；T/B 值为 2.50 时为生物质燃烧。本研究中 T/B 值为 0.59，且两者相关性较为显著，说明太原市 VOCs 中苯和甲苯的主要来源均为机动车排放。

二甲苯和苯之间的相关性（R^2 为 0.1358）不显著，但与乙苯之间的相关性（R^2 为 0.9682）较显著，说明二甲苯与苯的污染来源不相同，而与乙苯具有同源性，而溶剂排放的最大污染产物为乙苯，因此二甲苯和乙苯的主要污染源均为溶剂使用。

由以上分析可知，太原市大气中戊烷主要受燃煤源和机动车共同影响，苯和甲苯的主要污染源均为机动车排放，二甲苯和乙苯的主要污染源均为溶剂使用。

5.3.3.2　PMF 分析

（1）模型简介

正定矩阵因子分解模型（positive matrix factorization，PMF）是一种基于大量观测数据来估算污染源的化学组分对环境样品贡献的数学模型，被广泛应用于大气污染物源解析研究。PMF 模型将受体矩阵拆分成两个非负子矩阵，分别代表因子贡献（factor contribution）矩阵和因子成分谱（factor profile）矩阵。如下式所示：

$$X = GF + E \tag{5-5}$$

式中　X——$n \times m$ 矩阵，代表受体成分谱，其中 n 为样品数量，m 为化学组分数量；

$\quad\quad G$——$n \times p$ 矩阵，代表因子贡献，其中 n 为样品数量，p 为因子数量；

$\quad\quad F$——$p \times m$ 矩阵，代表因子成分谱；

$\quad\quad E$——残差矩阵。

E 用矩阵中的系数表示，如下式所示：

$$x_{ij} = \sum_{k=1}^{p} g_{ik} f_{kj} + e_{ij} \tag{5-6}$$

式中　x_{ij}——i 样品中 j 组分的浓度；

$\quad\quad p$——因子个数；

$\quad\quad f_{kj}$——k 因子的成分谱中 j 组分的浓度；

$\quad\quad g_{ik}$——k 因子对 i 样品的相对贡献量；

$\quad\quad e_{ij}$——PMF 计算过程中 i 样品上 j 组分的残差。

PMF 模型运行时，约束因子贡献矩阵 G 与因子成分谱矩阵 F 为非负，构造目标函数 Q，采用最小二乘法进行迭代计算，求出使得目标函数 Q 值最小的 F 和 G。目标函数定义如下：

$$Q \sum_{i=1}^{n} \sum_{j=1}^{m} \left(\frac{e_{ij}}{\sigma_{ij}} \right)^2 \tag{5-7}$$

式中　e_{ij}——i 样品中 j 组分的残差；

　　　σ_{ij}——i 样品中 j 组分的不确定度（uncertainty）。

（2）模型设置及数据输入

本研究使用美国环保署（EPA）PMF5.0 模型对太原市观测期间大气 VOCs 来源情况进行解析。通过对采集的 117 种物质进行筛选，剔除缺失值超过 20% 的物质、易反应的物质及信噪比（S/N）低于 0.5 的物质。其中异戊二烯虽然活性较强，但由于该物质是植物源排放的标志物质，故不予剔除。

首先，需要输入浓度及不确定度，并进行一系列数据检查（信噪比、浓度关系、时间序列等）；然后选择运行次数、因子数，运行（basic run），并从结果中选择最小的 Q（稳健值）；最后，通过模拟值和观测值的对比、残差分析来考察结果的可用性，并依据因子谱图来确定污染源类，结合因子贡献给出全年太原市观测期间 VOCs 的初步源解析结果。不确定度的计算方法有很多种，本研究中选取 39 种 VOCs 的浓度及已测的各个组分参与 PMF 运算，对于低于方法检测限（method detection limit，MDL）浓度的物质，其不确定度按如下公式计算：

$$\text{UNC} = 5/6 \times \text{MDL}_i \quad (\text{con} \leqslant \text{MDL}) \tag{5-8}$$

对于高于方法检测限浓度的物质，其不确定度按如下公式计算：

$$\text{UNC} = \sqrt{(\text{EF} \times \text{con})^2 + \text{MDL}_i^2} \quad (\text{con} > \text{MDL}) \tag{5-9}$$

式中　EF——误差比例，本课题以经验数据 20% 计算；

　　　con——物质浓度；

　　　MDL_i——各物质方法检测限，是指在通过某一分析方法全部测定过程中（包括样品预处理），被分析物产生的信号能以 99% 置信度区别于空白样品而被测定出来的最低浓度。

（3）受体挥发性有机化合物对臭氧形成的贡献分析

通过 PMF 运算最终得到 6 个因子结果。

① 因子 1 中贡献率较高的有二硫化碳和氯乙烯。二硫化碳是典型的工业排放物质，卤代烃经常被用作工业溶剂和黏合剂。因此，因子 1 被识别为工业过程源。

② 因子 2 中贡献率较高的有 3-甲基戊烷、乙炔、甲基叔丁基醚、环戊烷。乙炔和丙烯是燃烧源典型的示踪物质，因此因子 2 被识别为燃烧源。

③ 因子 3 中贡献率较高的有 1-己烯、甲苯、乙苯、间/对二甲苯。其中苯系物和 2-甲基戊烷是有机溶剂的主要成分，工业溶剂挥发的过程中会挥发出大量的芳香烃。1-己烯是有机合成重要的原料，因此因子 3 被识别为溶剂使用源。

④ 因子 4 中异戊二烯贡献较大，异戊二烯被认为是植物源排放的示踪物，也可能与汽车排放有关，但是因子 4 中并无其他与汽车排放相关的特征物，因此因子 4 被识别为植物源。

⑤ 因子 5 中乙烯、乙烷等低碳烃的贡献较大，该结果与焦化源的成分谱类似，因此因子 5 被识别为焦化源。

⑥ 因子 6 的特征物为苯、甲苯、乙苯，这些物质较为丰富。甲苯的源贡献为 32.75%，甲苯是汽油溶剂和提高辛烷值的汽油添加剂，烯烃类物质比例高也是我国油品的一个主要特点。苯系物中甲苯/苯的比值为 0.59，接近机动车排放 T/B 值（0.5），比较符合机动车排放特点。此外，丙烷、正丁烷和异丁烷的贡献率也较高，丙烷是液化石油气（LPG）挥发的典型示踪物，液化石油气被认为来自该地区民用液化气挥发，因此因子 6 被识别为机动车尾气及 LPG 挥发源。

综上，根据 PMF5.0 受体模型解析出太原市 VOCs 的主要来源包括工业过程源、燃烧源、溶剂使用源、植物源、焦化源、机动车尾气及 LPG 挥发源，其占比分别为 16.18%、19.41%、8.09%、19.04%、10.45% 和 26.83%。

根据《环境空气臭氧污染来源解析技术指南》中前体物排放特征分析，同时结合 VOCs 来源解析的结果，可以进一步评估臭氧来源。根据 PMF 每一个来源因子对各 VOCs 组分浓度的贡献及该组分的最大增量反应活性（MIR 值），计算每一种来源的臭氧生成潜势，进而计算各类源对臭氧生成潜势的贡献。通过计算，得出了太原市臭氧主要来源的贡献：工业过程源 10.93%，燃烧源 18.15%，溶剂使用源 16.74%，植物源 14.24%，焦化源 8.08%，机动车尾气及 LPG 挥发源 31.86%。

5.4 基于空气质量模型的臭氧来源解析

5.4.1 CAMx 空气质量模型简介

本研究采用 WRF-CAMx-OSAT 空气质量复合模拟系统进行模拟，该系统由排放源模式、中尺度气象模式（weather research and forecasting，WRF）、三维空气质量复合扩展模式（comprehensive air quality model with extensions，CAMx）和臭氧源识别技术（ozone source appointment technology，OSAT）组成。OSAT 臭氧来源追踪方法是 CAMx 模型的一个重要扩展功能，是一种针对特定源地区和排放源进行的臭氧源追踪技术，目前在国内外应用广泛。臭氧源识别技术（OSAT）采用示踪的方法对臭氧及其前体物（NO_x 和 VOCs）在大气中的各种过程（包括源排放、沉降、传输、扩散和化学变化等）进行追踪，根据研究的需要，可以对不同地理区域或不同种类的污染源分别设置示踪因子。OSAT 技术用于识别不同地区、不同类型的前体物排放对 O_3 的生成贡献，为此使用了 4 种示踪物，即 N_{ij}、V_{ij}、O_3N_{ij} 和 O_3V_{ij}，其中，N_{ij} 和 V_{ij} 分别用于示踪来自第 i 类地区第 j 类源（即某个地区的某类污染源，也可以表示模式的初始条件或边界条件）排放的 NO_x 和 VOCs，O_3N_{ij} 和 O_3V_{ij} 则分别表示在 NO_x 控制下和 VOCs 控制下，第 i 类地区第 j 类源排放对臭氧的生成贡献。OSAT 技术根据反应过程中 H_2O_2 和 HNO_3 生成速率的比值大小（即 $P_{H_2O_2}/P_{HNO_3}$ 值），判断臭氧生成的化学敏感性，当 $P_{H_2O_2}/P_{HNO_3}$ 值＞0.35 时，臭氧生成受 NO_x 控制，否则受 VOCs 控制。在某个模拟网格的计算时间步长 Δt 内，如果按照上述方法判断出臭氧生成是受 NO_x（或 VOCs）控制的，则根据 N_{ij}（或 V_{ij}）在该网格中占 NO_x（或 VOCs）总浓度的权重大小将臭氧化学生成量 ΔO_3 分配给第 i 类地区第 j 类源的示踪物 O_3N_{ij}（O_3V_{ij}），从而识别出不同地区不同污染源排放对 O_3 生成贡献的大小。

5.4.2 模型输入及模型设置

5.4.2.1 模拟及追踪区域

（1）模拟区域

本研究选取了 Lambert 投影坐标系，坐标原点位于北纬 39.5°，东经 116.5°。采用两层网格嵌套，网格分辨率分别为 27km×27km 和 9km×9km，两层网格数分别为 89×89 和 103×103，其中第一层网格覆盖了中国中东部大部分地区，第二层网格包括整个山西省及相邻省市的部分地区。第一层模拟域的作用是为第二层提供边界条件，第二层模拟域是本研究关注的主要区域。WRF 与 CAMx 的模拟域基本一致，只是四个边界各多两个网格。

OSAT 臭氧来源追踪方法是 CAMx 模型的一个重要扩展功能，研究以山西省 O_3 高值月份（2020 年 6～8 月）为模拟时段，采用示踪的方法对 O_3 及其前体物（NO_x 和 VOCs）在大气中的各种过程（包括源排放、沉降、传输、扩散和化学变化等）进行追踪，清晰地给出 O_3 及其前体物分区域源和分排放源的贡献情况，是一种针对特定源地区和排放源进行的 O_3 源追踪技术，目前在国内外应用广泛。模拟分别设置了污染源区和受体区域，其中，污染源区共设置了 13 个源区，依据城市行政区划，将山西省 11 个市划定为 11 个源区，每个分区代表各城市本地源贡献；将山西省内除受体城市之外的其他 10 个城市的影响定义为对该城市的区域内传输贡献；将模拟范围内山西省以外区域（如河北省、陕西省、内蒙古自治区、河南省等地区）的区域外传输统一划为 1 个源区；将边界层（BC）划为 1 个源区。区域内传输、区域外传输和边界层传输统称为传输贡献。研究主要分析各市区的来源贡献，因此模拟将山西省 11 个市区所在网格确定为该城市的受体区域，将该城市受体区域的所有网格模拟结果取平均值代表该城市的 O_3 浓度水平。

（2）模拟时段

选取基准年 2020 年的 6～8 月作为模拟时段。本研究的模拟时间间隔为 1h，在实际模拟时，提前 5d 进行模拟计算，以减少初始条件对模拟结果的影响。

5.4.2.2 模型设置

本研究采用了 WRF 3.7.1 版本及 CAMx 6.40 版本。WRF 模式主要参数设置为：Goddard 短波和 RRTM 长波辐射模块，YSU 行星边界层模块，以及 Grell 3D 积云参数化方案。

CAMx 模式采用 CB05 气相化学机理和 RADM-AQ 液相化学机理，气溶胶模块选取的是 CF Scheme，此外模式还采用了 WESELY89 干沉降参数化方案和 PPM 水平平流方案。

5.4.2.3　模型输入

WRF 模式输入的第一猜测场数据来源于美国国家环境预报中心（NCEP）的 FNL（final operational global analysis data）全球再分析资料，水平分辨率 $1° \times 1°$，时间间隔 6h，下垫面数据来源于 USGS 30 全球地形/MODIS 下垫面分类数据。

模拟采用的人为源排放数据采用 2016 年清华大学开发的 MEIC 清单（multi-resolution emission inventory for China），该清单包含 5 种人为排放源（农业、工业、电厂、民用和机动车）中 8 个主要物质 [二氧化硫（SO_2）、氮氧化物（NO_x）、一氧化碳（CO）、氨气（NH_3）、二氧化碳（CO_2）、非甲烷类挥发性有机物（NMVOCs）、PM_{10} 和 $PM_{2.5}$] 的排放量。同时，根据电厂和焦化在各市工业源中排放比例将工业源进一步细分，根据各市汽油车和柴油车的排放比例将机动车源进一步细分。模拟采用的天然源排放数据则来自 MEGEN 模型处理的天然源排放清单数据。

CAMx 模式第一层模拟域的初始和边界条件由 CAMx 提供的清洁大气廓线提供，第二层模拟域的初始和边界条件由第一层的模拟结果提供。同时，每次模拟提前 5d 开始进行，以消除初始和边界条件的影响。

5.4.3　臭氧模型模拟结果

5.4.3.1　臭氧模拟效果评估

为评估 WRF-CAMx-OSAT 模型对山西省臭氧的模拟效果，现将模拟结果分别与山西省 11 个设区市臭氧观测数据进行定性和定量的对比分析，以验证 WRF-CAMx-OSAT 模型对山西省臭氧模拟结果的准确性。其中，定性的对比是通过模型的模拟结果和监测数据随时间变化的走势图来判断，定量的对比是通过统计分析来判断模拟结果和监测数据之间的偏差以验证模拟效果。本研究模拟验证采用评估研究中常用的相关系数（correlation coefficient，COR）、平均偏差（mean bias，MB）、平均误差（mean error，ME）、标准化平均偏差（normalized mean bias，NMB）、标准化平均误差（normalized mean error，NME）、平均分数偏差（mean fractional bias，MFB）和平均分数误差（mean fractional error，MFE）来评估模拟结果与观测结果的吻合程度。其中，NMB 反映的是各模拟值与监测值的平均偏离程度，NME 反映的是平均绝对误差，NMB 和 NME 是两个没有量纲的统计指标，它们越接近 0，表明模拟效果越好。同时，使用相关系数 COR 表征模拟结果和监测结果之间变化趋势的吻合程度，其越接近 1，表明模拟效果越好。MFB 计算结果在 ±30% 以内、MFE 计算结果在 50% 以内说明模型的模拟结果较为理想。MFB 计算结果在 ±60％ 以内、MFE 计算结果在 75％ 以内为可接受范围。

利用山西省 11 个设区市的臭氧观测数据和 WRF-CAMx 模拟系统模拟的 O_3 浓度结果进行对比，相关的统计指标列于表 5-3。从模拟结果验证的统计指标分析，11 个设区市的 O_3 小时浓度模拟结果和观测结果的吻合程度较好，其中模型模拟的临汾的 O_3 小时浓度变化趋势与观测结果吻合度最高，其相关系数 COR 为 0.75，其余 10 个市的模拟结果和观测结果的相关系数在 0.60～0.74 之间。从 MB、NMB 和 MFB 统计指标的结果来看，运城、忻州、临汾、吕梁 4 个设区市的 O_3 小时浓度的模拟结果均比监测结果低，其中吕梁市的 O_3 模拟结果和观测结果相差最大，其余 7 个设区市 O_3 小时浓度的模拟结果均比监测结果高。11 个设区市中除吕梁市外 MFB 均在 ±40％ 范围内，MFE 均在 60％ 以内；除吕梁市外 NMB 均在 ±20％ 范围内，NME 均在 40％ 以内。说明除吕梁市外 WRF-CAMx 模拟系统对山西省 O_3 的模拟结果较为理想，吕梁市的模拟结果在可接受范围内。

表 5-3　模拟结果和观测数据统计计算

设区市	COR	MB/（μg/m³）	ME/（μg/m³）	NMB	NME	MFB	MFE
太原	0.73	20.72	42.65	18.87％	39.01％	33.68％	59.55％
大同	0.73	19.40	33.95	18.14％	31.89％	33.70％	55.75％
阳泉	0.60	6.46	47.19	4.51％	39.95％	−2.64％	58.60％
长治	0.67	23.48	45.69	19.75％	39.30％	39.97％	58.28％
晋城	0.69	2.15	41.45	1.65％	36.13％	0.74％	51.79％
朔州	0.68	7.87	35.78	7.43％	34.11％	8.39％	52.71％
晋中	0.74	8.35	37.22	7.47％	32.00％	12.67％	49.69％
运城	0.62	−7.05	36.25	−6.76％	33.04％	−12.74％	38.25％
忻州	0.70	−9.10	36.73	−7.88％	31.81％	−18.73％	39.68％
临汾	0.75	−16.33	38.11	−15.74％	36.55％	−26.75％	46.78％
吕梁	0.62	−43.66	52.73	−35.16％	46.49％	−70.24％	76.64％

5.4.3.2　臭氧区域传输贡献

在模拟结果可靠的基础上开展臭氧的源解析，利用 OSAT 技术将污染来源分配到外来源和本地源中，研究结果表明，各城市 O_3 浓度受本地源贡献相对较小，在 7.3％（阳泉市）～17.6％（运城市）之间，传输贡献（>80％）影响显著，与京津冀区域传输贡献相当。其中，区域外远距离传输影响最为突出，区域外传输贡献率在 36.0％（大同市）～56.8％（晋城市）之间，区域内传输贡献率在 12.5％（运城市）～31.7％（忻州市）之间，边界层传输贡献率在 16.1％（晋城市）～23.3％（朔州市）之间。山西省内 11 城市中，运城市、临汾市和吕梁市 O_3 本地贡献相对较大，而阳泉市本地贡献相对较小。O_3 污染传输矩阵显示，区域传输是各城市 O_3 最主要的来源，各城市区域传输贡献率均超过 60%，其中区域外传输贡献率较大，长治市、晋城市、运城市区域外传输贡献率大于 50%，反映出 O_3 易远距离传输的污染特性；各城市区域内传输比区域外传输稍弱，但均超过各城市本地贡献，大同市、朔州市、忻州市、阳泉市、晋中市、太原市等中北部城市的区域内传输贡献率（29.1%～31.7%）高于长治市、晋城市、临汾市、运城市等东南部城市群的区域内传输贡献率（12.5%～21.3%），且各城市的区域内传输均为与其接壤城市传输贡献最高。山西省及周边城市之间的 O_3 污染传输贡献显著，因此需加强区域联防联控才能有效控制 O_3 污染。

5.4.3.3　臭氧行业来源解析

2020 年 6～8 月模拟期间，边界层仍为 O_3 浓度的主要来源，研究去除边界层贡献后山西省 11 个市中天然源、汽油交通源、柴油交通源、民用源、农业源、电力源、焦化源以及其他工业源共 8 类排放源对 O_3 的贡献。柴油交通源和其他工业源对 O_3 形成贡献较大，二者之和占各市总贡献率的 43.66%～50.44%；其次是天然源、电力源、焦化源，三项污染源的整体贡献率相差不大，三项之和占总贡献率的 37.67%～45.56%；此外，汽油交通源（占 7.24%～9.30%）和民用源（占 3.23%～4.43%）也有明显的贡献。从各市源类贡献来看，其他工业源、民用源、天然源、汽油交通源在各市间差异较小，而电力源对大同市、朔州市和吕梁市的贡献更为显著，阳泉市、长治市和晋城市的焦化源贡献率略为突出，柴油交通源对运城市的贡献率（27%）明显高于其他城市。

资源型地区大气污染成因与治理研究
——以山西省为例

第**6**章　山西省大气环境容量及承载状况研究

　　山西省作为全国重要的能源重化工基地，过去很长一段时间，随着能源消费逐年增加，加之不利于大气污染物扩散的特殊地理条件，山西省的大气污染状况一直未得到彻底改善，在发展中付出了沉重的环境代价。随着产业结构、能源结构、交通结构等的变化，山西省大气污染类型也发生了较大的变化，以 $PM_{2.5}$ 和 O_3 为代表的复合型污染成为山西省大气污染防治需要重点解决的问题。如何合理地确定新形势下大气环境承载力已成为制约山西省重点行业发展规划等重大经济、产业发展规划的关键因素。2015 年，为研究新形势下山西省大气环境承载力，山西省环境保护厅决定依托山西省大气污染控制院士工作站进行山西省大气环境承载力研究课题，摸清家底，有目的、有步骤地循序渐进地调配污染总量，确保污染排放总量符合承载力要求。良好的环境空气质量是生态文明建设最基本的要求，山西省"十二五"、"十三五"期间建设发展任务十分繁重，改善空气质量面临着削减污染物存量和控制污染物增量的双重压力。

　　立足新形势下大气污染防治新特征，建立大气环境承载力测算理论方法，科学测算山西省大气环境承载力，是提升和优化经济发展水平的有力抓手，有利于进一步转变发展方式、调整经济结构、优化产业布局，倒逼经济发展转型，提升经济增长质量和效益。开展大气环境承载力研究是山西省科学制定各项大气污染防治政策并进行政策实施效果评估的重要基础，对于打赢"蓝天保卫战"、改善环境空气质量、推进生态文明建设具有重要意义。通过开展大气环境承载力研究，可以为今后一段时期内大气污染防治提供相应的纲领，有利于加快建设资源节约型和环境友好型社会，促进全省科学发展和生态文明建设水平的提高。

6.1　基本概念

　　从本质上来说，大气环境承载力是指以单一的大气环境要素为承载体的环境承载力，它与土地环境承载力、水环境承载力等并列，属于环境承载力研究的一个分支。因此，在厘清大气环境承载力的概念、讨论大气环境承载力评估方法之前，应当先界定环境承载力的概念及其基本评估理论。

　　承载力是一个抽象的概念。这一概念起源于生态学，其定义为"给定的区域内，在不破坏其本底资源的条件下所能支持的给定种群的最大个体数目"。因而，当其引入环境领域时，最初（20世纪60～70年代）的工作主要集中在研究环境要素对人口的承载能力上。然而，鉴于人类消费模式、技术、基础设施等对环境的重大影响以及广泛存在的区域间的贸易行为，环境对人类活动的承载主要是由社会学决定的，而非生物学，基于生态观点的承载力研究的实用性受到了广泛的质疑。人们随后对环境承载力做出了新的阐释，以使其适应实际的需求。Munda认为除人口外，土地利用、交通系统和城市空间利用也是决定"城市环境承载力"的重要因素。首尔发展研究所（SDI）对环境承载力定义如下："作为一种集中考虑人类的社会学概念，承载力可以定义为一个地区的自然系统可以承受的经济规模。"国内郭秀锐认为环境承载力是在某一时期、某种状态或条件下，某地区的环境所能承受的人类活动的阈值。综上所述，人们通过长期和反复的研究探讨，最终明确环境所承载的对象应当是区域内全面的人类社会经济活动。因此，对于大气环境承载力可以做出如下定义：大气环境承载力是某一时期、某种状态或条件下，某地区的大气环境所能承受的人类活动的阈值。

目前常见的环境承载力评估方法基本可以归纳为以下几类。

① 利用构建指标体系的方法来对承载力做半定量分析。唐剑武、洪阳、郭秀锐等认为承载力评价指标的基本构成包含以下三类自然资源支持力指标：不可再生资源以及在生产周期内不能更新的可再生资源环境生产支持力指标，生产周期内可更新资源的再生量社会经济技术支持水平指标，以及生态服务类指标。这一类方法普遍应用于综合环境承载力评估工作中。

② 认为环境所承载的对象是具体的污染因子，估算区域内所能容纳的最大的污染物排放量，以该结果作为区域承载力评估的结果。这一做法实际上是将环境容量等同于环境承载力。环境容量是环境承载力的理论雏形，以污染物质为承载对象也是一种经典的承载力观点，在实际工作中应用很多，尤其常见于大气环境承载力评估和水环境承载力评估。

③ 认为环境所承载的对象是人口，采用数学规划、回归分析、系统动力学、人工神经网络等分析方法建立人口、资源、环境与发展之间的关系，估算区域所能持续供养的人口数量，以此为区域环境承载力评估结果。以人口为承载对象也是一种经典的承载力观点，相关研究较多且相对成熟，有一定的参考价值，但这一类研究主要集中在土地资源环境承载力评估上，在其他环境要素承载力评估中很少见。

可以看到，由于作为衡量环境承载力的人类活动在很大程度上取决于主观因素，没有明确边界，难以明确定量，实际的环境承载力评估工作并不完全依赖于标准化的环境承载力定义，而呈现出多元化的特征。目前仍没有形成一个公认的环境承载力量化方法。

环境承载力在环境与人类活动之间建立了联系桥梁，使环境与社会经济的协调有了宏观准则，是研究环境与经济是否协调发展的一个重要判据。研究环境承载力，不仅科学、准确地描述分析环境现状及其原因，并对后续制定政策和采取措施改善环境质量有着重要意义，有助于在保障环境质量及其功能良好的基础上更好地协调、规划区域社会经济的发展布局。

资源型地区大气污染成因与治理研究
——以山西省为例

6.2 大气环境承载力评估方法

环境承载力是一个复杂的矢量，对其进行定量评估，无论是在评估方法还是结果表达方面都存在着很大的困难，大气环境承载力评估工作在这一点上也未能例外。目前国内外应用较为广泛的大气环境承载力评估方法基本可以分为以下 3 类。

① 遵从承载力评估的一般方法，即建立指标体系，半定量化地评价研究区域的大气环境承载力（以下简称指标体系评价法），主要是从自然环境、污染控制、社会经济等涉及环境承载力的诸多因素出发，分别设定与大气环境污染相关的指标，构建指标体系，通过指数加权得出大气环境承载力。

② 将大气环境承载力等同于大气环境容量，基于大气污染物总量——容量，来衡量区域内大气环境承载状况的方法（以下简称环境容量评估法），即通过量化评估给定区域内某一种或几种代表性污染物的环境容量，来表示当地大气环境对人类活动的承载能力，进一步将区域内现有大气污染物排放量或规划情形下的排放量与其环境容量的计算结果比较，形成对当地大气环境承载力的量化评估。

③ 基于环境质量标准，采用污染物浓度超标指数作为评价指标的大气环境承载力评价方法（以下简称超标倍数评价法），即通过主要大气污染物的年均浓度监测值与国家现行的该污染物质量标准的对比，计算大气污染物浓度超载率，将其作为承载力的指数衡量承载力状况。

6.2.1 指标体系评价法

指标体系评价法是先将涉及大气环境承载力，反映经济、社会、环境质量的许多因素分别设定指标，应用层次分析法等方法确定指标权重，将该指标体系应用到研究区域，最终得到一个无量纲的数值（常常称为环境承载指数），表示一个区域环境承载程度（或称环境承载率）的高低。

当前众多学者在分析大气环境承载力测算中理论模型主要采用驱动力-状态-响应模型（PSR），主要反映的是社会经济活动引起的污染物排放对大气环境施加了一定的压力（P），大气环境在一定范围内进行自我调节（S），而城市的经济产业规模根据环境调节的状况做出响应（R），以维持大气环境系统的健康稳定状态。因此，大气环境承载力实际是一个由 N 维向量支起的 N 维空间，它的矢量形式可以表示为：

$$ECC = (E_1, E_2, \cdots, E_n) \tag{6-1}$$

式中   ECC——大气环境承载力矢量；

$E_1, E_2, \cdots, E_n$——与大气环境承载力相关的 N 维空间向量。

理论上来说，这个 N 维空间的体积实际上就是对环境承载力的范围度量，该承载空间包含了资源环境系统和社会经济系统之间在物质、能量与信息方面的联系，要表示这样复杂的多维矢量，必须要有一套指标体系。其中，大气环境容量及其分布相当于状态部分（S），城市污染控制措施与社会经济发展水平相当于响应部分（R），大气环境所承载的主要污染物排放量相当于压力部分（P），这三部分共同构成了大气环境承载力评估指标体系。

一些研究仅关注与空气污染相关的指标，如污染因子环境浓度、污染因子排放量等。王民良测算了某一环境单元大气所能容纳的污染物排放量，并测算了上海市大气污染物的环境承载力。吴涛等在进行广东省肇庆市的环境承载力研究时，针对大气要素，用 SO_2、NO_2、TSP 和降尘等污染因子的质量占标率作为承载指数，利用层次分析法加权后建立综合环境承载力评估模型，计算出具体的值。魏巍以 SO_2 和 TSP 的浓度及排放量的占标率为大气环境承载指数的组成部分，通过矩阵分析法确定权重并计算综合承载指数，对山西省 11 个设区市进行大气环境承载力回顾分析、现状评价和预测。这些工作所进行的承载力评价均着眼于环境承载率的计算，其目的主要是得到研究区域对大气环境的利用程度，其实质是对研究区域大气环境质量的综合评价。

在进行综合指标体系评价中，刘艳菊等采用驱动力-压力-状态-影响-响应（DPSIR）模型，从大气环境质量、污染控制和社会经济三个方面来构建大气环境承载力分析指标体系，除了将污染物的环境质量（浓度值）及其环境容量作为重要的指标外，还将环保投资指数、清洁能源所占比例、城市气化率、单位 GDP 能耗等纳入综合评价中去，并通过专家打分及层次分析法确定指标权重，最后通过计算环境承载力的相对剩余率来表示当地大气环境的承载程度。刘伟等认为大气环境承载力指标体系包括大气环境、污染控制、社会经济三个准则层，并纳入了更多指标，同样使用层次分析法分配权重。从两个研究中相似的指标来看，不同研究对于权重的分配差异很大。

结合上述分析，在指标体系的构建中可细化以下 3 类指标。

① 大气环境类。诸如空气环境质量优良天数、大气环境容量利用率；SO_2 年排放强度、NO_2 年排放强度、PM_{10} 年排放强度、CO_2 年排放强度等。

② 污染控制类。包括如环保投资占 GDP 比重、化石能源占总能量消耗比例、重点工业企业废气排放稳定达标率等。

③ 社会经济类。包括人均 GDP、单位 GDP 能耗、第三产业占 GDP 比重、城市化率等。

在建立指标体系基础上，诸多学者提出再结合层次分析法、矢量模法、模糊评价法、主成分分析法等方法确定指标权重，将该指标体系应用到研究区域，最终得到一个无量纲的数值（常常称为大气环境承载指数），表示一个区域环境承载程度（或称环境承载率）的高低。利用指标体系对区域大气环境承载力进行评价的工作开展得较多，但不同研究的指标体系构成有一定的差别。

6.2.2 环境容量评估法

环境容量评估法是以环境容量估算分析为基础，通过大气污染物的实际排放量与其环境容量的比较来衡量区域大气环境承载力状况。大气环境容量是随着自然和社会条件的变化而改变的变量，属于有科学规律可循的客观存在，作为环境承载力是一种有限的自然资源，并在时间和空间分布上存在很大差异。总体来看，大气环境容量具有客观性（自然属性）、主观性（社会属性）及资源性"三性"特征（表6-1）。

① 客观性是指环境容量受区域气象和地理特征、污染物背景浓度值，以及大气污染物的环境化学特征等自然因素的影响，即污染物在大气环境中的输送、扩散、干湿沉积以及各种化学清除与转化过程等。

② 主观性是指大气环境容量受环境目标值、污染源排放特征、外来源输送等人为因素的影响，包括污染源的布局、污染物的种类与排放方式、控制点的选取、环境目标值（如空气质量标准）的确定等。

③ 资源性是指环境容量属非物态、有限的自然资源，超负荷使用环境容量将导致资源的稀缺性日益突出。

表6-1　大气环境容量的"三性"特征

特征	影响因素	影响方式
客观性	气象条件	风速、风向、混合层高度、降水等
	地形地貌	扩散条件与地形地貌直接相关
	化学转化	污染物在环境中的各种化学清除与转化过程
	背景浓度	受沙尘等背景值影响越大，容量空间越小
主观性	环境目标值	环境容量随环境目标值（如空气质量标准）变化
	污染源排放	污染源排放时空间分布、污染源类别、污染物种类
	外来源输送	区域传输影响环境容量大小
资源性	稀缺性	稀缺资源

作为制约中国经济发展的重要环境因素之一，大气环境容量核算不仅是实现目标总量向容量总量管理过渡的关键，也是区域产业布局、污染物排放总量控制及有关环保政策制定的重要依据。围绕不同环境目标下的大气环境容量，我国学者已开展了许多研究工作。由于我国2012年对《环境空气质量标准》进行修订，$PM_{2.5}$成为影响我国城市空气质量达标的首要污染物，环境空气中的$PM_{2.5}$标准限值相比SO_2、NO_2、PM_{10}成为更严格的约束，因此从我国空气质量管理的需求出发，亟需以$PM_{2.5}$达标为约束核算大气环境容量，为大气污染物减排提供科学依据。而$PM_{2.5}$是由污染源排放的SO_2、NO_x、一次$PM_{2.5}$、NH_3、VOCs等多种污染物经化学转化形成，并可随大气的流动进行长距离传输。

目前常用的区域大气环境容量的含义有多种，基本上可分为三类：第一类是基于有限空间污染与清除能力平衡得出的环境容量，可称为理想环境容量；第二类是在污染源现状格局条件下，保证区域地面环境质量达到功能要求得出的环境容量，可称为实际环境容量；第三类是在产业结构调整、污染源格局优化条件下，保证区域地面环境质量达到功能要求得出的环境容量，可称为规划环境容量。理想环境容量、实际环境容量、规划环境容量三个环境容量从研究的角度来看涵义各不相同，同时区域间的相互影响、区域内各项控制指标的相互转化等因素均非常复杂。

（1）理想环境容量

其有以下几项基本特征：

① 气象条件简化。区域内气象条件变化频繁多样，难以简单描述。在理想环境容量计算时，忽略区域内气象条件微观复杂变化的影响，仅在大区域范围内考虑宏观的气象变化特征。

② 均匀性假定。实际污染物在空间范围内的扩散转移具有一定的浓度梯度，理想环境容量是在假定空间内污染物全部达到均匀混合的状态下得出的。

③ 污染源无关性。由于做了均匀性假定，区域内污染源的位置、高度等因素的大气环境质量影响没有考虑。

因此，理想环境容量计算有两个意义：一是由于参数要求简单，不同区域具有可比性，可进行区域间容量分析对比；二是提供区域宏观的容量指导数据，为进一步的污染控制提供边界条件。

（2）实际环境容量

其是指在有限的区域内，考虑污染物的背景浓度（外来污染影响和自然本底浓度），在现状污染源排放格局条件下，根据当地实际气象条件，建立污染源排放与区域内地面环境质量之间的响应关系，分析在环境质量达到环境功能要求的情况下，区域内所允许排放的污染物最大量。

实际环境容量具有以下基本特征：

① 气象条件具体化。实际环境容量测算反映了区域气象条件的特异性，可更加真实地描述污染物在区域内的扩散与传输特性。

② 污染源调查精度要求高。由于强调了现状污染源的地面环境质量影响，因此实际污染源的调查资料的准确性对确定实际环境容量的影响非常大。

③ 环境影响可验证。在实际环境容量测算中，由于地面观测浓度有定量监测数据，因此可应用监测数据验证污染源与环境质量的响应关系。

因此，实际环境容量的测算对一个区域具有更加现实的指导作用，可根据实际环境容量制定区域大气污染治理方案。

（3）规划环境容量

规划环境容量的确定与现状污染格局和规划新增的污染源有密切联系。规划环境容量与实际环境容量联系紧密，测算的技术路线基本相同，但必须考虑以下2个影响因素。

① 污染源布局影响大。不同的规划新增污染源布局对区域环境质量影响程度的差异很大，因此在规划环境容量测算过程中应考虑对污染源布局进行优化。

② 管理政策与技术标准调整的影响因素必须考虑。在一定的规划时期内，国家和地方大气环境管理的政策及技术标准可能会发生变化，因此在规划环境容量分析时应充

分考虑当地即将实施的有关管理政策和技术标准的影响。

环境容量评估法的核心为环境容量的计算。目前，关于大气环境容量的计算方法很多，例如 A-P 值法（或箱模型法）、多源模型法及线性规划法。

6.2.2.1　A-P 值法

A 值法为国家标准《制定地方大气污染物排放标准的技术方法》（GB/T 3840—91）提出的总量控制区排放总量限值计算公式，根据计算出的排放量限值及大气环境质量现状本底情况，确定出该区域可容许的排放量。A 值法的原理是将城市看成由一个或多个箱体组成，下垫面为底，混合层顶为箱盖。通过对区域的通风量、雨洗能力、混合层厚度、下垫面等条件综合分析浓度限值的条件下，计算得出一年内由大气的自净能力所能清除掉的大气污染物总量，即为大气理想环境容量。在总量控制中常将 A 值法与 P 值法联合使用。这是以大气质量标准为控制目标，在考虑到大气污染物扩散稀释规律的基础上，使用控制区排放总量允许限值和点源排放允许限值来计算大气环境容量。

A-P 值法是将总量控制区上空的空气混合层视为承纳地面排放污染物的一个箱体。污染物排放后被假定为均匀混合。箱体能够承纳的污染物量与箱体体积（等于混合层高乘以区域面积）、箱体的污染物净化能力以及对箱内污染物浓度的限度（即区域环境空气质量目标）呈正比。A-P 值法是从大气环境对污染物的自净能力出发来考虑的，通常将其计算的环境容量称为理想环境容量。

A-P 值法是最简单的大气环境容量估算方法，其特点是不需要知道污染源的布局、排放量和排放方式，就可以粗略地估算区域的大气环境承载力，对决策和提出区域总量控制指标有一定的参考价值，适用于开发区规划阶段的环境条件的分析。根据《制定地方大气污染物排放标准的技术办法》（GB/T 3840—91），A 值法核算区域大气环境容量的主要计算公式如下。

① 总量控制区内污染物允许排放量计算公式为：

$$Q_{ak} = \sum_{i=1}^{n} Q_{aki} \qquad (6\text{-}2)$$

式中　Q_{ak}——总量控制区某种污染物年允许排放总量限值，10^4 t；

　　　Q_{aki}——第 i 功能区某种污染物年允许排放总量限值，10^4 t；

　　　n——功能区总数；

　　　i——总量控制区各功能区的编号。

② 各功能区污染物排放总量控制限值计算公式为：

$$Q_{aki} = A_{ki} \frac{S_i}{\sqrt{S}} \qquad (6\text{-}3)$$

$$S = \sum_{i=1}^{n} S_i \qquad (6\text{-}4)$$

$$A_{ki} = A C_{ki} \qquad (6\text{-}5)$$

$$A_{ki} = A (C_{ki} - C_{kb}) \qquad (6\text{-}6)$$

式中　S——总量控制区总面积，km^2；

S_i——第 i 功能区面积，km^2；

A_{ki}——第 i 功能区某种污染物排放总量控制系数，$10^4 t/ (a \cdot km^2)$；

C_{ki}——国家和地方有关大气环境质量标准规定的与第 i 功能区级别相同年日均浓度限值，mg/m^3（标）；

C_{kb}——第 i 功能区某种大气污染物的环境本底浓度，mg/m^3（标）；

A——地理区域性总量控制系数，$10^4 t/ (a \cdot km^2)$。

③ 总量控制区低架源（几何高度低于 30m 的排气筒排放源或无组织排放源）允许排放总量限值计算公式为：

$$Q_{bk} = \sum_{i=1}^{n} Q_{bki} \tag{6-7}$$

$$Q_{bki} = \alpha Q_{aki} \tag{6-8}$$

式中　Q_{bk}——总量控制区某种污染物低架源年允许排放总量，$10^4 t$；

Q_{bki}——第 i 功能区某种污染物年允许排放总量限值，$10^4 t$；

α——低架源排放分担率，%；

n——功能区总数；

i——功能区编号。

④ 总量控制区点源（几何高度≥30m 的排气筒）污染物排放总量限值计算公式为：

$$Q_{pki} = P_{ki} H_e^2 \times 10^{-6}$$

$$P_{ki} = \beta_{ki} \beta_k P C_{ki} \tag{6-9}$$

式中　Q_{pki}——第 i 功能区内某种污染物点源允许排放率限值，t/h；

H_e——排气筒有效高度，m；

P_{ki}——点源排放控制系数，$t/ (h \cdot m^2)$；

β_{ki}——第 i 功能区某污染物的点源调整系数；

β_k——总量控制区内某污染物的点源调整系数；

C_{ki}——国家和地方有关大气环境质量标准规定的与第 i 功能区级别相同年日均浓度限值，mg/m^3（标）；

P——地理区域性点源排放控制系数。

总量控制法主要适用于污染源高度密集、浓度控制和 P 值控制不能或难以实现大气环境质量目标的城市与地区。应用大气环境容量模拟模型，可以进一步准确地求出大气环境容量及各污染源允许的排放量，进而进行总量控制。

A 值法计算理想环境容量简单易行，已被很多学者应用于大气环境容量的研究，只需要简便易得的几个数据，就能从宏观上迅速估算出各地区允许排放总量，其结果可操作性强，便于环境管理部门的宏观管理。秦艳等将改进的模式用于上海不同城市尺度下 SO_2 基本环境容量、变动环境容量以及总环境容量的计算，曹海雄、胡麓华、阮晨、张军分别使用 A 值法和箱模型计算研究区域中 SO_2、NO_2 与 PM_{10} 的环境容量。

6.2.2.2　多源模型法

多源模型法是计算实际环境容量的基本方法和主要方法，利用多源模型模拟计算各污染源按基础允许排放量排放时污染物的地面浓度情况，以区域内各控制点的污染物浓度都不超过其控制标准为条件，利用一定的方法对相关污染源的基础允许排放量进行削减分配，确定出各污染源的平均允许排放量，最后得出区域环境容量值。

目前，国内外研究建立了多种大气质量模式进行大气环境容量与大气环境质量的模拟。模拟主要包含 4 个阶段，即数据输入、大气污染扩散模式模拟、浓度输出和数据分析。其中输入数据包括背景浓度、气象条件、污染物排放数据（地理位置、排放水平）、模型选择与设置（网格参数、扩散参数、研究区域地理特点）。大气扩散模式对模拟污染物的输送扩散，即将各种污染源、气象条件和下垫面条件下的空气污染过程模式化，研究模式中的各种参数，以数学模型计算的形式给出空气污染的时空变化规律，其实质就是用一定的物理模型和数学表达式及相应的处理方法，在一定的初始条件和边界条件下，模拟分析并定量估算空气中污染物的散布状况，预测大气环境质量。大气扩散模式是连接能源消费排放与空气污染人群健康风险评价的关键纽带，是实现空气质量预测及经济损失预测的必要手段。国内外大气环境容量测算中对于污染物暴露水平的模拟已经相对成熟，对于评估排放强度引起的不同区域的暴露水平，多采用美国环保署与国家环保部推荐的空气质量模式进行模拟。美国环保署（EPA）开发了许多模式并被其他许多国家接受和应用，按照其使用的等级，这些模型主要分为以下 4 类。

① 推荐模式（preferred/recommended models），一般在国家规划项目的预测中要求必须使用该类模式，包括 AERMOD modeling system、CALPUFF modeling system、CALINE3 模式、CAL3QHCR 模式等。

② 替代模式（alternative models），主要为美国环保署审查具体案例如道路、工业等规划及项目时提出的各种针对性较强的大气扩散模式，包括 air force dispersion assessment model（ADAM）模式、atmospheric dispersion modelling system（ADMS3）模式、dense gas dispersion（DEGADIS）模式、hybrid roadway model（HYROAD）模式、ISC3 模式等。

③ 筛选模式（screening tools），这些模式经常在复杂模式前应用，以决定是否应用该模式，如 AERSCREEN 模式对 AERMOD 模式的替代，CTSCREEN 模式相对于 CTDMPLUS 模式，SCREEN3 模式相对于 ISC3 模式，以及其他的 COMPLEX1、rough terrain diffusion model（RTDM 3.2）模式。

④ 光化学模式（photochemical models），分析复杂大气物理、化学程序的模式，应用于环境影响评估和决策分析而发展的系统，如 Models-3/CMAQ 模式、CAMX 模式、regional modeling system for aerosols and deposition（REMSAD 模式、the urban airshed model（UAM-V）模式。

其他开发的模式包括如德国的 EURAD、法国的 CHIMERE、芬兰的 SILAM、英国的"Your Air"系统和 NAME、西班牙的 EOAQF、瑞典的 MAQS、荷兰的 LOTOS-EUROS、中国的 NAQPMS（嵌套网格空气质量预报模式系统）等。

按照这些模式的开发时间，大气环境容量模拟模式基本可分为三代，具体见表6-2。

表 6-2　大气环境容量模拟模式特点

项目	第一代模式	第二代模式	第三代模式
模式机理	主要考虑个别污染物，在估算下风向的环境浓度时，用的是物理输送算法，这些模式广泛地应用于一次污染物的影响预测和控制措施的优化，代表模式有 ISC3 与 EKMA 模式（高斯），以及箱式模型	加入较为复杂的气象参数与反应机制，考虑了光化学反应机理，能够模拟臭氧、SO_2、NO_x 的化学过程和酸雨的形成，此类模式广泛地应用于二次污染物的影响分析和控制措施的改善，代表模式有 ADMS、AERMOD、CAMx、UAM 等	充分考虑到不同介质之间的转换，更加充分地考虑大气过程，多物质的充分模拟，考虑了复杂的物理、化学等过程，实现各种尺度污染物输送的完全在线耦合。代表模式如 Model-3/CMAQ 模式、中国科学院大气发展的嵌套网格空气质量预报模式 NAQPMS
特点	不论是点源模式，还是以点源模式为基础，通过积分方法得到的线源模式、面源模式、体源模式等，都具有如下 2 个特点： （1）浓度计算在水平方向和垂直方向上都采用高斯分布假定； （2）湍流分类和扩散参数采用离散化的经验分类方法	第二代空气质量模式有如下特点： （1）气象模块均基于常规气象资料。所必需的气象数据有 10m 高度上的风速、1.5m（或 2m）高度上的温度以及云量等。烟羽抬升和扩散计算所需要的特征参数，如摩擦速度长度 L、混合层厚度，以及湍流参数，均可通过常规气象数据计算得到。 （2）新一代空气质量模式彻底抛弃了 Pasqill-Gifford 扩散参数体系	提出了一个大气的概念（one-at-mosphere），模式将各种模拟分析复杂的大气物理、化学程序的模式系统化，可在一次模拟工作中，完成臭气、悬浮微粒（PM）及沉降作用的模拟，有效地进行较为全面的空气质量环境影响评估及决策分析

目前国内大气环境容量模式模拟，主要目的是分析污染物暴露水平是否满足区域空气质量标准。例如，荆克晶在天津市能源规划环境影响评价中重点预测由能源消耗引起的 SO_2、NO_2、PM_{10} 的年排放量，由能源消耗引起的 CO_2 的年排放量，区域 SO_2、NO_2、PM_{10} 的年日平均或小时平均浓度等；聂菲等在浙江省电力发展能源规划环评中重点分析 SO_2、NO_x 污染水平是否满足区域空气质量标准。

多源模型法的特点有：

① 污染源调查要求精度高。

② 利用多源模型计算出环境容量时，对于超标控制点，通过对相关污染源基础允许排放量进行削减，使其浓度降到标准值以下，或刚好达到标准，而原来不超标控制点上的剩余容量则不予重新分配到污染源。

③ 计算出的环境容量只是在现状污染源格局和其限定条件下的最大值，并不是区域内所能容纳污染物的最大量。

在保证控制点不超标的条件下，通过污染源合理规划布局，还可以新增污染源。

6.2.2.3　线性规划法

大气环境系统是一个多变量输入-输出的复杂系统。然而，就污染物的排放量与浓度分布而言，可近似认为其为线性的，从而利用运筹学的线性优化理论建立容量模式。特点是将污染源及其扩散过程与控制点联系起来，以目标控制点的浓度达标作约束，通过线性优化方法确定源的最大允许排放量或削减量。线性规划方法是解决环境容量资源利用最大化问题的重要方法。

最优化模型求解可以采用单纯线性法，在求得各参数后，利用计算机语言编程求解各点源的最大允许排放量及大气环境容量。利用最优化模型求解大气环境容量时，按照以下步骤进行。

① 确定大气环境容量规划区。大气环境容量规划区应根据城市地区的社会经济发展、产业、交通流量、能源结构、工业布局、道路条件、地形地貌、气象条件、污染源状况，以及污染物浓度分布特征等综合进行分析，按当地行政区划，由当地政府确定。

② 确定控制点。在控制区内污染源分布往往不均匀，气象条件也各异，相应地浓度分布也不均匀，控制点的选择就很必要。控制点就是用来标识整个控制区大气污染物浓度是否达到环境目标值的一些代表点。只要这些点的空气质量能达到环境目标值，则认为整个研究地区的空气质量能达到环境目标值。

③ 确定环境目标值。选择了控制点后，根据控制点所在的功能区，确定各控制点污染物的环境目标值。

④ 计算浓度贡献值。利用大气污染物扩散模式计算各点源排放的污染物对各控制点的浓度贡献值，然后进一步求解各点源排放的单位排放量对各控制点的浓度贡献值。

⑤ 污染源的划分与求出最大允许排放量。大气污染物环境容量计算采用最优化模型法，它能在保证区域环境空气质量目标的前提下，准确定量地给出控制区内污染源污染物的最大允许排放量。

线性规划法通常与模拟法结合使用，它首先借助空气质量模型建立线性化的源-受体响应关系，以排放量总和最大为目标，以环境功能区的环境目标为约束，计算区域内最大允许的污染物排放量，即区域大气环境容量。卢聪景等应用线性规划法测算了福建省某石化工业园区的 SO_2 最大容许排放量及其分布，并将该结果与模拟法的计算结果相对比，说明应用线性规划法计算大气环境承载力（容量）合理可行。李巍等以高斯模型（并加以合理的修正）为基础模式，分别应用线性规划模型测算了上海市、大同市的 SO_2 环境容量，并就其结果给出了污染源布局和排放削减的建议。肖杨等以 ADMS-Urban 大气扩散模型为环境质量预测的基础模型，并通过加入虚拟点源和建立线性规划模型，推算北京市通州区的 SO_2 最大允许排放总量。

线性规划方法的特点是将污染源及其扩散过程与控制点联系起来，以目标控制点的浓度达标作约束，通过线性优化方法确定源的最大允许排放量或削减量。线性规划方法是解决环境容量资源利用最大化问题的重要方法。此方法考虑到每个污染源及其扩散过程对每个控制点的浓度影响，在满足控制点大气污染物浓度达到环境目标值要求的前提下，确定各污染源大气污染物的最大允许排放量。

6.2.3 超标倍数评价法

超标倍数评价法可用于衡量大气环境承载状况，是一种基于大气环境质量标准的环境承载力评价方法，主要采用污染物浓度超标指数作为评价指标来衡量大气环境承载力状况，即通过大气污染物的年均浓度监测值与该区域内环境承载量阈值的比较来反映，环境承载量阈值是理论最佳值或者是预期要达到的目标值（通常是国家现行的环境质量标准限值，这里用《环境空气质量标准》（GB 3095—2012）中的二级标准限值）。评价指标的选取根据环境质量标准中制定的大气污染物监测指标来确定，以反映环境质量状况的主要监测指标作为单项评价指标，主要的大气污染物指标包括 SO_2、NO_2、CO、O_3、PM_{10} 和 $PM_{2.5}$ 六项。

（1）单项大气污染物浓度超标指数

以各项污染物的标准限值表征环境系统所能承受人类各种社会经济活动的阈值〔通常限值采用《环境空气质量标准》（GB 3095—2012）中规定的各类大气污染物浓度限值二级标准〕。

不同区域各项污染指标的超标指数计算公式如下：

$$R_i = \frac{C_i}{S_i} - 1 \tag{6-10}$$

式中　R_i——第 i 项大气污染物的超标倍数，即大气污染物 i 的环境承载力；

　　　C_i——该污染物的年均质量浓度监测值；

　　　S_i——国家现行的该污染物质量标准，$i=1$、2、3、4、5、6，分别对应 SO_2、NO_2、CO、O_3、PM_{10}、$PM_{2.5}$。

（2）区域大气污染物浓度超标指数

区域大气污染物浓度超标指数计算公式如下：

$$R = \max(R_i) \tag{6-11}$$

式中　R——区域大气污染物的浓度超标倍数，即大气综合环境承载力，其值为六项大气污染物超标倍数的最大值。

刘年磊等以京津冀地区为试点开展案例研究。评价结果显示：a. 环境综合承载力方面，99%的区县超载；b. 大气环境承载力方面，可吸入颗粒物（PM_{10}）和细颗粒物（$PM_{2.5}$）是主要污染因子，98%的区县超载；臭氧（O_3）和二氧化氮（NO_2）的超标状况也非常严重，分别有87%、72%的区县超载。该评价模型以环境质量为基础，客观地反映了环境承载力状态，可广泛应用于中国不同尺度单元环境承载力的评价。

（3）阈值及重要参数

由上述的各项污染物浓度超标指数数值特点以及计算方法可知，最终计算获得的污染物浓度超标指数值是无量纲值。"0"为污染物浓度超标指数临界值，污染物浓度超标指数越小，表明区域环境系统对社会经济系统的支撑能力越强。根据污染物浓度超标指数，将单要素及综合环境承载力评价结果划分为污染物浓度超标、临界超标和未超标三种类型。通过文献调研和专家咨询，借鉴环境承载力评价划分标准经验值，确定单要素及综合污染物浓度超标指数的阈值。研究经验表明，当超标指数（R）＞0 时，污染物浓度处于超标状态；当超标指数（R）介于－0.2～0 之间时，污染物浓度处于临界超标状态；当超标指数（R）＜－0.2 时，污染物浓度处于未超标状态。

大气环境容量是一种特殊的环境资源，它与其他自然资源在使用上有着明显的差异。鉴于环境条件和污染物排放的复杂性，准确计算一定空间环境的大气环境容量是十分困难的，因为大气是没有边界的，一定空间区域内外的污染物互相影响、传输、扩散。在做一定的假设后，可借助数学模型模拟估算一定条件下的大气环境容量。

6.3 山西省大气环境承载力测算方法的确定

现有的大气环境承载状况评估方法各有优缺点，有不同的使用范围。

（1）指标体系评价法

指标体系评价法处理较为简便，结果非常直观，得到的数值本身虽然不具备意义，但可以涵盖社会经济环境系统中诸多要素的相对情况，可以在空间维度上进行横向比较，为规划提供建议，也可以在时间维度上进行纵向比较，说明大气环境承载率的变化状况。但该方法存在以下几个缺陷：

① 由于指标体系的建立比较容易受到强烈的主观干扰，无论是指标的选择还是权重的分配都易发生严重分歧，使得独立工作所采用方法的可移植性降低；

② 无论权重如何分配，应用评价指标体系所得出的无量纲化数据都是一个杂糅的、被平均化了的数值，平均化往往会掩盖问题，弱化评价的意义；

③ 最重要的是，这种方法并没有深入研究社会经济系统与环境系统之间的动态联系，只是简单地把社会经济系统和环境系统分别作为黑箱来处理，缺乏对两个系统内部运行规律的分析，其评价结果往往是静态的、相对的，对于规划及政策制定仅有原则上的指导意义，很难回答更深入的问题。

（2）环境容量评估法

环境容量评估法建立了污染排放与环境质量之间的联系，常常能给出客观的、定量化的结果，故而能对规划布局、总量控制、政策制定等工作给出较明确和有效的建议，也是目前研究的重点方向之一。不过从已有的研究来看，大气环境容量测算往往集中于工业区或城区范围，不适用于较大尺度的区域。在这一条件下，大气环境容量估算需面对 3 个突出特点：a. 区域空间尺度大，一般在几十公里到几百公里以上，下垫面和气象条件复杂；b. 排放源多样，分布不均，且数量众多；c. 大气污染具有区域性和复合性，特别是二次污染过程不可忽略。现有的三种大气环境容量估算方法各自存在优缺点，均不能很好地在这一条件下开展应用。

① 箱模型模拟计算法应用简便，但简化较多，它设定的环境目标是大气边界层以下、地面以上的空间范围内平均浓度不超标，与人们更关注地面浓度的实际需求有所偏

离，同时也不关注容量分配的问题模拟法的准确性较高，但输入要求高、计算量大、计算时间长，对人员、技术、资金配备的要求都较高。另外，在容量的区域配置方面，模拟法一般采用等比例或平方比例削减技术，不具有区域优化特性，对新建区或规划情景的指导性不强。

② 虽然 A-P 值法应用较广，原理较简单，没有考虑外来污染源的贡献。但其是基于线性假设的前提，不适用于复合型污染物的环境容量核算。

③ 线性规优化法可以像模拟法一样较细致地反映"排放源-受体"的响应关系，同时可以在区域上对环境容量进行优化配置，但该方法由于受到线性响应关系的制约，一般不能处理非线性过程显著的二次污染问题。

此外，应用环境容量评估法进行承载力评价本身存在一个固有缺陷，即单纯考虑环境的纳污能力使得环境对人类活动的支撑作用被狭隘化了——容量评估只是给出了在环境约束下各污染源的排放上限，并未触及承载力评价的根本目标，即探寻目标区域的环境所能承载的人类活动的最优规模与布局，它回答了"不应如何做"，但很难回答"最好如何做"。

（3）超标倍数评价法

超标倍数评价方法可以利用评价结果准确反映实际的环境空气质量状态与环境质量标准等相关理想值或目标值的差距，计算简单、符合实际、可操作性强，能为环境承载力监测预警机制的建立提供基础支撑。但在实际区县单元评价中也存在一定的局限性，由于该方法主要基于监测数据进行评价，对于无法获取监测数据的区县将难以开展评价，且难以与总量控制挂钩。

相比指标体系评价法和超标倍数评价法，环境容量评估法可与环保部门的总量控制挂钩，有利于总量减排工作，可以对具体管理实践形成有效指导。目前不同容量计算方法结果差异较大，在技术方法、数据支持、计算结果的科学性等方面还存在较大的不确定性。模型模拟计算法可以通过模型输入（污染源排放量）和环境质量之间的响应关系，计算得到 $PM_{2.5}$ 等复合型大气污染指标约束下的大气环境容量。

综合以上大气环境承载力评价方法特点及适用性，针对山西省大气环境承载力，确定采用超标倍数法测算山西省目前大气环境状况与环境空气质量标准的差距，从大气污染物浓度是否达标的角度评价山西省大气环境承载状况。同时为管理者对山西省大气污染排放总量及行业调整等政策提供数据支撑，采用环境容量法，从大气污染排放总量及行业允许的排放量出发评估山西省大气环境承载状况。考虑山西省在煤烟型污染没有彻底解决时，颗粒物污染、光化学污染等二次污染形势严峻，大气污染特征由单一煤烟型污染向复合型污染转变，利用第三代空气质量模型 WRF/CMAQ，结合山西省实际，基于发展规划，设定不同发展情景，测算山西省发展规划情景下的环境容量，根据环境容量测算结果对比山西省现有大气污染排放情况，评估山西省大气环境承载力状况。

在充分考虑发展规划及减排实施可行性的基础上，建立基于发展规划设定的模拟情景，以全省各设区市 $PM_{2.5}$ 全面达标为约束条件，运用空气质量模式核算大气环境容量。该方法充分考虑气象条件的复杂性，统筹考虑了 $PM_{2.5}$ 的区域传输、行业耦合以及

资源型地区大气污染成因与治理研究
——以山西省为例

前体物非线性协同等作用，计算出各地区的 SO_2、NO_x、PM_{10}、$PM_{2.5}$ 等大气污染物的环境容量，所核算出的环境容量本质是"基于发展规划、减排可行性和空气质量达标约束下的各地区、各污染物的允许排放量"。

6.4 大气环境容量测算

6.4.1 发展情景的设定

6.4.1.1 大气污染物减排控制状况分析

为达到《山西省"十三五"环境保护规划》确定的 $PM_{2.5}$ 质量浓度在 2015 年的基础上下降 20%，到 2030 年 $PM_{2.5}$ 质量浓度达到 $35\mu g/m^3$ 的目标，山西省必须从电力、供热、工业、民用、交通等方面全面控制大气污染物的排放，包括山西省已完成的燃煤发电机组超低排放改造，钢铁、水泥、焦化行业等重点行业正在推进的特别排放限值提标改造，城市和农村地区清洁取暖等散煤治理措施，堆场、建筑工地及道路扬尘综合管控，严格控制机动车排放标准等大气污染物减排控制政策和技术。

对山西省电力、供热、工业、民用、交通等行业和部门可实现的大气污染物减排潜力进行了测算，结果如表 6-3 所列。

表 6-3　山西省大气污染物减排潜力　　　　　单位：t

一级源	2020 年				2030 年			
	SO_2	NO_x	PM_{10}	$PM_{2.5}$	SO_2	NO_x	PM_{10}	$PM_{2.5}$
化石燃料固定燃烧源	152511	190439	100918	65763	349252	253268	273784	192413
工艺过程源	19209	33959	57017	36813	41285	72022	130753	85389
移动源	674	27762	1461	1317	2218	82867	5810	5197
扬尘源	—	—	—	—	0	0	214357	58151
生物质燃烧源	228	1138	2908	2818	1462	7626	21232	20624
其他排放源	—	—	—	—	21	16	1037	829
总计	174735	263585	190951	134056	395096	419582	656258	371314

6.4.1.2 发展情景的大气污染物排放清单

根据 2020 年和 2030 年山西省治污情景大气污染物减排潜力状况的分析结果，构建 2020 年和 2030 年山西省大气污染源排放清单。2020 年山西省各类排放源共排放二氧化硫 $3.561\times10^5 t$，同比 2017 年减排 33%；氮氧化物 $5.394\times10^5 t$，同比 2017 年减排

33%；一次源 PM_{10} 9.616×10^5 t，同比 2017 年减排 17%；一次源 $PM_{2.5}$ 4.460×10^5 t，同比 2017 年减排 23%。2030 年山西省各类排放源共排放二氧化硫 1.357×10^5 t，同比 2017 年减排 74%；氮氧化物 3.833×10^5 t，同比 2017 年减排 52%；一次源 PM_{10} 4.963×10^5 t，同比 2017 年减排 57%；一次源 $PM_{2.5}$ 2.087×10^5 t，同比 2017 年减排 64%。

具体结果见表 6-4 和表 6-5。

表 6-4　2020 年山西省大气污染源综合排放清单结果　　　　单位：t

一级源分类	二级源分类	SO_2	NO_x	PM_{10}	$PM_{2.5}$
化石燃料固定燃烧源	电力供热	22459	40540	5625	3290
	工业锅炉	47475	56734	15127	8111
	民用锅炉	34193	22704	21769	7999
	民用燃烧	169027	33678	164275	128511
	小计	273154	153656	206796	147911
工艺过程源	钢铁	20231	32061	47008	34464
	水泥	13384	15971	29294	12951
	焦化	24091	68491	27031	17188
	石油化工	330	2026	4859	4048
	玻璃	309	3567	1087	583
	其他工业	18490	13718	118790	78016
	小计	76835	135834	228069	147250
移动源	道路移动源	3696	170812	7289	6653
	非道路移动源	2366	79048	5861	5197
	小计	6062	249860	13150	11850
扬尘源	土壤扬尘	0	0	1215	36
	道路扬尘	0	0	324267	65315
	施工扬尘	0	0	85515	28105
	堆场扬尘	0	0	102642	45528
	小计	0	0	513639	138984
生物质燃烧源	工业生物质锅炉	239	1593	184	157
	生物质炉灶	364	592	2617	2435
	生物质开放燃烧	1453	8059	23370	22773
	小计	2056	10244	26171	25365

资源型地区大气污染成因与治理研究
——以山西省为例

一级源分类	二级源分类	SO_2	NO_x	PM_{10}	$PM_{2.5}$
其他排放源	餐饮	57	44	2476	1981
合计		358164	549638	990301	473341
同比2017年减少率/%		33	33	17	23

表6-5　2030年山西省大气污染源综合排放清单结果　　　　单位：t

一级源分类	二级源分类	SO_2	NO_x	PM_{10}	$PM_{2.5}$
化石燃料固定燃烧源	电力供热	23395	50675	4360	2550
	工业锅炉	24726	29549	7328	3930
	民用锅炉	10685	7095	6327	2325
	民用燃烧	17607	3508	15915	12454
	小计	76413	90827	33930	21259
工艺过程源	钢铁	10537	16698	22771	16699
	水泥	10457	12477	21285	9413
	焦化	18821	53509	19641	12493
	石油化工	258	1583	3530	2942
	玻璃	241	2787	790	424
	其他工业	14446	10718	86315	56703
	小计	54760	97772	154332	98674
移动源	道路移动源	3423	158160	6277	5731
	非道路移动源	1095	36596	2524	2238
	小计	4518	194756	8801	7969
扬尘源	土壤扬尘	0	0	1412	42
	道路扬尘	0	0	188495	37977
	施工扬尘	0	0	49710	16342
	堆场扬尘	0	0	59665	26472
	小计	0	0	299282	80833
生物质燃烧源	工业生物质锅炉	166	1107	119	101
	生物质炉灶	253	411	1690	1573
	生物质开放燃烧	404	2239	6038	5885
	小计	823	3757	7847	7559

一级源分类	二级源分类	SO$_2$	NO$_x$	PM$_{10}$	PM$_{2.5}$
其他排放源	餐饮	35	27	1439	1152
合计		136549	387139	505631	217446
同比2017年减少率/%		74	52	57	64

6.4.2 山西省空气质量的预测

6.4.2.1 气象场数据

未来空气质量的预测与气象场及大气污染物的排放量相关。以2017年的气象场作为预测年的气象场。

6.4.2.2 排放数据

2020年和2030年分别根据山西省"十三五"环境保护规划全省环境质量目标和2030年我国大气污染防治目标，以2020年全省11个设区市PM$_{2.5}$年均浓度同比2015年下降20%，2030年全国PM$_{2.5}$质量浓度达到35μg/m³为目标，依据Zhao等（Atmospheric Chemistry and Physics，2013）的研究成果，只针对有可能实现2020年和2030年空气质量目标污染控制情景进行空气质量的预测，山西省以外的地区污染物减排情况如表6-6所列。

表6-6　全国发展情景下大气污染物减排比例　　　　单位:%

地区	2020年				2030年			
	SO$_2$	NO$_x$	一次PM$_{10}$	一次PM$_{2.5}$	SO$_2$	NO$_x$	一次PM$_{10}$	一次PM$_{2.5}$
北京	34	38	40	19	57	64	67	32
天津	31	37	36	17	51	63	61	28
河北	34	37	44	25	56	63	73	42
山西	33	33	17	23	74	52	57	64
全国	31	32	36	20	52	54	61	33

6.4.2.3 基于发展情景下空气质量模拟预测

2020年山西省PM$_{2.5}$年均浓度达到51μg/m³，与2017年相比空气质量有很大改善，全省平均浓度下降13%左右。2030年山西省PM$_{2.5}$年均浓度预测将达到35μg/m³，11个设区市PM$_{2.5}$年均浓度均达到空气质量标准，相比2017年全省平均浓度下降41%左右。

资源型地区大气污染成因与治理研究
——以山西省为例

6.4.3 基于发展规划的山西省大气环境容量测算

根据发达的治污水平，结合山西省 2020 年和 2030 年能源消费总量控制，以山西省大气污染源排放清单为基础，利用 WRF/CMAQ 模型系统模拟了山西省空气质量，模拟结果表明山西省 $PM_{2.5}$ 年均浓度可基本满足空气质量标准（GB 3095—2012）中的二级标准限值 $35\mu g/m^3$ 的要求。

通过 2020 年和 2030 年两种情景模拟结果可知，2030 年情景下全省各市 $PM_{2.5}$ 均已达标，可将此情景下各类污染物排放量作为山西省的大气环境容量。需特别说明此环境容量为基于减排情景设定的各类源减排基础上得到的大气环境容量，大气环境容量并非固定值。

模拟结果表明，在考虑社会经济发展和技术发展普及，在污染源现状格局不变的情况下，在实现燃煤发电机组超低排放改造、重点行业提标和特排改造、扬尘污染控制及严格控制机动车排放标准等大气污染物减排控制政策与技术实施条件下，在全省各设区市 $PM_{2.5}$ 年平均浓度达标约束下，全省 SO_2、NO_x、一次颗粒物 PM_{10}、$PM_{2.5}$、VOCs 和 NH_3 环境容量分别为 13.6×10^4t、38.3×10^4t、49.6×10^4t、20.9×10^4t、28.05×10^4t 和 15.4×10^4t。大气环境容量主要取决于环境对污染物的自净能力与自净空间。模拟结果表明，11 个设区市间 SO_2、NO_x、一次颗粒物 PM_{10}、$PM_{2.5}$ 大气环境容量存在较大差异。

山西省 11 个设区市大气环境容量见表 6-7。

表 6-7 山西省大气污染物环境容量　　　　　　单位：10^4t

设区市	SO_2	NO_x	PM_{10}	$PM_{2.5}$	VOCs	NH_3
太原	0.89	2.80	3.25	1.23	3.14	0.43
大同	1.24	3.64	7.18	5.09	2.01	1.74
朔州	0.79	2.50	3.66	1.79	1.77	1.68
忻州	1.37	3.87	3.72	1.29	1.74	3.21
吕梁	2.26	5.76	7.45	2.70	0.61	0.18
晋中	1.50	3.96	7.08	2.57	4.95	1.03
阳泉	0.56	1.22	1.71	0.49	2.74	1.79
长治	1.40	3.40	5.27	2.05	3.75	0.96
晋城	1.26	2.68	2.90	1.10	1.29	0.60
临汾	0.54	3.47	3.01	1.21	3.87	1.22
运城	1.75	5.04	4.40	1.33	2.16	2.57
全省	13.6	38.3	49.63	20.87	28.05	15.40

6.5 大气环境承载状况和容量的不确定性分析

6.5.1 大气环境承载状况分析

在开展大气环境容量测算的基础上，进一步完成基于环境容量法的大气环境承载力评价工作。

以 2017 年为例，山西省 SO_2、NO_x、一次颗粒物 PM_{10} 和 $PM_{2.5}$ 排放量的超载率分别为 291%、109%、132%、178%。超载率计算方法见下式。

$$\eta = (E/Q - 1) \times 100\% \tag{6-12}$$

式中　η——环境容量超载率，%；

　　　E——某年各种大气环境实际排放量，10^4 t；

　　　Q——各种大气污染物环境容量，10^4 t。

表 6-8 给出了山西省 2017 年 11 个设区市大气环境超载情况、大气环境不超载情况下所对应的排放量相对于 2017 年的减排率。由表 6-8 可知，各地区 SO_2 的超载率介于 185%～518% 之间，其中晋中市、临汾市、吕梁市 SO_2 超载最为严重，实际排放量超出其环境容量 4～5 倍；各地区 NO_x 的超载率介于 76%～180%，其中太原市、临汾市 NO_x 的超载情况最为严重，实际排放量超出其环境容量的 1.5 倍以上；各地区 PM_{10} 的超载率介于 71%～226% 之间，其中太原市一次 PM_{10} 的超载率高达 226%；各地区 $PM_{2.5}$ 的超载率介于 64%～335% 之间，其中临汾市、运城市、太原市一次 $PM_{2.5}$ 的超载率均超过 250%，尤其临汾一次 $PM_{2.5}$ 的超载率高达 335%。

表 6-8　山西省各设区市大气环境超载状况及 $PM_{2.5}$ 达标所需各污染物减排率 单位：%

城市	超载率				减排率			
	SO_2	NO_x	一次 PM_{10}	一次 $PM_{2.5}$	SO_2	NO_x	一次 PM_{10}	一次 $PM_{2.5}$
太原	268	180	226	260	73	64	69	72
大同	191	76	71	64	66	43	42	39
朔州	203	93	136	121	67	48	58	55
忻州	220	117	100	195	69	54	50	66
吕梁	409	115	109	183	80	53	52	65
晋中	518	112	153	209	84	53	60	68
阳泉	220	93	147	221	69	48	60	69
长治	185	88	118	215	65	47	54	68
晋城	208	79	176	227	68	44	64	69

资源型地区大气污染成因与治理研究
——以山西省为例

城市	超载率				减排率			
	SO_2	NO_x	一次 PM_{10}	一次 $PM_{2.5}$	SO_2	NO_x	一次 PM_{10}	一次 $PM_{2.5}$
临汾	484	161	173	335	83	62	63	77
运城	231	87	147	272	70	47	60	73
全省合计	291	109	132	178	74	52	57	64

对各种大气污染物排放量进行削减控制可使大气环境不超载，各种大气污染物削减比例（减排率）的下限大约为 39%，上限最高达到 84%，各市需要在 2017 年的基础上 SO_2 削减 65%～84%，NO_x 削减 43%～64%，一次 PM_{10} 削减 42%～69%，一次 $PM_{2.5}$ 削减 39%～77%，才有可能满足环境容量的需求，也才有可能达到 $PM_{2.5}$ 空气质量标准的目标。

6.5.2 大气环境容量的不确定性分析

大气环境承载力是客观存在的一个值，在社会经济的发展和区域资源环境的相互关系中会存在特定的资源环境承载力值，且不随人类自身的主观意愿而改变。但资源环境承载力系统本身也具有变动性，该系统中包括气象条件、地形地貌、化学转化、背景浓度等自然属性的客观因素和环境目标值、污染源排放、外来源输送等社会属性的主观因素都会对该系统的承载力值有所影响。

因此，大气环境容量不是唯一值，在测算大气环境容量过程中往往会因为影响因素的不确定性而给容量结果引入误差，使其具有一定的不确定性。大气环境容量结果的不确定性大小取决于我们对数据和估算方法等相关信息的掌握情况，本次采用定性分析方法对所测算的山西省大气环境容量的不确定性进行初步研究，并以此明确测算得到的大气环境容量成立的前提条件。

（1）气象

风速、风向、混合层高度、降水等气象参数可直接影响大气环境容量，不同的气象条件下所测算得到的大气环境容量亦不同，此次所采用的气象场为 2017 年气象模拟场，所得到的大气环境容量为基于 2017 年模拟气象场测算得到的大气环境容量。

（2）排放数据

污染物排放时空分布、污染物类别、污染物种类对大气环境容量产生直接影响，采用山西省自下而上依据《城市大气污染物排放清单编制技术手册》含化石燃料固定燃烧源、工艺过程源、移动源、溶剂使用源、农业源、扬尘源、生物质燃烧源、储存运输源、废弃物处理源和其他排放源共 10 类源，涉及 SO_2、NO_x、CO、VOCs、NH_3、PM_{10}、$PM_{2.5}$、BC、OC 共 9 类污染物的山西省大气污染源排放清单为基准排放清单，预测情景的排放清单是基于此清单，在考虑社会经济发展和技术发展普及，在污染源现状格局不变的情况下，在实现燃煤发电机组超低排放改造、重点行业提标和特排改造、扬尘污染控制及严格控制机动车排放标准等大气污染物减排控制政策和技术实施条件下的减排清单，此次所测算得到的大气环境容量即为基于此排放清单得到的大气环境容量。

（3）测算方法

由于资源环境承载力的可变性，资源环境承载力的量化计算方法很多，没有统一的固定模式，不同的量化计算方法计算出来的资源环境承载力的值也可能是不一样的。测算得到的大气环境容量是基于 WRF/CMAQ 模型，在前文所述的相关模型参数前提下测算得到的。

（4）边界条件

由于不同的基准控制条件不同，所以不同的基准控制条件下会得到不同的环境容量。环境容量随环境目标（如空气质量标准）的变化而变化，不同的空气质量目标下研究所得到的大气环境容量有所不同，此次所基于的环境空气质量目标为全省各设区市 $PM_{2.5}$ 年平均浓度达标。同时，对于特定区域的大气环境承载力系统而言，该系统内部本身存在着物质交换、能量转换以及信息传递，从而使不同区域的资源环境承载力也有所不同。另外，该系统还会与周围的其他系统发生物质、能量和信息之间的转移交换。因而，对区域大气环境承载力的研究分析，要综合考虑周围区域环境的影响。此次所得到的大气环境容量为在全省各设区市 $PM_{2.5}$ 年平均浓度达标约束下，在周边省份实行至少如表 6-6 所列削减比例的情况下测算得到的大气环境容量。此外，需要特别说明的是，由于不可能考虑分析所有的影响因素，因此大气环境容量结果的不确定性极有可能存在被低估的可能性。

第三篇 基于空气流域的环境管理对策研究

○○ ───── ○○ ○ ○○ ─────────

我国的大气污染防治研究与实践工作始于 20 世纪 70 年代，主要依据"经济建设、城乡建设与环境建设同步规划、同步实施、同步发展，实现经济效益、社会效益、环境效益相互统一"的中央指导方针，依靠"预防为主""谁污染谁治理""强化环境管理"三大环境政策体系，推行了"环境保护目标责任制""城市环境保护综合定量考核""环境影响评价""三同时""排污申报登记""排污收费""限期治理""污染集中治理"等各种环境保护措施及制度。目前国内使用较多的大气污染管理方式是大气污染物总量控制。大气容量总量控制最初的定义是指把某一区域的污染物负荷总量控制在自然环境的承载能力范围即环境容量之内。对于环境管理方面而言，是指将某一控制区域（如行政区、流域、环境功能区等）作为一个完整的环境系统，采取措施将排入这一区域的污染物总量控制在一定数量内，以满足该区域的环境质量要求或环境管理要求。自 20 世纪 80 年代末期，我国开始从日本引进大气污染物总量控制方法。近年来我国大气环境工作者借鉴国外经验和实践进行了大量的大气污染物总量控制相关方面的研究工作。

在各地开展总量控制工作的同时，华北地区秋冬季节多次发生的区域性大气污染事件引起了社会的共同关注，各种污染源排放量与环境空气质量之间的定量关系和污染物的传导变化规律已成为大气环境防治与管理最关心的问题之一。随着经济的高速发展，我国大气区域性复合型污染特征日益明显，光化学烟雾、区域性大气灰霾等严重污染频繁发生，区域整体环境质量恶化，严重威胁人体健康，影响环境安全和社会发展。大气污染具有流动性特质，污染物的传输不限于传统的行政边界，而是在更广阔的空气流域内混合流动，呈现出大气污染在区域内相互传输、相互影响的跨区域性污染特征。就目前我国应对大气污染现状而言，在跨行政区治理中普遍存在着区域整体性与属地环境行政管理碎片化的矛盾。欧美国家的实践及我国在举办奥运会期间整治大气污染等成功经验表明，大气污染联防联控已成为解决区域性大气污染的根本途径和有效措施。如何将国外大气污染联防联控环境监管模式成功本土化，以及如何将我国大气污染联防联控个案成功经验常态化，已经成为我国大气污染控制环境监管模式战略转型的重要原则和根本目标。

第**7**章　空气流域管理

7.1　空气流域的基本概念

7.1.1　空气流域的概念

大气是一个整体，并没有阻止空气流通的边界。但是从某地污染源排向大气的污染物并不会立刻在全球均匀混合，一般只污染局部地区的空气。这些污染物很少逃逸到邻近的空域。而邻近的空域则主要接受自身下垫面排放的污染物，很少接纳外来的污染物。仿佛空气中存在无形的"空气分水岭（shed）"，将大气分割为一个个彼此相对孤立的气团，这些气团笼罩下的地理区域就叫"空气流域"（airshed 或 air basin）。空气流域常见的定义有：

① 由于地形、气象和气候的原因而共享空气的地区。

② 由于地形构造和气候条件的限制使得空气进出量较小的地区。

③ 大气条件和气象特征类似（如混合层高度和风场既在同一数量级，其结构特点也相同）的地区。

此外，还有一种观点认为不同高度的大气层中空气流域的尺度也不同。

众所周知，由于重力的作用水往低处流，因此在地表形成水系。水系流经的整个地域叫流域，分水岭成为最为明显的流域边界。和水一样，空气也是流体，由于复杂的空气动力学因素，空气的运动形式更加复杂。空气既不在稳定的"空气河床"里流动，也不存在汇集百川的"空气海洋"。显然地球上的人们共享一个大气环境。空气流域的概念是在对空气质量的研究中逐步形成的，并在控制大气污染的实践中逐渐得到发展。20世纪90年代，美国为了更有效地控制空气污染，在美国国家环保局的主持下进行了一系列的研究工作，提出了空气污染不遵守行政边界的观点，主张提高空气质量要走跨区域的路子。认为要使全国的空气质量不断改善，必须调动全国、州、地方政府、工矿企业、环保部门和人民群众的积极性才能取得面向21世纪的进步。

最容易理解的空气流域就是城市空气流域（urban airshed）。在一定的气象（如逆温、静风）和地面（如热岛效应）条件的综合作用下很容易观察到城市空气流域的存在。由于城区温度比郊区高，郊区空气向市中心汇聚，到了城区后受热上升，碰到城市上空逆温形成的大锅"盖子"后又回到郊区，形成环流。于是城市仿佛被倒扣在一口"大锅"之下，形成了所谓的城市空气流域。"大锅"就好像空气的分水岭（shed）一样

资源型地区大气污染成因与治理研究
——以山西省为例

限制了空气的流动。一般认为空气分水岭是由不同物理性质的空气形成的不利于空气交换的界面。它的生成与消散除了受气象因素的作用之外，还要考虑地形地貌如山脉、盆地、峡谷和海岸的影响，在这些地形条件下容易产生限定空气流动的界面，形成相对保守的空气团。因此，对于空气流域的形成来说地形因素也起着非常重要的作用。

7.1.2 空气流域的时空变异

实际上空气流域在时间和空间上都是不稳定的。它是一个"开放"系统，而不是严格的"孤立"系统。特定条件下形成的"空气分水岭"只不过是同一介质中物理性质有差异的部分，它的出现和存在阻碍了空气的流动，限制了污染物的交换。一旦所产生的差异消失，边界条件受到破坏，空气流域也就不存在了。最明显的例子也是城市空气流域，如大风会破坏城市上空的逆温层，随着空气流域边界的破坏，城市空气流域也就消解了。一些温和的变化也会使空气流域随之改变，发生收缩、拓展和融合。实际上由于大气的混沌本质跟所有的天气现象一样，空气流域呈现复杂的时空变异现象，关于其科学本性有许多值得深入研究的课题。

7.1.3 空气流域与空气污染物

如前所述，空气流域定义为"地形构造和气候条件的限制使得空气进出量较小的地区"。但是人们真正关注的并不是"空气"的流动和交换，而是空气所负载的"污染物"的流动和交换。所以改成"地形构造和气候条件的限制使得污染物进出量较小的地区"更为准确。

空气流域还跟污染物的种类有很大的关系 20 世纪 90 年代，美国开展了切萨皮克海湾区 NO_x 污染的研究。利用 USEPA（美国环保署）的空气扩散模式模拟美国东部地区的 NO_x 排放以及向海湾区的输送和沉降。结果表明，海湾区沉降的 NO_x 中 75% 来自区外。该研究表明，如果把区内、区外的污染源都算上，整个美国东部地区都将圈进海湾区的" NO_x 空气流域"内。最后按照 70% 重点源所在的地区划定了流域边界，大约有 $9.0 \times 10^5 \mathrm{km}^2$。

不同污染物的大气化学行为和归属方式不同，使其半衰期和传输距离不同，从而有不同的空气流域。例如，SO_2 的化学性质比较活泼，半衰期比较短，输送距离有限，故" SO_2 空气流域"的尺度就比较小。至于 PM，由于它们的化学组分、污染来源都非常复杂，所经历的大气化学反应、输送和归属机理也尚待深入研究。比如细粒子可以跨洲输送，一次气态污染物也可以成百上千公里地迁移并一路转化成气溶胶颗粒。所以对于" PM 空气流域"的研究和边界确定工作可能会更加困难。总之，空气流域是出于控制空气污染而提出的观念，所以在文献中还有一种更为实用主义的直接的定义，即"空气流域是为了控制大气污染达到空气质量标准而需要统一管理的地区"。

7.1.4　空气流域管理的概念

在一个确定的空气流域内建立一定的机构或机制，制定统一的法规，采取统一的政策，对空气质量实施统一管理，控制大气污染，改善空气质量，保护人体健康，就称为"空气质量的流域化管理"或简称"空气流域管理（airshed management 或 air basin management）"。

与现在的空气质量管理模式相比，空气流域管理有很大的不同。现有的管理模式以城市为基础单位，分别制定各自的污染控制政策，实现各自的空气质量目标。但是污染物并不遵守城市的行政边界，而是在更广阔的空气流域内自由混合。从 A 城市排放的污染物可以很快地到达 B 城市。例如，2003 年 1 月的一个傍晚，美国爱德华州"Treasure Valley"空气流域管理区的 Simplot 城发生了火灾，晚上 10 时下风向的 Middleton 城的 PM 立刻反常升高并保持走高的态势，直到火灾扑灭后才恢复正常。流域内其他监测站的 PM 也是如此。因此，该州的环保局认识到只有通过流域管理才可以解决这类空气污染问题。

实际上，空气流域内的城市共享同一片蓝天，呼吸同一团空气，只有联合起来才能控制空气污染，共同达到优良的空气质量标准。如前所述，单独的城市在特定的气象条件和特定的时段也会形成并短暂地维持所谓的城市空气流域，这对于理解空气流域的概念有重要意义。但是对于需要控制某些污染物的空气大流域来说，城市空气流域只不过是一些小支流或小流域而已。这个比拟并不完全确切，水环境的支流或小流域之所以能够单独取得污染治理成果，是因为下游的干流河水不会倒流回支流。而城市空气流域的生命短暂，往往太阳一出就消散了，并融入更大的空气流域之中。所以每个城市不可能仅打扫自己的污染"大锅"独享清洁的空气，而置流域中的其他城市于不顾。

7.2　空气流域管理的实施

7.2.1　开展空气流域的基础研究

在空气流域管理的大框架下要采取统一的大气质量达标战略，实施统一的污染控制措施，就必须有相对固定的机构或机制，就像水环境的流域管理委员会之类的。当然在这些机构运行之前首先要完成大量技术性的基础工作，为空气流域的确定提供科学依据。

第 1 类是对大气污染物时空分布规律及其影响因素的研究，例如影响污染物浓度时空变化的物理因素（日照、云、风、混合层）和地形要素（山脉阻隔、源和受体的空间位置）。

第 2 类是污染气象研究。

第 3 类是研究地形因素对污染的影响。例如洛杉矶空气流域的沿海地区可能是美国交通最繁忙的地区，此地所排放的一次污染物在海风的吹送下掠过平原地区，受到内陆山脉的阻挡转化为二次污染物，造成严重的空气污染问题。当有逆温层出现时二次污染物的浓度会升高，更严重的是逆温层底的高度会随着地势的升高而越来越低。

第 4 类基础性科研项目是采用不同的数学模式研究污染物的扩散和输送，例如前面所提及"NO$_x$ 空气流域"研究中采用的酸沉降模式。

上述 4 类必要的基础性科研工作完成后，对于空气流域已经积累了相当丰富的科学知识。但是以科学概念为基础的"空气流域"毕竟是客观性研究的产物，它们常常把完整的行政区域分隔得支离破碎，必须进行协调以便照顾到现有的行政管理体系。可以看出空气流域管理区一般包括几个县，也有的县划分在不同的空气流域管理区。

7.2.2 建立组织机构发挥管理功能

空气质量的流域化管理必须有一个依法设立的机构来执行，还要有一定的经费支持。例如，美国加利福尼亚州"洛杉矶空气流域"占地 $3 \times 10^4 \text{km}^2$，人口 1400 万，下属 4 个县。流域管理局下设董事会和投诉部。董事会有 12 名成员，其中 4 名为 4 个县主管环保的官员，5 名为各县市政会选派的代表。投诉部的成员由流域管理局指定独立工作。流域管理局每年有 8600 万美元的预算，其中 25% 来自排污费，27% 来自实施企业排污许可证制度的年度管理费，21% 来自实施管理机动车和推广清洁燃料带来的收入。

依照现代管理的观念，最重要的管理是服务。对于空气流域管理局最重要的服务是科技服务，要组织一切可以利用的力量在大气化学、大气物理、环境地理、气候和气象等领域深入研究与空气流域有关的一切问题。对空气流域的知识了解越多，所出台的方针政策的科学依据就越充分，也就越可能取得成效，另外也就越能得到各级政府、经济和环保部门、公众的支持及积极参与，进而形成良性循环。

管理的另一个重要功能就是政策导向。例如，洛杉矶空气流域管理局对固定源进行直接管理，共向域内 31000 个企业发放了排污许可证。对机动车的政策和规定有：鼓励就近上班；淘汰旧车；替换燃料；合伙用车；发展公交；鼓励骑自行车；公众随时可以打免费电话举报"墨斗鱼"汽车等。由此看来，北京和隔洋相望的洛杉矶在面积、人口、地形以及环保问题等方面的确有太多的相似之处。所不同的是洛杉矶的管理理念是以空气流域的概念为支撑点，而北京市的管理思路仍沿袭行政边界的旧模式。如果进一步界定"北京市空气流域"的边界，将管理上升到流域管理层次，有的问题看起来就会更清晰一些。例如某超大型企业的搬迁问题，如果计划搬去的目的地仍然在"北京市空气流域"之内，那后果不就很严重了吗；反之，如果该企业和北京市区本来就分别属于不同的空气流域，那又何必谈搬迁呢。一些环境保护的大政策如环境容量和总量控制以及排污收费和排污交易也是如此。毫无疑问，在空气流域概念的科学基础上比较容易从本质上了解空气污染的特殊自然属性，可以更客观、更科学地制定方针政策和战略战术，贯彻执行的阻力也会更小，收效也会更大。

"空气流域"是认识空气污染问题的基本科学概念之一，是制定空气污染控制战略的基础。有了空气流域的概念，对空气污染问题的描述将比较清楚，认识会比较深入，有利于提出科学的、有效改善空气质量的政策和措施。由于经济发展，我国的城市群大批涌现。在北方地区，由于不利的气候条件和地理位置，空气污染问题长期存在，空气质量长期达不到国家标准。从每个城市单打独斗的方式转变到空气流域内的城市共同努力的战略，必将开创新的局面，使这些城市空气质量达标出现新希望。

在城市群中实施空气流域化管理的先决条件是：开展有关科学研究，了解流域内的大气污染现状和污染来源，认识流域的自然地理、大气化学和大气物理特征，确定流域的边界。在这些方面，国内拥有众多的人才、丰富的经验和深厚的工作基础，可以在短期内取得足够的成果，为空气流域的划分提供可靠的科学依据，比较迅速地建立起空气流域管理的技术框架。再加上有关各方面的支持和努力，可以逐步建设起具有中国特色的管理机构，早日开展空气流域管理工作。

空气流域管理规划是一种空气质量管理的协作方法，通常涉及包括公众、行业和地方政府在内的各种利益相关者。空气流域管理规划方法认识到，空气质量差通常是多种活动和排放源（受管制和不受管制）累积影响的结果，而地形和气象条件不允许污染物扩散，通常会加剧这种情况。

空气流域管理规划是在单个社区或相对较小的气域中进行空气质量管理的协作方法，通常涉及公众、行业和地方政府。空气流域管理计划（AMP）概述了改善空气质量的目标，并就如何实现这些目标提出了建议。通过描述不列颠哥伦比亚省、阿尔伯塔省和加拿大其他地区的空气流域管理规划过程案例研究，从排放源数量和类型较少的小型社区到具有各种排放源和需要独特方法的复杂空气质量问题的大都市区到空气质量管理，定义了空气流域这一术语，包括对如何划定空气流域边界的讨论。空气流域规划是一个区域治理空气污染的一个重要手段，这是一个管理和协调活动以改善与保护特定区域或气域内空气质量的过程。这种方法认识到当地空气质量受多种经济活动、排放源和重叠监管管辖区的影响，因此需要众多利益相关者的支持（BC，环境部，2007）。

1970年，美国《清洁大气法》规定：如果环保署署长认为某州际地区有必要或适合达到并保持环境大气质量标准，在与相关政府和地方政府机构协商后，应把该地区制定为大气质量控制区域。由于缺乏大气质量管理方面的经验，并且相关的科学技术尚不成熟，1990年之前环保署从来没有使用过该条款。但是人们逐渐发现，大气污染的治理依赖于各项区域机制的设立。以臭氧为例，1990年，美国国会修改了《清洁大气法》，正式宣告了臭氧传输区域（ozone transport region，OTR）的诞生，同时臭氧污染严重的东北部缅因州、弗吉尼亚州与哥伦比亚区联合建立了管理机构"臭氧传输协会（Ozone Transport Commission，OTC）"。该机构由各州代表以及环保局成员组成，制定了区域挥发性有机物、氮氧化物减排目标并督促实施。其后又组建了臭氧传输评估组织，在1998年制订了旨在减少近地面臭氧区域传输及污染的计划，并在2003年开始执行氮氧化物的州实施计划，实施范围包括美国东部22个州和哥伦比亚地区，后来还纳入了加拿大东部各省，明确要求在考虑区域影响的基础上控制臭氧污染。1997~2004

资源型地区大气污染成因与治理研究
——以山西省为例

年，美国东部地区氮氧化物排放削减了 25%；夏季受控区电厂的排放量与实施该政策之前的 2000 年相比，降低了 50%；在东部绝大多数地区，臭氧削减量增加了 1 倍多。正是因为建立、制订了这些机构和计划后，对污染控制区域内各州的具体污染源进行定点检测，并分享数据、联动治理，所以才有了这样显著的成果。

在治理氮氧化物和二氧化硫中，有些州成功控制了州内的污染排放，但是由于大气污染具有极强的流动性，来自外州的污染依然影响本州的达标情况。为解决该问题，环保署实施了《清洁大气州际规则》(2005)，该规则规定了以州为单位的排放总量控制制度与交易措施。在该项制度之下，环保署对排放源做出总量控制的规定，而保留了各州自行制定具体减排措施的权力。污染总量控制目标由环保署在考虑各控制技术减排能力和成本的基础上制定。此后，环保署将配额分配给区域内的各个州，根据《清洁大气州际规则》的要求：从 2010 年起，每排放 1t 二氧化硫需要支付 2 个配额；从 2015 年起，每排放 1t 二氧化硫需要支付 2.68 个配额，同时未使用的配额可以储存起来或者进行自由交易。

空气流域可以是有限的地理区域，例如空气污染物的扩散受到周围山丘和水体等地形限制的小型山谷社区。在稳定、停滞、微风的情况下，这些功能可以减少工业或柴炉等本地来源排放的污染物的扩散，从而导致空气质量下降。

空气流域也可以是一个覆盖数百平方公里的地理区域，由于污染物排放类型、地形和气象条件相似，空气质量问题相似。

空气流域的边界也可以更多地基于管辖考虑，例如市政、区域或政治边界。这种情况发生在蒙特利尔或大温哥华等城市化严重的地区。这也可能发生在土地高度没有显著变化的广阔、相对平坦的地区，例如艾伯塔省和萨斯喀彻温省。

影响人类健康并在空气流域管理中受到关注的空气污染物包括以下几种。

① 颗粒物。这是指极小的固体或液体颗粒。通常包括有机物，可吸入呼吸系统。几种类型的监测设备可以测量直径小于 $10\mu m$（百万分之一米）的颗粒物（PM_{10}）和小于 $2.5\mu m$ 的颗粒物（$PM_{2.5}$）。卫生专业人员开始关注直径小于 $1\mu m$ 或 $0.1\mu m$ 的更小颗粒。较小颗粒的来源通常是燃烧或工业过程。较大的颗粒通常是来自土壤或工业过程的灰尘的组成部分。

② 臭氧。这是一种刺激性气体，是烟雾的常见成分。

③ 氮氧化物。这些污染物有助于臭氧的产生并与车辆交通有关。

④ 二氧化硫。这种气体与木材、煤炭和其他生物质的燃烧以及石油和天然气的开发有关。

⑤ 硫化氢和总还原硫化合物。这些气体与石油和天然气开发、石化精炼及其他工业活动有关。

在许多情况下，由于需要解决工业污染源以外的空气污染源，因此对空气流域管理规划的需求已经发生了变化。它是社区和地区政府协调影响空气流域空气污染活动的重要工具。空气流域管理规划方法认识到，空气质量差通常是多种活动和排放源（受管制和不受管制）累积影响的结果。

在过去的 25 年中，点源的工业许可已被用作加拿大控制排放的一种手段。在不列颠哥伦比亚省，它导致工业点源的排放量减少，但很大程度上不受监管的非工业源的相对贡献有所增加（Levelton，2009）。非工业排放物，例如机动车尾气、家用柴火炉以及与人类活动相关的所有类型的木材燃烧，是不列颠哥伦比亚省空气污染的重要来源（不列颠哥伦比亚省，2008 年），因此需要替代方法。来自道路和其他商业与工业来源的灰尘也是重要的空气污染物，然而，这些来源主要是对健康影响较低的粗颗粒物质。

启动空气流域管理计划的过程依赖于社区支持和空气质量问题的意识。还需要有一个当地的"冠军"来领导这个过程。然后社区确定是否需要空气流域管理计划，如果需要，来计划范围。这将涉及初步空气质量评估，以通过监测确定排放源的种类和污染物的浓度。

如果导致空气质量问题的因素相对较少，则可以在相对较短的时间内制订一个简单的计划。例如，如果主要的空气质量问题是仅来自一个或两个来源的污染物，则可以实施监管机构要求减排的许可。如果影响因素很复杂，则需要进行更彻底的空气质量评估，包括详细的排放清单、扩散模型和识别最麻烦的空气污染物的主要来源，以制订空气流域计划。

7.3　空气流域管理的典型案例

7.3.1　加拿大不列颠哥伦比亚省克内尔的空气流域

不列颠哥伦比亚省正在进行大约 13 个空气流域管理规划过程，这些过程处于不同的开发或实施阶段。在 20 世纪 90 年代初期，不列颠哥伦比亚省越来越多地意识到，对点源工业污染的监管往往会导致其他人类活动导致的空气质量问题的暴露，这些问题以前被认为是造成空气污染的次要因素（Levelton，2009）。这些其他空气质量问题需要建立机制来解决。为履行其对实施加拿大空气质量标准的承诺及其关于持续改进和保持清洁区域清洁的规定，卑诗省政府制定了省级空域管理规划框架（BC，MOE，2007）。该框架传达了对不列颠哥伦比亚省在方法和内容方面对空域管理计划的期望的清晰理解。

空气流域管理规划框架是基于以下概念建立的：a. 通过负责任的资源规划和管理共享管理权；b. 可持续发展；c. 综合规划；d. 持续改进和"保持清洁区域清洁"；e. 灵活性；f. 适应性管理的原则。

不列颠哥伦比亚省的克内尔是一个为大约 24500 人提供服务的社区，它位于不列颠哥伦比亚省内陆高原温哥华以北 660km 的弗雷泽河和克内尔河汇合处的一个山谷中。山谷的北端和南端是高原，海拔高于市区。这会形成一个碗状结构，限制了克内尔的大气扩散并导致污染物浓度升高。克内尔主要由林业、采矿、牧场和旅游业提供支持。1998 年，在不列颠哥伦比亚省连续监测空气质量的 28 个地区中，克内尔市中心的空气质量是最差的。研究确定，克内尔的空气质量问题是当地地形和许多空气污染源综合影响的结果，从小型住宅生活燃烧到大型工业设施。在克内尔空气质量圆桌会议成立之前的几年里，地方和省级政府以及地方工业已采取措施减少空气污染以及随后制订的克内尔空气流域管理计划（QAMP）。该圆桌会议包括来自当地行业、政府、卫生当局、环保团体和相关公民团体的代表。空气质量问题因多种来源和排放类型而变得复杂，因此圆桌会议进行了详细的空气质量评估，包括空气质量监测、排放清单、计算机扩散建模和污染物源分配四个主要部分。

7.3.1.1　环境空气质量监测

自 20 世纪 80 年代以来，空气质量一直由克内尔的一组空气质量监测器测量。空气质量评估过程的开始是将这些污染物数据与省和联邦政府制定的空气质量目标和指南进行比较。克内尔符合省级总还原硫（TRS）目标以及加拿大范围内的 $PM_{2.5}$ 标准。然而，不列颠哥伦比亚省空气质量目标 PM_{10} 和两个联邦健康参考水平在社区中经常被超过。克内尔的空气质量监测系统需要加强以进行空气质量评估。这涉及额外的监测站，配备能够监测细颗粒物（$PM_{2.5}$）的最先进设备。

7.3.1.2　大气污染源排放清单

为了确定释放到大气中的物质的性质和数量，对 2000 年克内尔空气域边界内所有来源的排放进行了盘点。这包括排放一种或多种一氧化碳（CO）、氮氧化物（NO_x）、硫氧化物（SO_x）、挥发性有机物（VOCs）、总颗粒物（TPM）、直径 $<10\mu m$ 的颗粒物（PM_{10}）、直径 $<2.5\mu m$ 的颗粒物（$PM_{2.5}$）和总还原硫（TRS）。七种源类别包括工业和商业许可源、非许可商业源、移动源、住宅源、未铺砌道路扬尘、铺砌道路扬尘和自然源。排放清单表明，允许的工业源是造成空气流域排放污染物总量最高的原因。道路灰尘也是细颗粒物的重要来源。为了估计这些排放如何影响整个社区的污染物浓度，启动了分散模型。

7.3.1.3　空气质量模拟分析

当污染物排放到大气中时，它们的扩散是复杂的。给定位置在任何时间的浓度会因污染物类型、排放污染物的温度、排放时间、风速和风向等因素而异。空气质量分散模型（CALPUFF）用于计算上一节中列出的空气流域中不同位置的污染物浓度。然后将这些估计值与分布在整个社区的多个环境空气质量监测器测量的污染物浓度进行比较，以确保模型估计值在可接受的范围内。

7.3.1.4　污染物贡献分配

分散模型还用于估计每个排放源（例如工业、商业、交通、住宅）的个体贡献。此类建模的结果可用于通过计算每个单独排放源减少排放的效果来确定改善空气质量最具成本效益的方法。开发的建模平台还可用于未来的建模工作，因为为空气流域提出了新的工业项目，或者随着社区排放的变化。其他方法例如受体模型，可用于排放源分配，但在克内尔案例中未使用。最终的空气质量评估确定，导致克内尔地区空气质量不佳的主要污染物是颗粒物（PM_{10} 和 $PM_{2.5}$）。这包括两种来自天然来源的颗粒（如花粉、土壤侵蚀、森林火灾等）和人为来源（如家庭供暖设备、道路灰尘、汽车、露天焚烧和工业过程）产生的灰尘。

7.3.1.5　改善空气质量的建议

该评估发现，没有任何特定经济部门可以单独解决空气质量问题。获准的工业源一般符合排放标准。然而，允许和不允许排放的累积影响，包括交通、灰尘源和家用柴炉，正在降低社区的空气质量。因此，圆桌会议制定了一套全面的建议，成为了空域管理的基本要素——心理计划。虽然梅里特空域管理计划是 1 年制定，克内尔空域管理计划用了 5 年时间完成。圆桌会议建议有关各方自愿实施 QAMP 行动，并在 10 年实施期内"随着机会出现"实施。预计在此期间细颗粒物的浓度将呈下降趋势。该计划的一个关键目标是改善空气质量，而不会因实施该计划而采取的行动造成失业。采取自愿行动的两个根本原因是，教育部的许可总体上是合规的以及社区不希望突然的大规模减排措施对当地经济产生负面影响。

在 QAMP 发展之前，克内尔市的空气质量问题存在相当大的"两极分化"。这在 20 世纪 90 年代中期环境部对克内尔纤维板工厂的有争议的许可中尤为明显（McMillan，D 2011 Personal Communication）。通过克内尔空气质量圆桌会议的形成和 QAMP 的发展，利益相关者开始共同努力，并随着空气域计划的实施继续这样做。因此，通过将利益相关者聚集在一起，共同努力解决空气质量问题，流域管理规划可以成为处理问题"两极分化"的有效工具。3 年空气质量评估完成后，制定了 28 条改善空气质量的建议，特别是关于 PM_{10} 和 $PM_{2.5}$ 这些建议与减少所有部门的排放量，包括工业、市政和区域政府、企业主和当地居民。许多建议不是依靠新立法，而是基于公共教育，范围从改变后院燃烧、家庭供暖到改善灰尘控制和减少工业排放。克内尔流域管理计划于 2004 年实施，空气质量呈改善趋势，但截至 2011 年并非所有监测站均达到空气流域管理计划规定的清洁空气。

7.3.2　加拿大艾伯塔空气流域规划

7.3.2.1　艾伯塔空域简介

"空气域"一词与"流域"平行。"流域"是将水排放到共享目的地的土地地理区域。流域以陆地高度为界，将其与其他流域分隔开。不幸的是，空气不会流向一个共同的目的地，大气中也没有"陆地高度"的等价物。在一般意义上，"空域"已以多种不同方式定义，主要表示地理领土。

①　共享空气流的区域，可能会变得均匀污染和停滞；

资源型地区大气污染成因与治理研究
——以山西省为例

② 以丘陵或水体等地形特征为界的区域，空气中的污染物可以在该区域内长时间滞留；

③ 大气的一部分，在排放的分散方面以一致的方式表现；

④ 空气质量标准的地理边界；

⑤ 与给定空气供应相关的地理区域；

⑥ 空气质量受一组排放源影响的区域；

⑦ 负责将大部分空气污染排放到目标区域的区域；

⑧ 具有相似气候、天气和地形的特定空气量；

⑨ 以具有共同品质的空气为特征的区域。

"流域"的明确边界为水提供了方便的管理单元。除山区外，"空域"没有明确的自然边界。因此，空气管理单位的定义有些随意。在艾伯塔省，"空域"一词用于表示由非营利公司实体运营的空气质量管理单位。

7.3.2.2　艾伯塔省空气管理单位的起源：空气域

1991 年艾伯塔省清洁空气战略（咨询小组 1991 年）将当地空气质量问题确定为优先事项，因此宣布了"开发和实施区域方法来管理特定空气流域空气域内的空气质量"的目标。为了实施该建议，工作组（1993 年）探讨了区域空气质量的建立、功能、运行和共同需求管理系统。清洁空气战略联盟（CASA）——一个由行业、政府和非政府利益相关者选出的代表组成的多利益相关者协会，于 1994 年成立后，他们的首要任务之一是制定区域管理指南（CASA1995a），以帮助希望在他们的地区建立一个区域的利益相关者。该文件为随后在艾伯塔省形成空气域奠定了基础。West Central Airshed 是艾伯塔省 9 个空气域中的第一个，与 CASA 指南的制定同时形成，两个组之间存在相当大的相互作用。

空气域方法旨在：改善该地区现有的空气质量监测，并使地方和区域监测系统更加高效，收集数据以解决特定的区域空气质量问题，并获取有关区域空气质量的信息，对具有地理针对性的解决方案的问题做出灵活反应，分担责任，让利益相关者参与并获得更多全面可靠的数据。

空气域旨在促进利益相关者之间的公开交流，并通过更多的社区参与来创造良好的意愿和信誉。气气域适用于多个排放源的情况，其中利益相关者的关注点仅限于一个地理区域。

尽管艾伯塔省的地形多种多样——东部边界相对平坦的草原、西南边界沿线的山脉和一些深河谷，但地形特征并不适合对自然流域进行简单的定义。因此，考虑到一系列复杂的地缘政治因素，空气域边界由利益相关者的共识决定。

① 地貌、流域、气候、燕鸥动物行为模式。

② 风、温度分层、湍流、沉积模式。

③ 自治市、国家公园和第一的边界、民族和原住民社区。

④ 排放对能见度、植被、动物和人类健康的影响；水、土壤和植物/动物组织的化

学成分。

⑤ 排放源、数量、类型和扩散模式。

⑥ 现有区域的边界。

⑦ 土地利用模式，以及该地区工业用户和其他利益相关者组织的类型及数量。

当第一个空气域形成时，边界选择的一个重要输入是由区域尺度大气扩散模型（Cheng，1994）生成的一系列艾伯塔省范围内的浓度和沉积图。这些地图和额外的模型运行也告知了后续空气域所做的边界选择。

7.3.2.3 艾伯塔省空气域的作用和运作

艾伯塔省空气域的目的是在特定区域内进行空气质量管理，以解决当地的空气质量问题。这些问题是通过制订和实施适当的管理计划来解决的，最初的重点是收集有关空气质量和潜在影响的可靠科学信息。建立空气域涉及评估有关影响、现有环境空气质量、当前和预计排放、模拟或预测的空气质量以及环境空气质量趋势的广泛信息。艾伯塔省空气域解决了诸如土壤酸化、植被污染压力、牲畜健康、能见度、气味、人类健康、水酸化、臭氧、重金属沉积和积累、烟尘等对空气质量的累积影响以及空气质量等地方问题（在工业不稳定条件下）。

在创建空气流域之前，每个排放源的运营商都需要在最大预测浓度点监测一种或两种主要污染物的环境空气质量。空气流域允许在当地社区感兴趣的地点进行更全面的测量。空气流域被视为提高空气质量监测有效性和效率以及提高交流结果可信度的方法。对监测的高度重视反映在修订后的 CASA 空域指南（CASA，2004）中。

微粒物质和臭氧管理框架（CASA，2003）被设计为艾伯塔省、全加拿大 PM 和臭氧标准的实施机制，根据监测站的环境污染水平，空气流域负责三级空气管理行动区。2006 年，艾伯塔环境部通知 5 个空气域，其所在地区已达到框架的规划触发点，因此需要制订空气质量管理计划。艾伯塔省北部的 3 个受影响的空气域结成伙伴关系，为埃德蒙顿及周边地区制订管理计划（Capital Airshed Partnership，2008）。帕克兰空气管理区为红鹿地区制订了管理计划（Stantec Consulting，2008），卡尔加里地区空气管理区（CRAZ，2008）为卡尔加里地区制订了计划。

7.3.2.4 会员和运营

艾伯塔省空气域是一群志同道合的个人和组织聚集在一起，对空气质量有共同兴趣并采取联合行动时形成的草根组织。在建立艾伯塔省空气域时通常遵循以下步骤，但并非总是按此顺序（在 CASA，2004 之后）。

① 收集背景信息（空气质量问题、影响研究、排放清单、空气质量趋势、分散建模结果）。

② 根据《艾伯塔省社团法》（治理结构、成员、章程、运营政策、冲突解决）作为一个社团合并。

③ 准备商业计划（目标、目的、指标、资金、计划流程）。

④ 准备监控计划（目标、位置、设备类型、行业要求、质量控制/质量保证）。

⑤ 准备沟通计划（目的、问题、排放、一般地理、监测计划、公众访问数据）。

⑥ 寻求清洁空气战略联盟董事会的认可。

空气域的典型成员包括：a. 当地直辖市、县和市辖区；b. 代表主要排放源的协会或公司；c. 当地商业团体；d. 当地农业团体；e. 环保组织；f. 学术或研究型组织；g. 由广大公民组成的社区团体；h. 地区卫生当局；i. 当地原住民社区；j. 艾伯塔省环境部和其他省政府部门或机构；k. 联邦政府部门或机构；l. 广大公众。

空气域的董事会通常从更广泛的成员中选出，成员通常包括清洁空气战略联盟认可的三个利益相关者群体的代表——工业、政府和非政府组织（人类健康和环境组织）。在某些情况下，协会的每个成员也有权任命一名董事加入董事会，尽管大型董事会可能会变得笨拙。

艾伯塔省空气域的决策过程基于清洁空气战略联盟（CASA 2007）使用的相同协作和共识过程。这个过程将人们聚集在一起，以解决在一个问题上所有立场背后的利益或担忧。目标是找到解决各方面临的问题的方法，以便所有参与者都同意一组建议或行动。以协商一致方式达成的协议可能比通过传统谈判过程达成的协议更具创新性和持久性。在艾伯塔省，所有允许向大气排放大量污染物的源都必须作为其进行连续和被动环境监测的许可条件。迄今为止，根据排放情况，此合规性监测要求的范围包括：a. 1～5 个连续监测站用于 1～3 种污染物；b. 2～40 个被动监测器用于 1 种或 2 种污染物。1995 年，据估计环境空气质量监测每年花费 1290 万美元（CASA，1995b）。艾伯塔省环境部通过允许在特定性能条件下的空气域中将合规性监测替换为区域性监测来支持空气域的形成（Sandhu，2000）。一些空气域还代表许可证持有者承担了合规性监控的责任。所有监测均按照省级空气监测指令（Alberta Environment，2006）进行。

每个空气域负责获取和管理自己的资金。资金的主要来源是该地区排放源运营商对监测资源和其他环境支出的重新分配。空气域可以根据年度排放量、生产水平或其他标准制定资助公式。以这种方式汇集财政资源可以进行更全面的空气质量监测，并可能包括适当的生物监测来解决空气流域中的问题。除了每月将数据传输到中央 CASA 数据仓库之外，每个空气域都会在自己的网站上报告数据。空气域网站的复杂性、内容和显示技术各不相同。一个空气域没有运行监测网络，而是专门作为区域空气质量规划者。

艾伯塔省的 9 个空气域联合起来组成艾伯塔省空气域委员会（AAC，2009），以确定和倡导艾伯塔省空气域的共同利益，并促进空气域之间以及空气域与包括政府机构在内的其他方之间的合作。空气域委员会还在与清洁空气战略联盟建立更密切的工作关系。联邦和省政府最近的环境管理举措为艾伯塔省的空气域带来了挑战和机遇（Angle，2010）。

7.3.3　加拿大蒙特利尔空气流域管理

作为加拿大早期的工业和商业活动中心，蒙特利尔自 1872 年以来一直积极参与空气质量控制。在早期，关注的主要污染物是用于加热和蒸汽发动机的煤与燃料油燃烧排放的粗颗粒，其造成健康问题。蒙特利尔的任务是通过环境空气监测和法规执行来管理其境内的空气质量。工业和商业部门必须满足适用附则中规定的各种污染物的排放与环境空气质量标准。蒙特利尔有376种特定污染物清单的空气质量标准。规定任何向大气排放污染物的公司都必须获得许可证，并且必须遵守章程要求和标准。抽查由工业控制部门进行，不符合监管要求的公司必须进行必要的调整。蒙特利尔是独一无二的，不仅体现在其文化多样性和城市生活方面，还体现在空气质量问题上。蒙特利尔人口稠密，住宅区散布着工业、商业和机构活动，保持和改善空气质量是一项巨大的挑战。另外，还有繁忙的交通和珍贵的自然区域。

（1）蒙特利尔附则和环境空气监测网络

蒙特利尔附则随着城市和工业发展而发展，提供了一种结构，使所有活动能够在一个共享的空气资源中共存。附则现在有数百种污染物的排放限制和环境空气标准及不同的持续时间（1h、8h、24h、1年以及限制空气排放）来自各种工业和商业活动的有毒物质以及烟雾、气味和灰尘的排放限值。这些活动包括石油、石化、化学、制药、航空、印刷、纺织、食品和饮料行业、金属冶炼、净化、铸造和电镀、涂料、木材加工、采石场、水泥和沥青厂、焚化炉和垃圾填埋场，以消除废物、皮毛鞣制、提炼厂、建筑和道路的建设及维护。人口与这些工业和商业活动要求所有运营，无论其规模如何都必须遵守相同的附则要求。同样，除了少数技术例外，没有通用的通用条款。也就是说，较旧的工业和商业活动与新活动一样需要遵守相同的合规时间表。

通过蒙特利尔的环境空气监测网络，公众可以实时了解空气质量网站以及监管执法活动。可以通过网站或热线提出空气污染投诉，检查员在调查后会反馈。随着空气质量、科学和健康问题的发展，监测网络和附则的规定也随之发展，以解决当前的优先事项。现在比以往任何时候都更需要全社会的参与，以进一步减少来自各种固定和移动排放源的污染物。《蒙特利尔社区可持续发展计划（2010—2015）》让蒙特利尔市、伙伴组织和地方政府共同努力，共同实施和实现特定目标与行动，五个主要方向之一是改善空气质量和减少排放。通过不断的个人意识和承诺，公民可以做出明智的决定，以减少他们的行为对环境的影响，从而产生深远的影响。

（2）蒙特利尔苯污染控制案例

蒙特利尔在东部靠近炼油厂和石化厂的地区有高浓度苯的历史。众所周知，位于该地区的空气质量监测站的苯浓度是加拿大最高的，并且多年来一直保持这一水平。国际癌症研究机构（IARC）将苯列为对人类致癌的物质。即使接触低浓度的苯也会导致某种形式的白血病。

1995年，蒙特利尔要求炼油厂和石化厂在自愿的基础上实施减少苯排放的措施。一年后颁布了第90条附则的附加条款；附则90-3要求对汽油服务站和储罐排放的有机化合物（OC）进行蒸汽回收，并将每升汽油排放的总有机化合物排放量限制为35mg，必须进行年度测试以检查合规性。

自1999年7月起，加拿大禁止销售含苯浓度超过1.0%（体积分数）的汽油。

附则 90 于 2001 年进一步修订（附则 90-6），其中规定了检测和修复炼油厂、石化和化学工业设备的无组织排放。浮顶罐（双密封）的改进也是该修正案的一部分，以及用于高挥发性化合物的储罐蒸汽回收。后来，炼油厂安装了盖子，以封闭来自废水处理系统中分离器的蒸汽。

所有这些纠正措施和法规更新使当地空气质量监测站的苯浓度从 1997 年的 24h 年平均值 $11.4\mu g/m^3$ 下降到 2002 年的 $3.0\mu g/m^3$。由于在附近建立了一家化工厂，当地环境浓度随后增加了几年。采取了纠正措施，苯含量恢复了下降趋势，到 2010 年似乎稳定在 $1.86\mu g/m^3$（24h 年平均值）。

2009 年安装的连续气相色谱仪的监测数据表明，环境苯浓度目前符合 By-Law 90 标准，即 $260\mu g/m^3$（1h 平均值）和 $150\mu g/m^3$（8h 平均值）；2010 年，观察到的最大 1h 浓度为 $49.1\mu g/m^3$。

第**8**章　山西省空气流域
管控区域划定研究

8.1　研究背景

　　山西省属多山地形，山地、丘陵面积占全省土地面积的 80.3%，适合建设的土地极为有限，工业企业与人类居住区都只能在面积有限的盆地平川区建设，工业企业普遍距离人类居住区较近，对人类居住区的污染也较大，加上盆地区大气扩散条件差，干旱少雨导致地表扬尘严重而湿沉降作用弱，总体上山西省大气污染物排放集中而扩散条件较差。2019 年，山西省 11 个设区市环境空气质量均未达空气质量二级标准，各县（区、市）中，$PM_{2.5}$ 浓度超标的占比 76.7%，PM_{10} 浓度超标的占比 78.3%，NO_2 浓度超标的占比 25.0%，空气质量大范围严重超标。

　　为开展山西省空气流域管理，本次研究在对山西省全省域地理条件、环流特征、排放现状等全面梳理分析的基础上，识别大气环境的重点管控区和优先保护区，提出差异化的管控要求，根据阶段性的空气质量改善目标，给出各市分阶段的大气污染物允许排放量，最终形成山西省的"大气环境质量底线"，为大气环境的分区管控和清单式准入提供支撑。根据山西省实际情况，以 2035 年大气环境质量根本好转为约束，结合空气质量达标规划、打赢蓝天保卫战三年行动计划、污染防治攻坚战等确定的大气环境质量改善进度、达标时限要求，明确各市 2025 年、2035 年的环境质量目标；以 $PM_{2.5}$ 空气质量达标为核心依据，测算出山西省各市分阶段的主要大气污染物允许排放量；从山西省大气环境质量实际情况出发，以《中华人民共和国大气污染防治法》为指导，确定大气环境一般管控区和大气环境优先保护区，划定大气环境重点管控区，明确管控要求。

8.2　布局敏感区的划定

　　因大气污染物扩散主要与物理扩散相关，不涉及化学转化，选用《环境影响评价技术导则大气环境》中推荐的适用于大区域模拟的 CALPUFF 模型进行模拟分析。具体流程如下。

　　① 划定模拟区域及计算网格。

　　② 建立虚拟污染源清单，将全省划分为 $1km \times 1km$ 的网格，每个网格中心点设置一个虚拟点源。

③ 确定模拟的关心点。

④ 收集、整理（生成）地面和高空气象数据。

⑤ 收集地形和土地利用数据。

⑥ 各类数据输入 CALPUFF 模型，模拟各点源对各关心点的年均贡献浓度（编写自动化运行脚本，每个点源模拟一次，每模拟一次获得该点源对各个关心点的贡献浓度）。

⑦ 选取各点源对所有关心点的最大贡献浓度值作为该点源的大气环境影响浓度值，将各点源的大气环境影响浓度值由大到小排序，前 10％的网格为布局敏感区，10％～20％的区域为较敏感区，20％～50％的区域为一般敏感区，其余区域为不敏感区。

8.2.1 模拟区域及计算网格

模拟区域包含山西省全省域。

坐标系设置：采用兰伯特投影，中心点经纬度为东经 104°、北纬 36.5°，标准纬线分别为 34.5°和 40°。

由于模拟范围较大，考虑到计算速度，模拟分两次进行：第一次模拟网格覆盖山西省中南部，具体为西南角坐标（549km，－200km），东西向 333km，南北向 465km，网格距 3km；第二次模拟网格覆盖山西省中北部，具体为西南角坐标（549km，211km），东西向 351km，南北向 306km，网格距 3km。考虑到边界条件的影响，两次模拟网格南北向重叠，重叠范围为 54km。

8.2.2 虚拟污染源清单

将山西省全省域划成 1km×1km 的网格，网格中心设置虚拟点源，全省共设置点源 156136 个。

虚拟点源仅排放一次 $PM_{2.5}$ 一种污染物。其余排放参数见表 8-1。

表 8-1　虚拟点源排放参数

烟囱高度/m	烟囱内径/m	烟气流速/（m/s）	排放温度/K	排放速率/（kg/h）
50	2	10	350	20

8.2.3 模拟关心点

以各县（市、区）空气质量例行监测点作为模拟的关心点。

8.2.4 气象数据

（1）地面气象数据

地面气象数据采用山西省气象信息中心提供的 2016～2018 年 108 个国家级气象观

测站的小时例行监测数据。

108 个气象站中，17 个为基本基准站，91 个为一般站。

（2）高空气象数据

高空气象数据采用 WRF 模式生成的模拟数据，模拟基于的原始气象资料为美国 NCEP 的 FNL 数据，地理分辨率 $1° \times 1°$，时间分辨率 6h，WRF 模式采用非静力平衡框架，2 重嵌套，水平网格距分别为 27km 和 9km，垂直方向 23 层，中心经纬度为 $112.312°E$、$37.772°N$。

8.2.5 地理数据

地理数据包括计算区域的海拔高度和土地利用类型。地形采用航天飞机雷达拓扑测绘 SRTM 的 90m 分辨率数据。用地类型采用 GLCCV2.0 数据库中欧亚大陆的亚洲部分，并根据目前实际情况进行调整，包含 38 种用地类型。

8.2.6 模型其他参数

CALMET 诊断气象模式中的有关参数见表 8-2。

表 8-2　CALMET 模式参数说明表

关键词	描述	值
NZ	垂直层数	10
ZFACE	层顶高度	0、20、40、80、160、320、640、1200、2000、3000、4000
NOOBS	数据模式	使用地面站气象数据、WRF 数据
NSSTA	地面站数量	118
NPSTA	高空站数量	0
IWFCOD	风场模块	诊断风场模块
IFRADJ	弗劳德数效应	计算弗劳德数效应
IKINE	动力学效应	不计算动力学效应
IOBR	O'Brien 调整	不考虑 O'Brien 调整
ISOLPE	坡流效应	计算坡流效应
IPROG	预测风场使用选项	使用 WRF 数据中的风场作为初始猜值场

注：其他参数参照美国环保署备忘录 Memorandum-CALARIFICATIONONEPA-FLMRECOMMENDEDSETTINGSFORCALMET（20090831）。

8.2.7 结果分析

不考虑与优先保护区、受体敏感区等区域的叠加，布局敏感区约 $15512km^2$，约占

资源型地区大气污染成因与治理研究
——以山西省为例

全省面积的 9.9%。

8.3 弱扩散区识别

根据山西省地形、气象、气候等特点，采用气象模拟手段研究山西省的风速、风向、边界层高度、相对湿度、气压、降水量、日照等气象要素的变化规律及分布情况，结合空气质量模拟手段研究不利于污染物扩散的区域，划分出山西省的弱扩散区域。

弱扩散区具体划定步骤如下：

① 确定模拟时间、模拟区域；

② 模型验证；

③ 假定每个网格排放量一致，做全省污染源假定排放清单；

④ 利用空气质量模型模拟研究区域的气象条件和环境空气质量；

⑤ 将各网格的模拟结果由大到小排序，前 10% 的区域为扩散条件差的区域，10%～20% 的区域为扩散条件较差的区域，20%～50% 的区域为扩散条件一般的区域，其余区域为扩散条件较好的区域。

8.3.1 模拟区域

采用三层嵌套网格，其中最外层嵌套区域覆盖我国经济较发达的东部地区，包括山西省、北京市、河北省等地；第二层模拟区域覆盖山西省全境及周边区域；第三层模拟区域覆盖山西省全境。嵌套网格结构中，外层模拟区域的模拟结果为嵌套层模拟提供边界条件，第一层选取的中心点为（39.157N，113.858E），第一层 Domain1 网格分辨率为 27km，第二层 Domain2 的网格分辨率为 9km，第一层 Domain3 网格分辨率为 3km。

选取 2016～2018 年中 1 月、4 月、7 月与 10 月作为模拟时段。

8.3.2 模型选择及相关参数

8.3.2.1 模型选择

利用 WRF/CMAQ 空气质量模拟系统对山西省的空气质量进行模拟，该系统是美国环保署野外研究实验室大气模式研制组基于"一个大气"理念组织研制的。CMAQ是一种多尺度、多层网格嵌套的三维欧拉模型，突破了传统模式针对单一或单相物质，以及单一污染问题的模拟，充分考虑了实际大气中各种大气物理过程以及对污染物的迁移转化过程的影响，同时兼顾了不同污染物间的化学反应以及不同物质在大气中的相互转换的过程，基于嵌套网格设计综合模拟多尺度的各种大气环境问题，尤其适用于模拟颗粒物、酸雨、臭氧等区域性复合型大气污染过程。该模式系统不仅可以进行日常的空气质量预报，还可以为环境评估及环境控制决策提供帮助。

WRF/CMAQ 空气质量模拟系统由中尺度气象模型 WRF（weather research and forecasting model）和公共多尺度空气质量模型 CMAQ（community multiscale air quality）组成。其中气象模型 WRF 为 CMAQ 模型提供所需的气象场，包括逐时的高度和气压场、温度场、湿度场、风场、云量和降水、大气辐射特征以及垂直扩散系数等。CMAQ 是模拟系统的核心，主要由气象-化学处理模块（MCIP）、边界条件模块（BCON）、初始条件模块（ICON）、光解模块（JPROC）和化学机制模块（CCTM）等模块组成，主要利用气象模型 WRF 模拟的气象场和污染源排放数据进行污染物迁移、扩散及化学转化的计算，模拟大气中污染物浓度的时空分布情况。

8.3.2.2 模型参数

（1）WRF 设置

WRF 气象场的模拟采用三层嵌套结构，空间分辨率分别为 27km×27km、9km×9km、3km×3km，精度逐渐增高。其中第一层模拟区域的模拟结果为第二层模拟的气象场提供边界条件，第二层模型区域的模拟结果为第三层模型提供模拟的边界场。

WRF 三层嵌套模拟区域的参数如表 8-3 所列。

表 8-3　WRF 模拟区域参数设置

区域名	网格分辨率/（km×km）	网格数（n_x×n_y）	左下角 ij（i，j）
Domain1	27×27	70×76	（1，1）
Domain2	9×9	58×91	（21，18）
Domain3	3×3	139×232	（7，6）

为较好地模拟气象场，在运用气象模型 WRF 时设定的坐标投影系统参数和物理参数化方案如下。坐标投影系统的正确选择对于气象模型的模拟有着重要的影响，选用适合于我国地区的 Lambert Conformal 投影方式，投影坐标系统参数设置如表 8-4 所列。

表 8-4　WRF 投影坐标系统参数

类别	参数
投影方式	lambert
true_lat1	25
true_lat 2	47
stand_lon	113.858

（2）CMAQ 模拟区域

空气质量模型 CMAQ 的核心模块 CCTM 模拟大气污染物在大气中的化学反应和迁移扩散，需要调用气象场模拟结果。因此，CCTM 的模拟区域与气象模拟区域的设置相关，必须具有相同的分辨率，但比 WRF 模拟区域略小，以降低模拟边界气象场的影响。

资源型地区大气污染成因与治理研究
——以山西省为例

表 8-5 给出了空气质量模型的 3 层嵌套网格的参数设置。

表 8-5　CMAQ 模拟区域参数设置

区域名	网格分辨率 / (km×km)	网格数 ($n_x×n_y$)	左下角坐标 (x, y) /(km, km)	右上角坐标 (x, y) /(km, km)
Domain1	27×27	57×63	(−769.5, −850.5)	(769.5, 850.5)
Domain2	9×9	47×80	(−346.5, −508.4)	(76.5, 211.5)
Domain3	3×3	136×229	(−334.5, −505.5)	(73.5, 181.5)

采用第五代碳键气象化学机制和第 6 代具有海盐的气溶胶化学模块 cb05＿ae6＿aq，以更好地模拟山西省大气变化过程。

CCTM 的参数化方案设置如表 8-6 所列。

表 8-6　CCTM 参数化方案设置

参数	方案
气象化学机制	CB05
气溶胶化学机制	AERO6
水平平流	HYAMO
水平扩散	MULTISCALE
垂直对流	VWRF
垂直扩散	ACM2
干沉降	M^3DRY
云模块	ACM＿AE6

8.3.3　结果分析

弱扩散区约 $15952km^2$，约占山西省全省面积的 10.2%。弱扩散区的分布与地形相关性较大，主要分布在太原盆地、临汾盆地等山西中南部的几大盆地区，这些地区也属于风速相对较小的地区，年均风速普遍小于 2m/s，特别是临汾盆地，年均风速可低至 1.5m/s 左右。

8.4　高排放区划定

高排放区指环境空气二类功能区中的工业集聚区等高排放区域。拟将山西省全省的县级及以上的工业园区（开发区）划为高排放。根据获得的 69 个国家级和省级开发区的边界信息，69个国家级和省级开发区合计面积2565.58km²，面积最大的为太原市384.44km²，最小的为晋城市116.74km²。

8.5 受体敏感区划定

受体敏感区指城镇中心及集中居住、医疗、教育等受体敏感区域。将地级市及各县（区、市）的城市规划区划入受体敏感区。山西省受体敏感区面积约1779.4km²，约占全省面积的1.1%。

8.6 优先保护区划定

根据《环境空气质量标准》，将山西省全省域内国家级及省级的自然保护区、风景名胜区划定为大气环境优先保护区。

8.7 大气环境综合管控分区

重叠区域按照优先保护区＞高排放区＞受体敏感区＞布局敏感区＞弱扩散区的优先级进行聚合处理，确定山西省大气环境综合管控分区。

对重叠区域进行聚合处理后，山西省优先保护区面积约11952.2km²，约占山西省全省域面积的7.6%；重点管控区面积约27294.9km²，约占山西省全省域面积的17.4%，其中高排放区、受体敏感区、布局敏感区、弱扩散区分别占山西省全省域面积的1.6%、1.0%、8.1%和6.7%；优先保护区与重点管控区合计约占山西省全省域面积的25.0%。

山西省优先保护区及各类重点管控区的分布呈现以下特点。

① 弱扩散区受地形影响较大，主要位于中南部几大盆地区。山西省弱扩散区的分布与地形的相关性较大，主要分布在太原盆地、临汾盆地、运城盆地等山西省中南部的几大盆地区，这些地区也属于风速相对较小的地区，年均风速普遍小于2m/s，特别是临汾盆地，年均风速可低至1.5m/s左右。弱扩散区面积占全省总面积的6.7%，根据第二次污染源普查初步成果，弱扩散区中焦化、水泥、火电和钢铁企业数分别占全省该行业企业总数的19%、13%、7%和6%，单位面积焦化、水泥企业个数高于全省平均水平。

② 布局敏感区受风向、风频、温度层结等因素的综合影响，主要位于秋冬季暖湿气流来向的上风向。布局敏感区指对国控、省控空气质量例行监测点位影响较大的区域。山西省的空气质量年均浓度主要受秋冬季重污染天气出现的频次和污染程度的影响，一般来说，吹西北风或偏北风、空气干冷时空气质量好，吹东南风、西南风或偏南风且空气暖湿时，出现重污染天气。其原因主要是冬季西伯利亚强冷空气南下时风速较大，边界层内风的垂直切变大，辐射逆温受到强湍流扰动从而被破坏，地方性环流被淹

没在西北大风中，污染物容易向高处和周边扩散；当冬季东南、西南或偏南的暖湿气流北上时，暖空气缓慢流过冷的下垫面，上层空气温度比低层温度高，形成逆温层，污染物向高处扩散的能力减弱，主要在近地面聚集，造成重污染。

此次划定的布局敏感区均位于国控、省控空气质量例行监测点位周边，主要分布在例行监测点位的南部、东南部等秋冬季暖湿气流来向的上风向。布局敏感区面积占山西省全省总面积的8%，根据第二次污染源普查初步成果，布局敏感区中焦化、水泥、火电和钢铁企业数分别占全省该行业企业总数的26%、24%、16%和30%，单位面积焦化、水泥、火电、钢铁企业个数远高于全省平均水平。

③ 受体敏感区周边5km范围内仍有焦化、水泥等重污染行业企业布局。根据第二次污染源普查初步成果，目前约有13家焦化、9家水泥、4家钢铁企业距离受体敏感区的边界小于5km，易对受体敏感区大气环境造成不利影响。

④ 各市优先保护及重点管控区面积占比在12.4%～38.3%之间，其中朔州市占比最小，太原市占比最大。山西省各市优先保护区面积占市域总面积的比例在2.4%～14.7%之间。其中阳泉市、吕梁市面积占比低于5%，相对较小；大同市、太原市、晋城市面积占比高于10%，相对较大。各市重点管控区面积占市域总面积的比例在6.6%～30.8%之间。其中朔州市、大同市、忻州市面积占比相对较小；长治市、运城市面积占比高于25%，相对较大。优先保护区叠加重点管控区后，各市需要保护或管控的区域面积占市域总面积的比例在12.4%～38.3%之间。其中朔州市、忻州市、阳泉市、吕梁市面积占比低于20%，相对较小；晋中市、长治市、运城市、太原市面积占比高于30%，相对较大（表8-7～表8-9）。

表 8-7　各城市优先保护区及各类重点管控区面积　　　　　单位：km²

序号	城市	优先保护区	重点管控区					合计
			高排放区	受体敏感区	布局敏感区	弱扩散区	小计	
1	太原市	941.3	293.3	327.7	757.5	336.8	1715.4	2656.6
2	大同市	1767.2	148.9	214.0	829.0	0.0	1191.9	2959.1
3	阳泉市	110.0	138.3	45.7	579.9	0.0	763.9	873.9
4	长治市	870.5	350.9	118.3	878.7	2387.0	3734.9	4605.4
5	晋城市	1386.3	124.2	79.4	597.0	507.7	1308.3	2694.6
6	朔州市	620.4	164.8	84.1	454.5	0.0	703.4	1323.8
7	晋中市	1553.6	355.6	147.4	1073.7	1975.7	3552.4	5106.0
8	运城市	966.2	286.3	174.3	2076.7	1850.7	4388.0	5354.2
9	忻州市	1388.8	235.6	97.5	1669.1	529.2	2531.4	3920.2
10	临汾市	1376.0	245.8	164.3	2550.8	1748.2	4709.1	6085.1
11	吕梁市	971.9	217.6	108.2	1182.2	1188.3	2696.3	3668.2
	合计	11952.2	2561.3	1560.9	12649.1	10523.6	27294.9	39247.1

表 8-8 各城市优先保护区及各类重点管控区面积占比 单位:%

| 序号 | 城市 | 优先保护区 | 重点管控区 | | | | | 合计 |
			高排放区	受体敏感区	布局敏感区	弱扩散区	小计	
1	太原市	13.6	4.2	4.7	11.0	4.9	24.8	38.4
2	大同市	12.6	1.1	1.5	5.9	0.0	8.5	21.1
3	阳泉市	2.4	3.0	1.0	12.7	0.0	16.7	19.1
4	长治市	6.2	2.5	0.8	6.3	17.1	26.7	32.9
5	晋城市	14.7	1.3	0.8	6.3	5.4	13.8	28.5
6	朔州市	5.8	1.6	0.8	4.3	0.0	6.7	12.5
7	晋中市	9.5	2.2	0.9	6.5	12.0	21.6	31.1
8	运城市	6.8	2.0	1.2	14.6	13.0	30.8	37.6
9	忻州市	5.5	0.9	0.4	6.6	2.1	10.0	15.5
10	临汾市	6.8	1.2	0.8	12.6	8.6	23.2	30.0
11	吕梁市	4.6	1.0	0.5	5.6	5.6	12.7	17.3
合计		7.6	1.6	1.0	8.1	6.7	17.4	25.0

表 8-9 各城市优先保护区及各类重点管控区个数

| 序号 | 城市 | 优先保护区 | 重点管控区 | | | | | 合计 |
			高排放区	受体敏感区	布局敏感区	弱扩散区	小计	
1	太原市	6	15	10	9	5	39	45
2	大同市	12	16	10	10	0	36	48
3	阳泉市	1	9	5	4	0	18	19
4	长治市	5	34	12	12	9	67	72
5	晋城市	6	14	6	6	3	29	35
6	朔州市	7	19	6	6	0	31	38
7	晋中市	11	28	11	11	8	58	69
8	运城市	9	20	13	13	9	55	64
9	忻州市	8	23	14	14	5	56	64
10	临汾市	16	30	17	17	10	74	90
11	吕梁市	8	24	13	13	6	56	64
合计		89	232	117	115	55	519	608

资源型地区大气污染成因与治理研究
——以山西省为例

第**9**章 太原及周边空气流域管理措施研究

从地形上看，山西省为一连串断陷盆地，由北向南依次为大同盆地、忻定盆地、太原盆地、临汾盆地和运城盆地共五大盆地，另有长治盆地在山西东南部的沁潞高原区。其中忻定盆地、太原盆地、临汾盆地和运城盆地间由汾河串起，相互之间存在紧密的空间联系，有必要实施空气流域下的联防联控。

9.1 具体联防联控区域的划定

9.1.1 太原及周边区域气象流场特征分析

根据 1980～2010 近 30 年的气象统计资料，山西省冬季盛行西北风，夏季盛行东南风，春秋季为过渡季节，既有冬季特征又有夏季特征。由于山西省独特的地形条件，山西省易在盆地区形成次生地方环流，在次生地方环流中污染物很难输送到远处，而是在环流内聚集起来，形成重污染。

山西省的重污染过程主要发生在每年的 10 月至翌年 3 月之间，且表现出较为显著的吹西北风或偏北风、空气干冷时空气质量好，吹东南风、西南风或偏南风且空气暖湿时空气质量差的规律。其原因主要是冬季西伯利亚强冷空气南下时风速较大，边界层内风的垂直切变大，辐射逆温受到强湍流扰动从而被破坏，地方性环流被淹没在西北大风中，污染物容易向高处和周边扩散；当冬季东南、西南或偏南的暖湿气流北上时，暖空气缓慢流过冷的下垫面，上层空气温度比低层温度高，形成逆温层，污染物向高处扩散的能力减弱，主要在近地面聚集，造成重污染。

大气扩散条件是大尺度系统环流和中小尺度地方环流共同作用下的结果。大尺度系统环流主导时，不同区域间污染物的传输作用较强；中小尺度地方环流主导时，区域间传输作用较弱。太原市位于太原盆地北端，由于地形的阻挡和遮蔽作用，易产生各种次生地方环流，大气污染物主要来自太原盆地的"1＋11"区域［太原市全市，文水县、汾阳市、交城县、孝义市、榆次区、太谷区、祁县、平遥县、介休市、灵石县、寿阳县 11 个县（市、区）］。相关研究表明，太原盆地一年中约 71% 由地方环流主导，29% 由系统环流主导。系统环流主导时，区域内大气污染物的传输通道主要有 4 条：a. 西南走向沿汾河谷地的汾渭平原通道，主要涉及国家划定的汾渭平原中的临汾市、运城市、吕梁市、晋中市；b. 北部沿汾河谷地的通道，主要涉及忻州市；c. 东部通道，主要涉及阳泉市，该通道也是京津冀大气污染传输通道；d. 东南走向通道，主要涉及晋城市、长治市和晋中市。

从气象环流角度出发，山西省与京津冀及周边地区也存在一定的相互影响，京津冀及周边地区城市对晋城市、长治市、阳泉市造成一定的影响，但受到太行山的阻断，对太原影响较小。位于汾渭平原的西安、渭南、三门峡等城市主要对临汾市、运城市造成一定的影响，对太原市的影响较弱。鉴于太原市受到省外城市传输影响较小，且考虑行政管理权限，太原市及周边区域划定时，只考虑将省内相关县（市、区）划入联防联控区域。

9.1.2 太原及周边区域间传输影响模拟分析

利用 WRF-CHEM 光化学网格模型，选择典型时段（2018 年 12 月 1～13 日），对山西省各设区市间的相互影响进行数值模拟。2018 年 12 月 1～13 日期间，山西省出现了全省范围的污染物浓度高—低—高—低—高—低—高的波动变化，即出现了 3 次污染物快速消散又快速累积的过程。利用各城市同期监测站点的 $PM_{2.5}$ 日均浓度实测值对模型进行验证，可以看出模拟值与实测值之间决定系数 R^2 值为 0.7202，模拟值与实测值之间拟合程度较好（R^2 取值在 0～1 之间，越接近 1，拟合程度越好）。

从全省相互传输来看，晋中市、吕梁市、忻州市、阳泉市、临汾市、运城市对太原市（市区监测点）$PM_{2.5}$ 浓度的贡献率较大，分别为 7.4%、5.7%、4.3%、4.5%、2.5% 和 1.8%。山西省不同设区市间 $PM_{2.5}$ 污染传输矩阵见表 9-1。

表 9-1 山西省不同设区市间 $PM_{2.5}$ 污染传输矩阵

受体城市	各城市贡献率/%											
	太原	大同	阳泉	长治	晋城	朔州	晋中	运城	忻州	临汾	吕梁	不明来源
太原	62.7	0.6	4.5	0.9	0.8	0.6	7.4	1.8	4.3	2.5	5.7	8.2
大同	0.8	69.6	0.3	0.3	0.1	4.7	0.8	0.1	4.4	0.7	0.3	17.9
阳泉	1.6	2.1	54.6	1	0.4	3.3	4	0.7	3.3	0.5	1.3	27.4
长治	1.8	0.5	0.2	55.9	4.4	0.4	4.3	0.9	1.6	0.8	2.3	26.9
晋城	1.2	0.4	0.1	2.9	56.7	0.4	3.4	1.1	1.4	1.3	1.7	29.4
朔州	1.2	1.2	0.3	0.2	0.1	77.5	0.8	0.3	3.5	0.9	0.9	13.1
晋中	4.5	0.5	4.7	1.7	1	0.7	62.1	1	4.3	2.6	7.8	9.1
运城	0.8	0	0.2	0.2	0.4	0.2	1.1	62.3	1.4	3.2	2.6	26.7
忻州	2.7	1.9	3	1	0.3	3.5	2.5	0.7	72.3	0.1	1.8	10.2
临汾	1.5	0.5	0.1	0.5	2.2	0.5	2.3	1.7	1.8	78.4	3	7.4
吕梁	1.8	0	0	0.1	1.5	0.6	3.5	1.3	3.4	3.5	76.1	8.2

注：数值模型本身及污染源清单难免与实际的污染物产生、传输、消散过程存在偏差，13d 的模拟时段样本量也较小，因此模拟结果存在一定的不确定性。

9.1.3 太原及周边区域环境空气质量空间特点

从 2018 年全年环境空气质量来看，11 个设区市中位于前三位的城市是大同、朔州、长治，后三位的城市是临汾、太原、晋城。从 2018 年全年进入全省倒数前三的城市来看（表 9-2），临汾有 9 个月进入，太原有 8 个月进入，晋城、阳泉有 5 个月进入，晋中、运城有 4 个月进入。

表 9-2　2018 年环境空气质量排名后三位的城市情况

月份	城市名单
1	临汾、运城、晋中
2	临汾、运城、阳泉
3	临汾、运城、太原
4	太原、晋城、阳泉
5	太原、阳泉、临汾
6	晋城、太原、晋中
7	临汾、阳泉、晋城
8	吕梁、晋城、临汾
9	太原、晋中、临汾
10	晋城、太原、晋中
11	太原、临汾、阳泉
12	临汾、太原、运城

从区域特征来看，全省污染较重的县（市、区）主要集中在以太原为中心沿汾河流域区域。

从 2018 年全省 117 个县（市、区）空气质量排名情况来看（表 9-3），太原及周边区域主要县（市、区）在倒数前 10 名和前 20 名的比例较高。以进入倒数前 10 名的情况来看，2018 年 4 月最好，该区域内有 6 个县（市、区）进入全省环境空气质量排名倒数前 10 位，2018 年 3 月和 11 月最差，该区域内有 9 个县（市、区）进入全省环境空气质量排名倒数前 10 位。

表 9-3　2018 年太原及周边各县（市、区）环境空气质量排名情况表

月份	进入倒数前 10 名情况	进入倒数前 20 名情况
1	稷山县、新绛县、交城县、文水县、襄汾县、洪洞县、孝义市共 7 个县（市、区）	稷山县、新绛县、交城县、文水县、襄汾县、洪洞县、孝义市、闻喜县、清徐县、侯马市、霍州市、曲沃县、汾阳市、河津市共 14 个县（市、区）

月份	进入倒数前 10 名情况	进入倒数前 20 名情况
2	孝义市、文水县、新绛县、洪洞县、侯马市、稷山县、寿阳县、介休市，共 8 个县（市、区）	孝义市、文水县、新绛县、洪洞县、侯马市、稷山县、寿阳县、介休市、祁县、汾阳市、交城县、河津市、闻喜县、霍州市、曲沃县、灵石县、清徐县，共 17 个县（市、区）
3	灵丘县、文水县、孝义市、汾阳市、交城县、寿阳县、河津市、灵石县、清徐县，共 9 个县（市、区）	灵丘县、文水县、孝义市、汾阳市、交城县、寿阳县、河津市、灵石县、清徐县、祁县、平遥县、定襄县、侯马市、平定县，共 14 个县（市、区）
4	文水县、灵石县、河津市、孝义市、晋源区、杏花岭区，共 6 个县（市、区）	文水县、灵石县、河津市、孝义市、晋源区、杏花岭区、郊区（阳泉）、平定县、尖草坪区、寿阳县、汾阳市、祁县、迎泽区、平遥县，共 14 个县（市、区）
5	灵石县、孝义市、文水县、晋源区、平遥县、万柏林区、寿阳县、杏花岭区，共 8 个县（市、区）	灵石县、孝义市、文水县、晋源区、平遥县、万柏林区、寿阳县、杏花岭区、清徐县、介休市、河津市、太谷县❶、尖草坪区、盂县、洪洞县、祁县，共 16 个县（市、区）
6	孝义市、文水县、灵石县、介休市、平定县、平遥县、清徐县、晋源区，共 8 个县（市、区）	孝义市、文水县、灵石县、介休市、平定县、平遥县、清徐县、晋源区、祁县、太谷县、杏花岭区、稷山县、寿阳县、河津市、小店区、盂县，共 16 个县（市、区）
7	文水县、平定县、灵石县、孝义市、平遥县、曲沃县、寿阳县、霍州市，共 8 个县（市、区）	文水县、平定县、灵石县、孝义市、平遥县、曲沃县、寿阳县、霍州市、介休市、太谷县、汾阳市、河津市、侯马市、晋源区、郊区（阳泉）、襄汾县、尧都区，共 17 个县（市、区）
8	介休市、孝义市、灵石县、平遥县、文水县、平定县、河津市、曲沃县，共 8 个县（市、区）	介休市、孝义市、灵石县、平遥县、文水县、平定县、河津市、曲沃县、汾阳市、侯马市、太谷县、新绛县、稷山县，共 13 个县（市、区）
9	介休市、平遥县、文水县、孝义市、灵石县、祁县、稷山县，共 7 个县（市、区）	介休市、平遥县、文水县、孝义市、灵石县、祁县、稷山县、晋源区、河津市、汾阳市、太谷县、小店区，共 12 个县（市、区）
10	文水县、孝义市、介休市、平遥县、汾阳市、祁县、河津市、晋源区，共 8 个县（市、区）	文水县、孝义市、介休市、平遥县、汾阳市、祁县、河津市、晋源区、稷山县、寿阳县、太谷县、盂县、灵石县，共 13 个县（市、区）
11	文水县、汾阳市、孝义市、介休市、平遥县、祁县、寿阳县、侯马市、太谷县，共 9 个县（市、区）	文水县、汾阳市、孝义市、介休市、平遥县、祁县、寿阳县、侯马市、太谷县、交城县、稷山县、晋源区、新绛县、盂县、灵石县、清徐县，共 16 个县（市、区）
12	文水县、介休市、平遥县、汾阳市、祁县、太谷县、洪洞县、稷山县，共 8 个县（市、区）	文水县、介休市、平遥县、汾阳市、祁县、太谷县、洪洞县、稷山县、孝义市、灵石县、侯马市、交城县、曲沃县、新绛县、河津市、清徐县、霍州市，共 17 个县（市、区）

---

❶　2019 年 12 月，撤销太谷县，设立晋中市太谷区。

9.1.4　太原及周边区域大气污染物排放量分析

2017 年，山西省 SO_2 排放量位于前三的设区市是吕梁市、晋中市、运城市，太原市位于第 8 位；NO_x 排放量位于前三的设区市是吕梁市、运城市、临汾市，太原市位于第 6 位；PM_{10} 排放量位于前三的设区市是晋中市、吕梁市、大同市，太原市位于第 6 位；$PM_{2.5}$ 一次排放量位于前三的设区市是大同市、晋中市、吕梁市，太原市位于第 7 位。

以上结果表明，位于太原周边的吕梁市、晋中市、临汾市、运城市等城市主要大气污染物排放量大，且高于太原市。

9.1.5　联防联控区域划定方案

基于区域地形、大气流场、数值模拟结果、大气污染现状，并考虑行政区划，提出太原市及周边地区联防联控区域划分方案。将太原全市域，以及晋中市、吕梁市位于太原盆地中的 11 个县（市、区），忻州市位于忻定盆地靠太原一侧的 3 个县（市、区），阳泉市 5 个县（市、区），临汾市、运城市位于盆地中的 11 个县（市、区）划为太原及周边地区大气污染联防联控区域，简称"1+30"区域。具体为：a. 太原全市；b. 忻州，包括忻府区、原平市、定襄县；c. 吕梁，包括文水县、汾阳市、交城县、孝义市；d. 晋中，包括榆次区、太谷区、祁县、平遥县、介休市、灵石县、寿阳县；e. 阳泉，包括阳泉城区、阳泉郊区、阳泉矿区、平定县、盂县；f. 临汾，包括尧都区、霍州市、洪洞县、襄汾县、曲沃县、侯马市；g. 运城，包括盐湖区、河津市、新绛县、稷山县、闻喜县。

9.2　区域大气污染联防联控措施

山西省结构性污染问题突出，工业发展"轻重"失衡，产业结构和产业布局对区域大气环境有着至关重要的影响，全省重工业占比从 1985 年的 75.3% 一度上升到 2008 年的 95.4%，随后几年略有下降，2017 年为 93.4%，但重工业仍占据工业经济绝对主导地位。"1+30"区域是山西省典型的高密度重工业发展区域，发展与保护的矛盾非常突出，区域内电力、钢铁、焦化、水泥企业数量多、密度大，总产能规模大，单位面积污染负荷高，大气环境承载力超载严重，偏重的发展模式是造成"1+30"区域各项污染物严重超载的关键因素（"1+30"区域内 SO_2、NO_x、$PM_{2.5}$、PM_{10} 的超载倍数分别为1.92 倍、1.48 倍、2.41 倍及 1.8 倍）。"1+30"区域经济的高质量发展和环境的高水平保护迫切需要"以承载力定发展"，实现全社会发展方式和治理模式的根本性变革。

9.2.1　制定发展规划需以承载力为约束

将大气环境承载力作为制定区域产业发展规划的主要依据，开展排放标准和总量双控。实施以"三线一单"为基础的区域空间管控，调整不符合生态环境功能定位的产业布局、产业规模和产业结构。"1+30"区域内坚决禁止新增钢铁、焦化、铸造、水泥、平板玻璃产能；确有必要新建的，要严格执行产能置换实施办法。按照"彻底关停、转型发展、就地改造、域外搬迁"等政策要求，做好钢铁行业转型升级。推进炭化室高度4.3m及以下且运行寿命超过10年的机焦炉淘汰，淘汰不达标小热电机组，加快压缩区域内建材、铸造等产能。

9.2.2　强化源头治理，推行清洁生产

加强生产全过程控制，优化生产组织。完善促进清洁生产有关政策措施，对标清洁生产国际先进水平，继续实行重点行业清洁生产强制审核。立标准，树标杆，推动绿色工厂建设。

9.2.3　加快重点行业污染深度治理

"1+30"区域内重点行业二氧化硫、氮氧化物、颗粒物和挥发性有机物全面执行大气污染物特别排放限值。区域内65t/h及以上燃煤锅炉，以及位于设区市及县（市、区）建成区的燃煤供暖锅炉、生物质锅炉于2019年10月1日前完成节能和超低排放改造，钢铁行业力争于2019年底前完成有组织和无组织排放环节超低排放改造。焦化企业在确保全部达到特别排放限值的基础上，进一步推进深度治理。电力、钢铁、煤化工等企业开展有色烟羽治理。

9.2.4　推动解决夏季臭氧突出问题

"1+30"区域夏季对VOCs排放重点行业或生产工序采取季节性生产调控措施。建立区域重点污染源管理台账。焦化、化工、工业涂装、印刷等行业和油品储运销加强VOCs监测、治理与回收，推进建设适宜高效的治污设施。印刷、家具、橡胶制品、皮革制品、金属制品以及汽车维修等行业，含VOCs原辅材料年使用量在10t以下的，全面实施源头替代，2020年底前基本完成。化工行业要加快对芳烃等有机溶剂的绿色替代。实施燃气锅炉低氮改造。夏季白天高温时段加强道路洒水降温作业。

9.2.5　大力推进煤炭清洁能源替代

研究制定煤炭利用方式转变方案，促进煤炭绿色开采和清洁利用。进一步推动清洁取暖和散煤替代由城市建成区向农村扩展，2019年10月1日前，"1+30"区域内设区市建成区和太原周边文水县、汾阳市、交城县、孝义市、榆次区、太谷县（现太谷区）、祁县、平遥县、介休市、灵石县、寿阳县建成区达到90％以上，其他县（市、区）建

成区达到 70％以上，农村地区力争达到 40％以上，并及时将清洁取暖改造区域划定为"禁煤区"。2019 年 10 月 1 日前，"1＋30"区域除忻府区、原平市、定襄县外全部实现 35t/h 以下燃煤锅炉"清零"，忻府区、原平市、定襄县实现 10t/h 以下燃煤锅炉"清零"。区域内煤炭消费总量实现负增长，重点削减非电力用煤，提高电力用煤比例。

9.2.6　优化运输结构，加强交通源管控

以推动货物公路运输转铁路运输为重点，大幅提高钢铁、焦炭、矿石等大宗物料铁路运输比例，推行公路运输车辆"阳光运输"，禁止夜晚无序运输，提高企业内部清洁运输方式和清洁能源车辆运输比例。结合太原、晋中一体化、同城化发展思路，合理布局城市快速路、地铁、轻轨、城市有轨电车等路网，减少城市拥堵情况。优化太原市周边过境道路路网布局，减少过境车辆影响。2019 年 7 月 1 日起，区域内除忻州 3 县（市、区）外，提前实施机动车国六排放标准。加快推进城市建成区新增和更新的公交、环卫、邮政、出租、通勤、轻型物流配送等车辆采用新能源与清洁能源汽车，到 2020 年使用比例达到 80％。2020 年，"1＋30"区域内设区市及县（市、区）划定高排放非道路移动机械禁用区。

9.2.7　实施降尘污染专项整治行动

开展环境大扫除，彻底清除主次干道、大街小巷、城乡结合部和工矿企业周边暴露砂堆、煤堆、渣堆、土堆、垃圾堆等各类堆场，加强城乡环卫保洁。进一步提高市政道路机械化清扫率、清扫频次。对机关和企事业单位大院、住宅小区、城市主次干道和小街小巷、城市公共设施等实施"大清洗"。对区域内裸露土地全面绿化、硬化和覆盖。加大国省干线道路、县乡道路预防性养护和路面病害处治力度，有效减少车辆颠簸、倾覆等造成的抛洒。严格落实施工工地"六个百分之百"要求，对不达标工地实施停工整治。加快渣土消纳场的规范化建设和管理。工业企业散装物料堆场全部密闭，目前厂区堆存的工业固废限期清除，妥善处置。推进矸石山综合治理。实施降尘考核，"1＋30"区域各县（市、区）平均降尘量不得高于 9t/（月·km²）。

9.2.8　打造森林城市，实现生态增容

加强"1＋30"区域国土绿化力度，增加区域森林覆盖面积和建成区绿化覆盖率，扩充城市绿地空间。建设汾河两岸绿色廊道，太原市努力打造"森林城市"，2020 年，太原市建成区绿化覆盖率达到 41.5％以上。

9.2.9　区域联动，实现大气联防联控

成立"1＋30"区域大气污染联防联控工作领导组，由太原、忻州、吕梁、晋中、

阳泉、临汾、运城7市人民政府以及省生态环境厅、省发改委、省工信厅、省财政厅、省公安厅、省自然资源厅、省住建厅、省交通厅、省能源局、省林草局、省气象局等省直部门组成，组长由分管生态环境的副省长担任，常务副组长由省生态环境厅厅长担任，副组长由太原市、忻州市、吕梁市、晋中市、阳泉市、临汾市、运城市市长担任。领导组下设办公室，设在省生态环境厅，办公室主任由省生态环境厅厅长担任。

9.2.10 严格管理，创新环境监察执法

设立"1+30"区域联防联控专项督察办公室，建立完善排查、交办、巡查、约谈、专项督察"五步法"监管机制。通过环境法律的完善和执行，使守法常态化。区域综合运用卫星遥感、无人机监测、大数据、云计算、物联网、地理信息系统（GIS）等技术，加密对区域内环境空气质量进行监测。定期对"1+30"区域内各县（市、区）环境空气质量进行通报排名，督促各地确定短期目标，加大工作力度。探索和推行网格化环境监管体系，打通环境监管最后一公里。落实党政领导干部生态环境损害责任追究办法，增强各级领导干部保护生态环境的责任和担当，加强生态环境工作督察巡视和考核问责。

9.2.11 加大区域污染防治资金支持

省人民政府设立"1+30"区域联防联控专项资金，加大对重点行业超低排放改造、挥发性有机物治理、机动车治理、大气污染治理的二次污染物（如脱硫石膏、脱硝催化剂）处理处置及相关大气科学研究和能力建设项目的支持力度，建立大气污染防治专项资金安排与环境空气质量改善绩效联动机制，对工作任务重、较为贫困的地区予以重点支持，确保资金到位、工作可行。

9.2.12 实行优势专家团队跟踪研究

借鉴京津冀及周边地区经验，按照"环保管家"的模式，组建"1+30"区域开展大气污染防治"一县一策"专家团，常驻当地开展跟踪研究工作，集中优势力量解决"1+30"区域内不同县（市、区）的大气污染问题。开展区域内大气重污染成因与治理攻关。制定区域大气污染防治专项规划及其他重点规划，做到决策源头防控和减缓环境影响。加强区域性臭氧、氨等形成机理与控制路径研究，深化VOCs全过程控制及监管技术研发。常态化开展重点区域和城市源排放清单编制、源解析等工作，形成污染动态溯源的基础能力。

第四篇　山西省空气补偿政策研究

○○ —— ○○ ○ ○○ ——————

　　大气污染防治是一项复杂的工程，需要法律、经济、技术、行政、公共参与等多手段一起推动。即使有北京"APEC 蓝"和南京"青奥会蓝"这类快速治污经验，但其有致命缺点，即无法持续。国内在生态补偿方面的研究很多，但关于大气生态补偿的研究较少。在当前大气雾、霾严重的情况下，开展大气环境领域的生态补偿研究尤为重要。为了遏制日益严重的环境空气污染和破坏，世界上越来越多的国家开始认识到了开展空气质量生态补偿问题的重要性，并付诸了实践。法国通过了环境污染赔偿法案。美国建立了环境责任保险制度，对因污染水体、土地、空气而受到健康损害的人群，依法给予损害赔偿。日本、俄罗斯对环境公害损害实行无过失责任制，对环境污染事件所造成的损害给予赔偿。印度出台的《公共责任保险法》制定了专门的环境责任保险法规，将环境污染赔偿保险制度写入其中。

　　我国政府高度重视环境损害造成的生态和人群健康损害问题。《中华人民共和国环境保护法》（简称《环保法》）、中共中央国务院《关于加快推进生态文明建设的意见》、国务院《国务院关于加强环境保护重点工作的意见》（国发〔2011〕号 35 号）和环保部《关于开展环境污染损害鉴定评估工作的若干意见》（环发〔2011〕60 号）等文件，明确要求各级政府和环保行政主管部门高度重视环境污染造成的生态与人群健康的损害赔偿工作。国务院《国务院批转发展改革委关于 2013 年深化经济体制改革重点工作意见的通知》（国发〔2013〕20 号）文件要求，"建立健全最严格的环境保护监管制度和规范科学的生态补偿制度，完善生态环境保护责任追究制度和环境损害赔偿制度，研究制定生态补偿条例"。目前国内关于大气污染防治的法律法规数量十分庞大，然而对于大气生态补偿这种具体制度的规定却相对较少，且多数规定得较为原则。因此，必须建立空气生态补偿机制，这对完善我国的生态补偿法律体系将起到重要作用。

　　长期以来，山西省作为煤炭资源大省，以煤炭、火电、焦化、钢铁等为主的产业发展造成了空气污染物的大量排放，高排放与省内特殊的自然地理条件相互作用，形成了山西省多年来煤烟型污染严重的困局。近年来，山西省省委、省政府高度重视空气污染防治工作，关心人民身心健康。2011 年，《山西省综合配套改革试验区环境保护专项行动方案》中提出要建立环境空气质量生态补偿机制。2012 年的全省环保工作会议明确要求，研究建立环境污染补偿机制，解决危害群众健康的环境污染问题。大气污染生态补偿是对现有环境保护制度的有益创新，在理论研究和实践中，随着大气生态系统服务内涵深度和广度的日益拓展，现有的大气污染防治制度已滞后于实践的需求，使大气生态系统服务中各方利益不再均衡，新现象、新问题不断涌现。原有制度不能完全适应实践发展的需要，从而产生较高的交易成本，需要通过生态补偿将大气生态系统服务价值化，再基于市场化的政策设计，降低生态系统服务交易成本，减小制度实施中的"摩擦力"，提高生态环境保护效率。

政府主导的区域大气污染联防联控取得进展，但仍存在诸多问题，以政府为主导的区域大气污染联防联控仍面临挑战。区域内各城市大气污染防治规划尚未统一，各行政区域的大气污染防治措施未能严格按照统一的标准进行约束和规范；污染源监管标准尚未统一，未形成科学准确的污染源排放清单。以上这些问题都增加了污染源统一监管和大气污染分布与传输研究的工作难度。因此，政府应在大气污染生态补偿机制的建设中，发挥"裁判员"和"计算器"的作用，拟定规则，筹集资金，为市场化生态补偿模式搭建协商交流的平台。此外，可以发挥社会团体和公众的力量，为政府购买提供有力补充。

我国在空气质量生态补偿政策方面目前还处于探索阶段，未见到成熟的理论方法和相关制度。在以往的工作中，主要围绕水资源生态补偿、资源生态补偿等方面，未见到关于空气生态补偿的案例。山西省开展空气质量生态补偿政策研究对于我国探索基于人群健康补偿的空气管理机制具有重要指导价值和创新性。建立环境空气质量生态补偿机制，旨在通过实施生态补偿，进一步落实和强化地方政府保护环境的主体责任，加快改善区域环境空气质量，保障人民群众身体健康。

开展典型区域环境空气质量生态补偿政策试点研究，探索解决环境空气污染所致健康损害补偿的途径，是进一步缓解社会矛盾的有效举措，是山西省全力推进资源型经济转型综合配套改革试验工作的重要实践。开展环境空气质量生态补偿政策试点研究工作，保证补偿机制的顺利实施和有效运作，也将为全国乃至其他国家和地区开展类似工作提供参考。实施空气质量生态补偿机制，对于强化地方政府对环境空气质量的保护责任意识，加大环境空气质量监管力度，促进区域空气环境改善，具有十分重要的现实意义。坚持以人为本，通过评估空气质量状况与人群健康损害相关性，初步建立适合山西省实际情况的空气质量生态补偿机制，对保障公众健康、推进生态文明建设具有重要意义。

第**10**章 空气质量生态补偿政策现状

生态补偿机制按照不同的分类方式可以分为许多种类。其中根据要素分类，生态补偿机制可以分为水生态补偿机制、大气生态补偿机制、土壤生态补偿机制和生物多样性生态补偿机制等。目前国内研究大气生态补偿的文章和学者并不是很多，因此并没有对大气生态补偿有明确的界定。

10.1 空气污染与人体健康危害的相关性

空气污染的人体健康评估方法中，需要综合考虑空气污染物因素、人群健康的结局因素、空气污染物的暴露水平及健康阈值分析、暴露-反应关系的分析等关键因素。下面对各因素进行逐一阐述。

10.1.1 大气污染物因素

大气污染物包括颗粒物（$PM_{2.5}$＋PM_{10}）、二氧化氮（NO_2）、臭氧（O_3）、二氧化硫（SO_2）以及一氧化碳（CO）。由于大气污染物的浓度在时间和空间上存在一定相关性，其实目前的流行病学研究中无法清晰区分各种污染物的独立健康效应。现有的研究中针对不同尺度，例如以国家、省份、城市为空间单位的健康影响评价较多，其中，有关颗粒物暴露与人群健康效应的各种健康结局的评价研究证据颇为丰富。全球和各国家地区在评价空气污染的健康风险时，也常常使用颗粒物作为主要的风险因子。近年来，臭氧和 NO_2 浓度不断升高的问题越发明显，以颗粒物、臭氧和 NO_2 暴露驱动的健康效应分析是今后重点关注和研究的方向。

10.1.2 空气污染的健康结局评价

空气污染的人群健康影响评价中，有观察性的流行病学研究、实验性的流行病学研究等。一方面是空气污染造成的我国整体人群的健康影响分析，包括过早死亡人数、人均期望寿命、全因死亡数、归因死亡风险等，整体人群的健康影响评价一般采用长期暴露的方法评估；另一方面是空气污染与人体健康的关系的效应分析，一般采用某一疾病的发病率、死亡率、入院率，或者关联到具体的生物学生理指标，评判空气污染的暴露健康风险。

在整体的人群健康影响方面，通过评估我国的大气污染健康损害，发现 1995 年我国有 10117.8 万人因空气中总悬浮颗粒物（TSP）的污染而过早死亡；2003 年我国有 35.2 万人因颗粒物污染而过早死亡，慢性支气管炎患者人数新增了 27.4 万人。2008 年我国空气污染物的评估数据显示，我国有 47 万的过早死亡人数与大气污染物 PM_{10} 有关，约为 GBD2010 评估结论的 40%。到了 2013 年，我国 $PM_{2.5}$ 污染严重，北京 $PM_{2.5}$ 小时浓度甚至高达 $1000\mu g/m^3$，超过了 WHO2006AQG 的 40 倍。据估计，2015 年全球 $PM_{2.5}$ 暴露导致的死亡人数约为 890 万人，其中有 1/4 以上的 $PM_{2.5}$ 的归因死亡发生在我国。

在人体健康的效应分析方面，空气污染会导致心率、血压、炎症因子、糖脂蛋白类代谢途径小分子等健康指标发生改变。我国不断有学者关联了空气污染与呼吸系统疾病（慢性阻塞性肺病、急慢性呼吸道疾病和肺癌）、心脑血管疾病（缺血性心脏病、脑卒中和 2 型糖尿病）的发病风险效应，较多的证据提示，我国空气污染明显增加了心肺系统相关疾病的发病风险。最近也有一些研究开始以神经系统认知障碍（阿尔茨海默病）的发病作为空气污染的健康结局。

10.1.3 空气污染的暴露水平及健康阈值

空气污染暴露分为长期暴露和短期暴露，暴露时间和浓度的不同导致暴露水平不同。空气污染物的短期暴露浓度水平较高，长期暴露的浓度水平相对较低。但是基于我国的经济发展模式和产业结构现状，我国的颗粒物、NO_2、O_3 远达不到 WHO 2021 空气质量限值标准，而且山西省的煤炭能源消耗比值较大，硫氧化物排放量相对较高，人群的暴露水平也就相对较高。

2006 年，WHO 颁布了《关于颗粒物、臭氧、二氧化氮和二氧化硫的空气质量准则》（AQG），基于 2006 年的 AQG，我国于 2012 年制定了环境空气质量标准，我国规定居住地区 $PM_{2.5}$ 二级标准年浓度值采用 WHO 的过渡浓度（$35\mu g/m^3$），24 小时值定为 $75\mu g/m^3$。基于全球十几年有关空气污染的健康风险评价研究证据，2021 年 WHO 制定了新的 AQG，相较于 2006AQG，2021AQG 严控了 $PM_{2.5}$、PM_{10}、NO_2 的年浓度和 24 小时浓度，并且提出了臭氧的季节浓度。现在大多数研究并未发现空气污染物颗粒物所致的健康效应有明显的阈值。即使在暴露-反应关系函数计算到最低的污染物浓度水平，也能观察到健康风险，目前未找到令人满意的有效阈值。Shi 等的研究发现，$PM_{2.5}$ 和 NO_2 在浓度低于 NAAQS（美国环保署制定的国家环境空气质量标准）标准时，老年人长期暴露与死亡风险呈现显著的线性剂量-效应关系，并且不存在明显的阈值；此外，臭氧暴露也导致死亡风险上升。阚海东及其团队的研究结果提示，空气污染物浓度-响应曲线中并没有明显的 ACS（急性冠状动脉综合征）的阈值，即使浓度低于世界卫生组织的空气质量指南，也可能引起 ACS 的发病。这些研究结果使得我们重新思考我国现行的空气污染物标准在单一或者复合暴露情景下是否能强有力地保护民众健康免遭威胁。

基于已有研究未观察到明显的污染物效应阈值现状和山西省的复合型污染现状，有必要了解低浓度的空气污染物是否仍会造成人群的健康危害，建立低浓度空气污染物暴露与人体健康效应的剂量-效应关系，这对于当前制定空气质量标准时所面临的不确定性尤为重要。

10.1.4 空气污染的暴露-反应关系

空气污染与健康影响之间的暴露-反应关系包括长期的慢性暴露-反应关系和短期的急性暴露-反应关系。目前，时间序列研究方法被广泛应用于大气污染的急性暴露与各种人体健康结局的关联研究中，在全球不同国家和城市、不同污染背景、不同的种族人群中取得了丰硕成果。

10.1.4.1 整体空气污染的健康影响评价

2013年，王金南院士的课题组估算了2004～2010年我国600多个县级以上城市 PM_{10} 的年均浓度超过 $15\mu g/m^3$ 最低限值导致的大气污染健康损失，研究结果表明，"十一五"实施期间，我国大气污染关联的过早死亡人数由2006年的34.63万人上升到了2010年的50.32万人，导致的健康损失由2006年的2083.7亿元上升到2010年的4998.4亿元，增加了1.4倍，结果还发现，2010年由 PM_{10} 污染导致的我国北方城市人均期望寿命比南方城市的减少0.89年。

2019年，阚海东教授团队评估了全球24个国家652个城市 PM_{10} 和 $PM_{2.5}$ 与全因、心血管和呼吸系统死亡的关系，结果发现，PM_{10} 的2d平均值每增加 $10\mu g/m^3$，与每日全因死亡率增加0.44%（95% CI 为0.39～0.50）、每日心血管死亡率增加0.36%（95% CI 为0.30～0.43）、每日呼吸死亡率增加0.47%（95% CI 为0.35～0.58）相关。$PM_{2.5}$ 的2d平均值每增加 $10\mu g/m^3$，全因、心血管和呼吸的日死亡率分别增加0.68%（95% CI 为0.59～0.77）、0.55%（95% CI 为0.45～0.66）和0.74%（95% CI 为0.53～0.95）。在全球600多个城市中，短期暴露于 PM_{10} 和 $PM_{2.5}$ 与日常全因、心血管和呼吸系统死亡率之间存在独立关联，其实这种关联并没有观察到明显的安全阈值，因为在颗粒物浓度较低时斜率更大。

10.1.4.2 人体健康效应的评价

除对整体大气污染健康影响评估外，也分析了我国不同城市的大气污染与人体健康之间的关系。

（1）呼吸系统疾病（慢性阻塞性肺病、急慢性呼吸道疾病和肺癌）

国内外大量流行病学研究表明，室外大气污染与人体的呼吸道疾病及肺部疾病的发病风险显著相关。暴露于高浓度的空气污染中可导致人群的慢性阻塞性肺病、哮喘以及肺部疾病的发病和死亡风险显著增加。山西医科大学张新日团队联合中山大学林华亮团队通过分析近几年山西省 11 个城市的空气污染物数据以及三甲医院门诊患者因呼吸系统疾病而住院的门诊量、住院费用和住院时间及其归因负担，发现 PM$_{2.5}$ 的日浓度与因呼吸道疾病入院的门诊量升高、费用增加和住院时间的延长有关，积极降低 PM$_{2.5}$ 的浓度可有效避免因呼吸系统疾病入院患者的经济负担。此外，已有研究报道发现，空气污染物对人体有致癌的潜在风险。肺癌的易感性取决于遗传因素与环境因素的相互作用。已有实验分析证据表明，颗粒物的暴露与人体内基因组的不稳定性有关联，可诱导高比例的基因组改变。在肺癌的发生和发展过程中，空气污染物诱导产生的基因层面的损伤，自身会启动相应的损伤修复机制，但是修复很大程度上依赖于人体遗传背景对这种损伤来源的反应能力。空气污染物的暴露时间和剂量以及毒性成分的差异在一定程度上导致呼吸系统的损伤机制以及程度不同，介导的修复和反应能力不同。

近期有学者针对我国不断严重的臭氧问题，开展了实验流行病学的研究。复旦大学阚海东教授团队探讨了我国成人长期暴露于臭氧中对其肺功能指标小气道功能障碍 SAD 的影响，发现在暖季臭氧浓度每增加 1 个标准差（4.9×10^{-9}），肺活量第 75 百分位的强迫呼气流量减少 14.2mL/s（95%CI，8.8～19.6），肺活量第 25～75 百分位的平均强迫呼气流量减少 29.5mL/s（95% CI，19.6～39.5），SAD 的优势比（OR）为 1.09（95%CI 为 1.06～1.11），结果提示长期暴露于臭氧中与成人的小气道功能受损和较高的 SAD 风险存在独立关联，而且发现慢性阻塞性肺病患者对高浓度的臭氧暴露似乎更脆弱。

对于一些易感人群，包括儿童、孕妇以及老人，空气污染的健康危害更为明显。相比于成人，儿童可能更易受到空气污染的影响，因为儿童的呼吸道和肺部还处于发育阶段，较成人而言，儿童的活动量大、气道狭窄、呼吸频率高，可能的潜在暴露风险更高于成人。有研究表明，PM$_{2.5}$ 可引起学龄前以及 14 岁以前儿童上呼吸道相关疾病的发生，以及相关症状（哮喘）的罹患率明显升高。不过，现有的有关空气污染对儿童肺功能水平的不良影响报道中，还有一些未回答的问题，需要进一步研究的方向包括空气污染暴露对儿童早期生活的影响是恒定的还是可逆的？易感性的暴露窗口是哪个时间段？如果采取相应的空气质量干预后可能产生的积极效应有哪些？

（2）心脑血管疾病（急性冠脉综合征、脑卒中和 2 型糖尿病）

2022 年阚海东教授团队最新在心血管疾病顶级期刊 *Circulation* 发表了我国 318 个城市空气污染小时浓度的暴露与急性冠状动脉综合征（ACS）的发病风险相关性研究，该研究采集 2015 年 1 月 1 日至 2020 年 9 月 30 日期间细颗粒物（PM$_{2.5}$）、粗颗粒物（PM$_{2.5\sim10}$）、二氧化氮（NO$_2$）、二氧化硫（SO$_2$）、一氧化碳（CO）和臭氧（O$_3$）的小时浓度，对我国 318 个城市 2239 家医院的 1292880 名 ACS 患者进行了时间分层病例交叉研究。结果发现，急性暴露于 PM$_{2.5}$、NO$_2$、SO$_2$ 和 CO 均与 ACS 的发病及其亚型包括 st 段抬高型心肌梗死、非 st 段抬高型心肌梗死和不稳定型心绞痛有关，这些关联在暴露的小时浓度时最强。发病前 0～24h 内 PM$_{2.5}$（$36.0\mu g/m^3$）、NO$_2$（$29.0\mu g/m^3$）、SO$_2$（$9.0\mu g/m^3$）和 CO（0.6 mg/m^3）一个 IQR（四分位间距）的升高分别增加了 ACS 发病风险 1.32%、3.89%、0.67% 和 1.55%。对于一种特定的污染物，不同亚型

ACS之间的相关性在量级上具有可比性。一般来说，NO_2 与所有三种亚型的相关性最强，其次是 $PM_{2.5}$、CO 和 SO_2。在 65 岁以上、无吸烟史或慢性心肺疾病和寒冷季节的患者中，观察到更大的相关性。这一多中心大样本量的真实人群队列研究结果证实了我国空气污染确实明显增加了人群的心脑血管疾病。

高污染地区居民长期暴露于 $PM_{2.5}$ 中对脑血管疾病的影响尚缺乏证据。既往一项基于 38435 名我国北方城市居住的成年人平均 9.8 年的队列随访研究，采用卫星模型的高分辨颗粒物的估算值分析 $PM_{2.5}$ 长期暴露与脑卒中死亡率的长期影响。$PM_{2.5}$ 每增加 $10\mu g/m^3$，脑卒中死亡率的危险比（HR）为 1.31（95% CI，1.04~1.65），证明了 $PM_{2.5}$ 长期暴露与高暴露环境（如我国北方）脑卒中死亡率的关系，强调了评估空气污染对心血管健康的不利影响可能不会忽视气候变化背景下温度变化作用的观点。

北京大学朱彤教授课题组 2016~2017 年开展的一项基于 135 名受试者 410 次重复随访的定群研究，结果发现，健康随访前平均 1~13d 空气污染物暴露与升高的空腹血糖水平相关，并且随累积的暴露时间增加，空腹血糖升高的幅度也在增加。研究团队通过对受试者外周血的转录组的高通量测序结果发现，参与糖代谢的多种激素调节、缺氧诱导因子功能以及免疫中抗原的呈递通路显著相关，这些结果就提示空气污染暴露明显影响了糖代谢的相关通路，与血糖水平的升高有潜在关系。

10.2 国外空气质量生态补偿政策状况

10.2.1 日本

第二次世界大战后日本经济高速增长，人民生活水平明显提高，但是经济的发展也带来了环境的严重破坏，从公害问题源头的水俣病开始，全国各地均发生了严重的公害病。为此，日本于 1969 年制定了《关于因公害引起的健康损害的救济的特别措施法》。

（1）指定地区

所谓指定地区，是指受害人必须居住在经政府指定的公害地区，分为第一类地区和第二类地区。第一类地区是指因空气污染而患哮喘、肺气肿等非特殊性公害病（例如，因空气污染屡患哮喘病，但又不知其特殊病因的）地区，全国共指定东京都 19 区、川崎、千叶等 20 多个地区。第二类地区是指水俣病和骨痛病等多发地区，这些疾病是特殊性公害病（例如因水银污染而患有水俣病，因镉污染而患有痛痛病），全国共指定了熊本、新潟的一部分等 4 个地区。

（2）指定疾病

所谓指定疾病，是指在特定地区内发生的并由政府指定为公害病的疾病。

（3）暴露期限

所谓暴露期限，是指受害人在指定地区居住的期间。在第一类地区内受害人要获得补偿，必须因为在该地区生活或工作一定期限（期限因不同的疾病而有差异）而患指定疾病，而对受害人患病的因果关系不作个别追究。在第二类地区内受害人患特殊性公害病的，其因果关系需要个别加以认定。

符合以上三个条件的受害人要获得补偿，必须先向地方政府提出公害病认定的申请，由地方政府做出该申请人是否患病的认定。

（4）补偿种类

① 医疗费：指患者的诊断费、药剂费、手术费、住院费、护理费等。

② 残疾补偿费：根据残疾等级，向患者按月支付的费用。

③ 遗属补偿费：指患者死亡时，对依靠死者维持生活的人在一定期间内支付的费用。

④ 一次性遗属补偿费：指患者死亡时，对没有接受遗属补偿费的人一次性支付的费用。

⑤ 儿童补偿津贴：指对无法请求残疾补偿费的儿童，在完成义务教育之前，为维持其日常生活而支付的费用。

⑥ 医疗津贴：指患者住院的杂费、交通费等。

⑦ 丧葬费：指患者死亡时支付的费用。

补偿中心采取按月支付的方式向受害人支付残疾补偿费和儿童补偿津贴，采取全额、一次性支付的方式向受害人支付医疗费、医疗津贴、丧葬费等费用。

（5）费用来源

公害健康补偿制度以污染企业的民事责任为基础，因此主要由污染企业承担补偿费用。具体包括以下几项：a. 受害者补偿费，由污染企业承担；b. 公害保健福利事业费，由企业承担 1/2，剩下的 1/2 由中央政府和地方政府共同负担；c. 补偿所需日常费，由中央政府和地方政府各支付 1/2。

10.2.2　美国

1966 年以前，以一般的公众责任保险单承保突发的偶然性环境责任。1966～1973 年，随着污染危害的突出和市场需求，公众责任保险单开始承保因为持续或渐进的污染所引起的环境责任。1973 年后，公众责任保险单将故意造成的环境污染及渐进的污染引起的环境责任排除于保险责任范围之外。1988 年，美国成立了专门的环境保护保险公司，并于同年 7 月开出了第一张污染责任保险单，承保范围包括被保险人渐进、突发、意外的污染事故和第三者责任及其清理费用等，其责任限额最高额为 100 万美元。从美国环境责任保险的发展轨迹可以看出，它经历了从一般到专门、从完全任意到部分强制的转变和演进。通过法律形式以设立基金方式防治环境污染是美国通过社会力量保障环境安全的一种重要方式。美国环保署（EPA）与各州以及印第安部落合作，负责实施超级基金项目。《超级基金法》规定超级基金支付用于整治修复污染场址的费用。

10.2.3　德国

德国大规模侵权损害赔偿社会化的模式中最值得一提的就是它的责任保险模式。德国责任保险中以强制保险为主，根据其法律规定可得知，有 120 多项活动必须进行投保。德国有完善的环境法律体系，其环境法也因为标准严格被称为"最绿色的环境法"。正因为这些，德国的环境责任保险也受到极大的关注。德国最初的环境保险是采用强制责任保险与财务保证或担保相结合的方式，正如《环境责任法》第 19 条的规定，采取一定的保障义务履行的预防措施是特定设施所有人的法定义务，其中的预防措施包括责任保险、由联邦或州证明免除或保障赔偿义务的履行、由金融机构提供免除或保障义务履行的证明等。不难发现，该法条提到的预防措施中，只有责任保险是有实质意义的。不可否认的是德国的环境责任保险是比较彻底与激进的。

10.2.4 法国

环境责任保险制度也是法国在处理大规模侵权事件中比较完善的模式。总体上看，法国是以任意保险为主、强制保险为辅的模式，也就是说一般情况下给予投保人自主选择权，在某些特殊领域法律规定必须进行投保。首先，政府高度重视和大力支持是责任保险制度发展完善的必要保障。法国不仅对 80 余种职业实行强制责任保险，而且在汽车、建筑、医护等领域中，如果由于个人的原因无法获得保险保证的情况下，可以向政府的专门部门提出申请，由政府设置的专门部门强制要求某家保险公司依照规定的费率和规定的承保条件承保。其次，法国在责任保险事故有效期的确定方法上，在 2003 年由"损害发生制"改为采用"索赔发生制"，即以损害事故索赔提出的时间为基础，计算责任事故的有效期。采用这种方式的原因是有些保险事故发生后不能被立即得知，例如那些具有潜伏期的缺陷产品。最后，法国的责任保险还有一大特点就是分保比例高。高额的理赔金额让保险公司倍感压力，对此保险公司提高分保比例，来保证公司的稳健运营。2008 年，法国通过了有关工业活动污染环境需要赔偿相应费用的法律草案。这一法案在法律上确立了"污染者付费"的总原则。

10.2.5 瑞典

瑞典的环境责任保险制度实际上是一种主要为受害者制定的环境损害赔偿制度。瑞典《环境保护法》第 10 章规定，对于人身伤害和财产损失，在依照《环境损害赔偿法》有权获得赔偿又不能获得赔偿，或者受害人已经丧失损害赔偿请求权，或者难以确定伤害或损害责任人的情形下，由环境损害保险提供赔偿。政府或者政府指定的机构必须按照批准的条件制定环境损害保险政策。并且经依法批准的从事涉及环境影响的活动者必须按规定缴纳环境损害保险费。在缴纳保险费的通知发出 30 日后义务人仍未缴付的，保险人应当将该情况报告监督机构。由此可以看出，瑞典的环境责任保险制度的公益救济性大于它的商业营利性，是一种通过政府强制规定或者命令的方式实现对受害人救济的途径，是一种强制环境责任保险模式。

10.2.6 英国

在英国，没有关于公司需要投保第三者公众责任保险的要求，其他组织关于是否投保同样有他们的选择权。因此看来，英国关于环境责任的模式一般是任意的方式。但由于环境责任纠纷往往牵涉数额巨大、原告众多、诉求复杂（一个案件中可能会包括人身伤害、财产损害、本人或第三人人身或财产损害以及清理责任等诉讼请求），有关商业生产等活动所可能牵涉到的环境问题以及雇主责任等是否应强制投保环境责任保险，开始出现争论。

英国创造的舒坡尔基金（Superfund）可以算是英国部分强制责任保险模式的又一个体现。通过要求每位承保环境责任保险的保险人每年拿出部分资金建立舒坡尔基金的方式，英国实现了任意保险和强制保险的完美结合。舒坡尔基金的建立，为保险人建立了大灾难风险后备资金储备库，使保险人在遭遇标的数额巨大、索赔人员众多的大型保险案件时能处变不惊，有充足的资金应诉。同样也使众多受害人及时有效地得到赔偿，使被保险人得以继续正常经营。可以看出，英国的环境责任保险是一种任意和强制的结合，不同的是它的强制不但针对责任人而且针对保险人。

10.3 我国空气质量生态补偿政策现状

大气作为人类生存的必需品，具有公共物品的特性。这一类公共资源具有非竞争性和非排他性等属性。这种属性就容易导致大气利用和消费者的"搭便车"或者"公地悲剧"的出现，最终导致市场对公共物品的无效配置。大气污染者并没有因为对环境造成了损害而承担赔偿责任，同时大气环境服务者也没有因为治理环境而得到相应的补偿，这就产生了大气环境保护领域的"外部性"问题。建立空气生态补偿机制能够较好地解决大气环境保护领域外部性的问题。区域外部性是由空间发挥决定性作用的一类外部性，其中包括空间环境外部性。区域生态补偿是在一定区域内，由环境受益方给予保护方补偿，或环境破坏方给予受损方赔偿，将生态环境的外部性予以内部化的过程。由此可见，区域生态补偿的理论基础在于生态环境的区域外部性，现有研究又将其扩展到生态环境的公共产品属性、生态环境的资源性价值及所有主体使用和保护环境的平等性等方面。

自我国20世纪80年代初引进、提出生态补偿概念以来，有关生态补偿的学术理论研究和政策立法实践便不断得以推进。经过先后数十年的发展，已经基本形成了较为完备的生态补偿体系，除却生态补偿基础理论研究之外，多以具体的环境要素作为研究对象，基本涵盖了矿产资源、森林、草原、河流、海洋、主体功能区等，而在大气环境领域的生态补偿研究和政策实践却十分贫乏。2010年环保部会同多部委联合颁布实施的《关于推进大气污染联防联控工作改善区域空气质量的指导意见》和2013年国务院颁发的《大气污染防治行动计划》均明确强调，完善区域生态补偿政策，研究通过经济补偿和政策补偿等手段积极推行激励与约束并举的节能减排新机制，实现对空气质量明显改善地区的激励。

资源型地区大气污染成因与治理研究
——以山西省为例

10.3.1　国家层面的生态补偿政策

我国在大气环境保护领域明确提出需要建立补偿机制的法律规范主要有：2010 年由环境保护部、发展改革委、科技部、工业和信息化部、财政部、住房和城乡建设部、交通运输部、商务部、能源局共同颁发的《关于推进大气污染联防联控工作改善区域空气质量的指导意见》，其中第 26 条规定"完善区域生态补偿政策，研究对空气质量改善明显地区的激励机制"。另外，2013 年国务院颁发的《大气污染防治行动计划》中也明确强调通过经济补偿和政策补偿等手段积极推行激励与约束并举的节能减排新机制。

已有学者注意到了"区域生态补偿机制"对协调京津冀地区环境利益和经济利益冲突的重要作用。赵新峰等认为，政府间协调对实现京津冀大气污染区域一体化治理十分重要，应从建立生态补偿机制入手平衡各地区政府间的利益。肖金成提出，京津冀各地要通过地区间横向生态补偿机制实现区域生态环境共治。马骏等指出，为了达到环境保护部所规定的 $PM_{2.5}$ 减排目标，需要建立北京市对河北省的区域补偿机制。贺漩和王冰探讨了如何构建京津冀大气污染治理的可持续合作机制。

综观收集到的已有研究文献可以发现，刘广明等早在研究区域生态补偿法律机制时就已提及建立京津冀大气生态补偿制度的政策立法建议，但随后的研究便陷入停滞，2014 年之后，相关的理论研究再次开始复兴。聂鹏以山东省空气生态补偿机制为核心，论述了有关空气生态补偿模式，研究了大气环境领域生态补偿机制（主客体的界定、补偿模式和补偿思路），并从实证分析的角度以河北省作为样本分析了生态补偿标准确立以及补偿模型的构建。

10.3.2　地方立法实践

10.3.2.1　山东省环境空气质量生态补偿实践

随着经济社会的快速发展，发达国家工业化、城镇化数百年过程中出现的环境问题也在山东集中出现，且呈现出压缩型、复合型、结构型特点，大气污染防治任务十分艰巨。各市环境空气质量改善或恶化的外部环境成本并不能体现到其自身的经济社会发展成本中。鉴于城市之间无法互相支付拨款，山东省开创了省市两级财政拨款的横向生态补偿机制。哪个市空气质量恶化了，就向省里交钱；哪个市改善了环境，省里就给它补偿。一季度一结算，赏罚分明。

2014 年 2 月 26 日，山东省政府办公厅印发了《关于印发山东省环境空气质量生态补偿暂行办法的通知》，同时山东省各地市如济南、菏泽、枣庄、临沂等地也相继颁发了空气环境生态补偿办法。经过一个季度的实施，山东省公布了 17 个市的空气生态补偿的结果，全省 17 个市的空气质量有了明显好转，故所有市都获得补偿资金，共计7029 万元。这些奖励资金将由各市统筹用于辖区内改善大气环境质量的项目支出。

《山东省环境空气质量生态补偿暂行办法》（以下简称《暂行办法》）全文共计 11 条，虽然条款不多，但是其包含的内容却十分丰富。其中，第 2 条对生态补偿金进行了相应的界定；第 3 条规定了生态补偿的考核依据；第 4 条规定了环境信息的公开；第 5 条和第 7 条规定了考核方式；第 6 条和第 9 条规定了补偿金的用途；第 8 条规定了具体的考核计算方法。从以上的这些条文可以看出，山东省的空气生态补偿机制具有很强的操作性。

从以上条款中可以看出，山东省空气生态补偿机制中有不少值得我们借鉴的地方，如以下几方面。

① 从社会公平角度出发，不一刀切，对不同地区区别对待。根据自然气象对大气污染物的稀释扩散条件，将全省 17 个城市划分为两类进行考核。按照对全省空气质量改善的贡献大小核算各市补偿资金。在一季度全省 17 市的"蓝天白云、繁星闪烁"天数排名中，烟台市位列第三，聊城市位列倒数第三。但是，聊城市却以第一名的成绩拿到了 950 万元生态补偿资金，烟台市以第 17 名的成绩仅仅拿了 32 万元生态补偿资金。因此，并非是空气质量越好的城市补偿金越高。由于烟台市空气质量本身就比聊城好，其改善幅度小，对全省空气质量改善的贡献小，因此其所得到的补偿金也就较少。这样的考核方式较为公平。

② 有较明确的考核计算公式。山东省《暂行办法》第 8 条规定了各市考核并计算补偿资金的公式，这些公式十分复杂，涉及 4 种主要大气污染物同比浓度变化、权重、稀释扩散调整系数、生态补偿资金系数等指标，这在全国属于首创。但是这些计算方式却十分清晰，具有很强的操作性，使各市的空气质量考核有了明确的依据。

③ 强化责任追究机制，将空气生态补偿机制与领导干部的考核机制挂钩。省级对各市实行季度考核，并将这些考核数据及时公布。同时，山东省委组织部已经将空气质量逐年改善作为领导干部综合考核的一个重要内容，引导各级政府切实抓好大气污染防治。对突出环境问题由省级政府挂牌督办，并进行后督查。经后督查，仍未解决问题的，将移交纪检监察部门，追究有关方面的责任。情节严重的，还会移交司法部门追究其有关方面的刑事责任。

10.3.2.2　湖北省环境空气质量生态补偿实践

2015 年 12 月 16 日，湖北省政府办公厅印发了《关于印发湖北省环境空气质量生态补偿暂行办法的通知》（鄂政办发〔2015〕89 号，以下简称《办法》）。《办法》按照"谁改善、谁受益，谁污染、谁付费"的原则，结合国家空气质量考核标准和湖北省实际，以大气首要特征污染物（可吸入颗粒物 PM_{10}、细颗粒物 $PM_{2.5}$）为指标，建立了"环境空气质量逐年改善"与"年度目标任务完成"双项考核的生态补偿机制。考核数据采用湖北省环境保护厅核准的各城市环境空气质量自动监测数据，监测数据由省环境保护厅按月向社会公开发布。

《湖北省环境空气质量生态补偿暂行办法》计算环境空气质量生态补偿资金的公式为：

$$M = M_1 + M_2$$
$$M_1 = (A_{目标} - A_{本年}) \times 2mk + (A_{上年} - A_{本年}) \times mk$$
$$M_2 = (A_{上年} - A_{本年}) \times mk$$

资源型地区大气污染成因与治理研究
——以山西省为例

式中 M——环境空气质量生态补偿资金总额，万元；

M_1——以 PM_{10} 为考核指标计算的环境空气质量生态补偿资金，万元；

M_2——是以 $PM_{2.5}$ 为考核指标计算的环境空气质量生态补偿资金，万元；

m——环境空气质量生态补偿资金系数，万元·$m^3/\mu g$，取 30 万元·$m^3/\mu g$；

$A_{本年}$——本年考核季度 PM_{10}、$PM_{2.5}$ 平均浓度，$\mu g/m^3$；

$A_{上年}$——上年同季度 PM_{10}、$PM_{2.5}$ 平均浓度，$\mu g/m^3$；

$A_{目标}$——本年考核季度 PM_{10}、$PM_{2.5}$ 平均浓度目标值，$\mu g/m^3$，$A_{目标}$＝2013 年同季度平均浓度×国家考核年度目标值/2013 年年均值；

k——天气变化系数，在 0.5～1 之间。

天气变化情况会影响大气污染物的稀释扩散条件，而环境空气质量受扩散条件影响较大。因此，设置天气变化系数 k（范围在 0.5～1 之间），根据当年气候情况对补偿资金额度进行合理调整，以便更科学、更客观地反映各地工作成效。

省生态环境厅每季度公开发布环境空气质量考核结果，同时将生态补偿资金核算结果上报省政府并抄送省财政厅。省财政厅按年度通过调整相关地方的一般性转移支付资金额度，实行生态补偿和奖惩。省财政厅按年度通过调整相关地方的一般性转移支付资金额度，实行生态补偿和奖惩。环境空气质量生态补偿奖励资金由各地统筹用于大气污染防治工作，不得挤占挪用。

10.3.2.3 河南省环境空气质量生态补偿实践

生态补偿金考核因子为可吸入颗粒物（PM_{10}）、细颗粒物（$PM_{2.5}$）。

城市环境空气质量生态补偿金按以下办法计算：省辖市、省直管县（市）的年度生态补偿金为按照每项考核因子计算的每季度生态补偿金之和。

第一季度每项考核因子的生态补偿金＝（当年第一季度每项考核因子平均浓度－当年年度环保责任考核目标值）×生态补偿标准

第二季度每项考核因子的生态补偿金＝（当年前两个季度每项考核因子平均浓度－当年第一季度每项考核因子平均浓度）×生态补偿标准

第三季度每项考核因子的生态补偿金＝（当年前三个季度每项考核因子平均浓度－当年前两个季度每项考核因子平均浓度）×生态补偿标准

第四季度每项考核因子的生态补偿金＝（当年每项考核因子平均浓度－当年前三个季度每项考核因子平均浓度）×生态补偿标准

每项考核因子的平均浓度以微克每立方米计，生态补偿标准为每项考核因子每微克每立方米 20 万元。按照以上办法进行计算，当计算出的生态补偿金为正值时，是对省辖市、省直管县（市）财政的生态补偿金扣缴额度；为负值时，是对省辖市、省直管县（市）财政的生态补偿金奖励额度。

对与上年相比可吸入颗粒物（PM_{10}）、细颗粒物（$PM_{2.5}$）年度平均浓度不降反升的省辖市、省直管县（市）实施年度惩罚性扣款。可吸入颗粒物（PM_{10}）、细颗粒物

（PM$_{2.5}$）年度平均浓度超过上年实际平均浓度的，每项考核因子每超过 1μg/m^3 扣款 40 万元。可吸入颗粒物（PM$_{10}$）、细颗粒物（PM$_{2.5}$）年度平均浓度未超过上年实际平均浓度的，不扣款。

综上所述，同是空气质量生态补偿，不同省份之间既有共同之处，也有差异。目前，实行空气质量生态补偿的考核因子基本上和 4 项减排指标一致。例如，山东省的考核指标是 PM$_{2.5}$、PM$_{10}$、二氧化硫和二氧化氮，湖北省和河南省的考核因子则是 PM$_{2.5}$ 和 PM$_{10}$。山东省根据自身污染物实际情况，还规定了 4 项指标的不同权重。有的地方将气象因素纳入考虑范围，例如山东省和湖北省。山东省根据各地的扩散情况，规定了两类稀释扩散调整系数。据气象部门观测，青岛、烟台、威海、日照 4 市年均风速是其他城市的 1.6 倍，大气污染物稀释扩散条件较好，因此，将这 4 市的稀释扩散调整系数设置为 1.5，其他 13 市的稀释扩散调整系数为 1。若青岛等 4 市环境空气质量同比恶化，向省级支付的生态补偿资金数额也要乘以 1.5 的调整系数。湖北省则规定天气变化系数在 0.5～1 之间。河南省和湖北省的补偿制度将环境空气质量改善情况和年度目标任务都纳入了考核范围。

10.4　山西省空气质量生态补偿的已有基础

随着生态补偿法律制度构建工作在全国范围内的逐步展开，山西省及各地政府也十分重视山西省生态补偿法律制度的构建，积极制定地方政策，为其法律制度的实施提供稳固的政策前提。2013 年 4 月，山西省政府颁布了《山西省国家资源型经济转型综合配套改革试验总体方案》，方案提出山西省要构建健全的生态环境保护与生态恢复治理补偿机制，逐步构建生态补偿机制。山西省 11 个地市在省政府颁布了总体方案后陆续颁布了各市相对应的实施方案，并制订了相应的行动计划，其中对生态补偿的相关规定大多以建立健全的生态补偿机制为首要任务，可见从山西省到各市政府对生态补偿制度的构建极为重视。

10.4.1　山西省生态补偿立法梳理

随着山西省经济的发展，人们对环境保护的意识提高，山西省人大及其常委、省政府关于推进生态文明建设的工作逐步开展。在 1991～2011 年期间，山西省人大及其常委、省政府现行有效的关于生态补偿的相关规范性文件共有 20 部；山西省人大及其常委出台的地方性法规有 14 部，其中 1991～1995 年 3 部，1996～2000 年 6 部，2001～2005 年 3 部，2006～2010 年 1 部，2011 年 1 部；山西省人民政府出台的政府规章有 6 部，其中 1991～1995 年 2 部，1996～2005 年立法空白，2006～2010 年 4 部。

对 1991～2011 年以来山西省生态补偿的相关立法文件进行梳理，山西省近年来生态补偿相关立法总数共计 20 部，地方性法规与政府规章数量不均匀，具体到立法上，山西省地方性法规的数量远远多于政府规章的数量，超过省政府规章数量的 2 倍。在

1991～2000 年期间，立法数量高于 2001～2011 年这一阶段，且地方性法规的数量也高于省政府规章。针对这一情况笔者分析认为：在 1991～2000 年期间，山西省与全国其他城市一样，改革开放后人们生活水平提高，但随之而来的是人口数量的大规模增长，在山西省仍然处在生产水平落后的情况下，解决人口增长与物质需求的办法则是毁林造地、过度放牧等，依赖自然生态环境来满足人们的正常生活，此时山西省的生态环境问题迫切需要出台规范性文件对其进行规制。与此同时，国务院于 1996 年颁布的《国务院关于环境保护若干问题的决定》和 1997 年党的十五大报告中都提出了要建立有偿使用自然资源的经济补偿机制，加大对环境污染的恢复治理。山西省在这一时期加大生态补偿立法力度，表明了山西省响应党的政策号召，顺应国家制度构建趋势，同时结合本省省情，力图修复山西省生态系统，改善环境质量，实现山西省的可持续发展目标。

10.4.2　山西省法定生态补偿类型的划分

山西省是我国著名的"煤海之乡"，同样也有着悠久的煤炭开采历史。自改革开放多年以来，山西省依靠能源资源发展经济，对煤炭资源的利用不加以节制。在这种粗放式、以资源消耗为主的生产方式下，现有的生态补偿法律制度对于生态环境的保护显得力不从心。对于发展煤炭经济而言，煤炭资源从最初的开采到加工，一直到煤炭的消耗，其中每一道工序都能给当地的生态环境带来难以弥补的危害。

从土地资源来看，山西省土地总面积约为 $15.67×10^4 km^2$，占到全国土地总体面积的 1.63%，是土地资源相对比较短缺的省份之一。地貌类型复杂多样、土地质量较差、黄土覆盖广泛是山西省土地资源的总体特征。山西省人口数量逐年增加，人们对土地的过分依赖，加上不合理的开采利用，导致许多地区的植被遭到破坏，难以修复，同时带来的土地退化也十分严重。

因此，山西省在整治煤炭资源和土地资源方面的力度大，立法数量相对较多，且针对性较强，都分别集中在某一特定受损严重的领域，在其制度构建上也相对较完善。山西省近年来对生态补偿法律制度的构建十分重视，不论是在生态补偿立法方面还是相关制度完善方面都付出了有目共睹的努力。但山西省作为我国资源能源大省，长期的资源不合理开发和企业化工污染造成了巨大的生态欠账，并且山西省自身生态环境脆弱，环境恶化现象持续时间已久，要有效遏制这一趋势，现有的生态补偿法律制度还远远不够。

山西省以发展煤炭经济为主，这种粗放型的经济增长方式给山西省带来了短时间内难以恢复的生态破坏和环境污染。部分地区甚至不惜牺牲环境与自然资源，追求短期内的暴利，甚至有违规企业私挖乱采，对污染治理的资金投入也严重不足。在长期缺乏约束和管制的状态下，山西省的生态环境日趋恶化。山西省生态环境的恶化也反过来制约了经济的长远发展，给山西省带来了巨大的财政负担，山西省仅仅对煤炭开采的环境费用就高达上千亿元。由煤炭开采造成的空气及地表水污染、地面塌陷等一系列的环境问题无法得到及时解决，新的环境问题接踵而至，这不仅是山西省过度利用自然资源造成的后果，也是其现有的生态补偿法律制度在实践当中没有充分发挥其规制作用的结果。

10.5　现行的空气生态补偿机制存在的问题

10.5.1　空气生态补偿机制立法不完善

从我国目前的法律体系来看，有关生态补偿制度的法律规定十分零散。《中华人民共和国宪法》（简称《宪法》）中并没有体现生态补偿制度的法律地位。在环境保护基本法中，新修订的《环境保护法》才刚将此制度纳入其中。在具体的环保领域，生态补偿制度也仅仅作为一种环境保护手段做了较为原则性的规定，并没有引起足够的重视。同时，我国目前又缺乏有关生态补偿的专门性法律规范。虽然生态补偿条例的草稿已经完成，但是就目前来看，其最终出台的时期也较久远。至于专门针对空气生态补偿的立法，国内更是凤毛麟角，在《大气污染防治法》中也没有体现生态补偿的法律条款。当然，根据《国务院关于落实科学发展观加强环境保护的决定》以及国家"十一五"发展规划中的要求，要完善生态补偿政策，尽快建立生态补偿机制，国家和地方可分别开展生态补偿试点。在国家层面缺乏相应法律制度的情况下，各地方可以率先进行探索，山东省有关空气生态补偿的实践值得各地方学习和借鉴。

10.5.2　补偿主体有限，公众参与度不高

从山东省、湖北省及河南省等的环境空气质量生态补偿办法可以看出，空气生态补偿的主体主要是省级政府和各市政府之间。对考核环境质量改善的区（市），由省财政向其发放补偿金；相反，对于环境恶化的地区，则需要由市级财政上交补偿金。但从这个规定中可以看出，空气生态补偿的主体仅限于政府之间，并没有涉及其他利益相关者，因此公众参与的程度不高。过分强调政府的补偿主体容易形成一个封闭和单一的生态补偿主体，不利于形成开放的生态补偿主体体系，这将会背离生态补偿立法和实践的客观需求。因此，适当扩充生态补偿主体范围，加强公众参与度，在加强国家补偿、资源利益相关者补偿的同时也要加强非直接利益相关者的社会补偿。

10.5.3　补偿金来源渠道单一

从山东省、湖北省及河南省等的环境空气质量生态补偿办法中可以看出，补偿金的形式主要是地方财政。山东省虽然规定了补偿金的支付方式是纵向兼横向生态补偿方式，但是从条文中可以看出，仍然是以上下级之间的纵向财政转移支付为主。同时，山东省财政年度奖补额"不设上限"，按考核每季度及时清算，足额兑现，这显然给地方财政增加了不小的压力。目前，区域之间、流域上下游之间、不同社会群体之间的横向转移支付微乎其微，这大大限制了生态补偿机制的持续开展。

第**11**章 山西省区域空气质量生态补偿政策研究

区域大气环境生态补偿，是指对在空间上相邻且处于同一大气生态环境系统中的不同行政区域之间（受益地区与受损地区、开发地区与保护地区）因利用大气环境容量而引起的不相平衡的利益进行平衡补偿。区域生态补偿制度可通过经济上的杠杆作用来激励生态保护区居民改善本地区大气环境，进而辐射至其他地区，有利于实现基本生态服务供给在不同区域之间的均衡化供给。因此，区域生态补偿制度作为一项环境经济政策，其现实意义在于通过利益的再平衡，实现区域生态问题的协同治理，促进区域环境与经济社会发展的一体化，确保受益和保护地区基本生态服务供给的均衡化。

正如当初流域治理开始实施生态补偿是为了改善流域水质一样，大气领域实施生态补偿，也是为了落实和强化地方政府保护环境的主体责任，促进大气污染防治，改善大气环境质量。虽然都是根据"谁保护、谁受益，谁污染、谁付费"的原则来实施的补偿制度，不过目前这种制度在流域治理层面的运用和大气领域的应用还是有差别的。流域层面的生态补偿，是不同行政单位之间的横向比较，是上下游之间的补偿，而目前各地在大气领域实施的生态补偿是同一个城市与自身的比较，是上下级行政单位之间的补偿或缴纳资金。

11.1 区域空气质量生态补偿的基本原则

构建山西省区域大气环境生态补偿制度时所应遵循的 5 项基本原则如下。

（1）受益者负担原则

由享受因治理大气污染而外逸的空气质量改善收益的地区居民负担治理大气污染的直接成本或者因限制发展而产生的机会成本。

（2）公平与适度原则

在坚持公平负担作为确立区域大气环境生态补偿标准基本依据的同时，也应将适度性作为其修正依据，不能一味地固守成本与收益的评估、核算。

（3）灵活性补偿原则

灵活选择补偿模式、方式，在补偿模式上应着重结合政府与市场的优劣势，在补偿方式上可采用政策补偿、资金补偿、物质补偿以及技术或者智力补偿等。

（4）公众参与原则

在理性指引下建立与完善区域民主协商机制，引入社会公众的监督制约力量。

（5）大气生态环境责任原则

通过法律责任的设置，确保政府间生态补偿契约具有实施上的强制性。

11.2　区域空气质量生态补偿的总体框架设计

进行区域生态补偿不是要否定现在开展的总量控制和联防联控等工作，而是在现行制度的基础上，探索多样化的区域协作方式，调动环境保护方的积极性，促进区域协调发展。大气环境生态补偿机制的建立将有利于改善山西省的大气生态环境质量状况，改善该地区的空气质量，也有利于解决贫困区的经济发展问题，实现区域经济社会统筹协调的一体化发展。总体而言，山西省区域大气环境生态补偿机制法律机制的设计，应在综合考量山西省区域大气环境特性的基础上，严格遵循上文所述基本原则，着重解决"谁补偿谁""补偿多少""如何补偿"以及补偿机制的保障措施问题，以形成长效且多层次的区域大气环境生态补偿机制。

山西省大气环境生态补偿法律机制应当包括以下内容：

① 补偿与受偿主体的界定；

② 公平且适当补偿标准的确立；

③ 灵活且多元化补偿模式的采行；

④ 确保补偿机制有效运行至其保障性制度措施，例如区域生态价值评估、区域环境信息共享与沟通协调、区域生态补偿立法推进等。

（1）谁补偿谁：补偿与受偿主体的界定

一般而言，保护区或开发区政府在保护成本远高于其所能获得收益的情形下，不论受益区政府是否有一定生态补偿，其均无动力选择保护区域大气生态环境或限制自身对大气环境容量的过度利用行为。此时，如果一味地依靠上级政府的权威予以行政规制，难免会造成对保护区公众资源权益的侵犯，构成国家行为特别牺牲，需要国家通过补偿形式予以救济。同时，从区域大气生态环境整体环境保护以及国家生态环境安全角度来看，省政府也应对保护区政府的大气环境保护行为进行财政上的支持，因为保护区的环境空气质量改善对全省空气质量改善起到了一定程度上的正向贡献。另外，直接受益的地方政府自然也应当为其所享受的正外部性生态利益进行补偿，这是基于权利对价支付理论的一种公平负担。可以说，通过财政转移支付、市场化交易等补偿模式，对保护区或者开发区政府为共同补偿。受偿主体，则是指在生态补偿法律关系中自身权益受到损害或者限制者。

（2）补偿多少

由于自然资源与生态环境价值难以量化、货币化的属性，以此为基础的生态补偿也面临着补偿标准难以确定的理论与实践困扰。在山东省实施的空气质量生态补偿实践中，通过将细颗粒物（$PM_{2.5}$）、可吸入颗粒物（PM_{10}）、二氧化硫（SO_2）、二氧化氮（NO_2）季度平均浓度同比变化情况作为考核指标（考核权重分别为 60%、15%、15%、10%），结合根据自然气象所确认的各市区的稀释扩散调整计算出各市或地区的考核得分，再根据考核得分与生态补偿资金确定生态补偿资金额度，其中生态补偿资金系数是 20 万元·$m^3/\mu g$。

此外，区域生态补偿标准还应遵循适度性原则，过高则受益区域可能不愿意或不能接受；标准过低，则可能影响保护区或开发区进行保护的积极性，从而不利于区域大气生态环境的保护。

（3）如何补偿：灵活且多元化的补偿模式

综观国际生态补偿实践，生态补偿的制度模式主要可分为政府主导型补偿模式和市场化运作模式两类。政府主导型生态补偿模式的具体形式较为多样，有专门性的生态保护和建设项目补偿、公共财政转移支付、生态补偿基金、区域合作（包括扶贫和发展援助政策）、生态补偿税费等；而市场化运作模式主要是指引入市场机制，创新生态补偿产品，主要有生态标志、排污权交易、水权交易和温室气体削减等生态服务产品配额交易。

综合考量山西省的现实情况，本研究主张采用公共财政支付补偿为主、市场交易补偿模式为辅的区域生态补偿机制。

首先，政府主导的公共财政转移支付仍是最主要的补偿模式，既包括政府对保护区或开发区的纵向公共财政转移支付，也包括受益区政府对保护区或开发区政府的横向公共财政转移支付，具体可通过政府间协议的形式予以约定、实施。在资金来源上，除政府公共财政支付外，可考虑纳入受益地区的大气资源或生态环境税费、行政罚金等。此外，也应积极吸收市场和社会资本的介入，建立起多元主体参与的多渠道投融资机制。在资金的使用上，可考虑设立区域生态补偿基金，通过信托基金的方式运营管理该基金，除可明确资金使用方向并确保其使用上的公开透明之外，尚可实现保值增值。

其次，为克服政府失灵，市场交易模式的引入便成为当然之举，这也是通过各国生态补偿实践得出的经验。针对大气污染物排污权的市场交易已经成为发达国家防治大气污染的有效手段，我国近几年来在多地，包括北京市、天津市试点的碳排放交易也取得了卓越成效，这无疑为山西省试行市场交易提供了优良的制度经验。究其本质，排污权交易的客体应当是大气环境的容量，通过环境容量的交易来实现维持区域生态环境质量、补偿保护区或开发区利益的目的。

最后，由于区域大气环境生态补偿制度的最终目的不是单纯地弥补受偿主体，而是要实现区域大气生态环境协同治理、实现区域统筹协调一体化发展，因此，除经济补偿之外，区域经济合作项目，尤其是清洁技术援助项目等应当成为积极鼓励和引导的区域生态补偿方式。

山西省既需要在短期内改善区域空气质量，也需要建立长期有效的经济、社会与生态相协调的发展模式，所以需要兼顾直接补偿与间接补偿两种区域生态补偿方式。一方面，要发挥经济补偿的作用，以区域环保基金支持山西省不同地区的大气污染治理工作，同时多方拓宽融资渠道，提高资金的使用效率。另一方面，要通过政策与技术补偿优化山西省不同地区的产业和能源结构。

① 直接补偿由政府直接向受偿地区提供资金或实物，包括财政转移支付、设立补偿基金、提供生产设备等。我国的典型案例是 2004 年设立的中央财政森林生态效益补偿基金。直接补偿的优势是节约交易成本、见效快，能够切实改善区域生态环境，其中生态补偿基金因为具有专款专用、机构化管理等优点，正在被越来越多地应用到区域生态补偿之中。但是从长期来看，直接补偿在引导生产要素流动方面的效果不明显，不利于调动企业和居民发展绿色产业、参与生态建设的积极性，对优化区域发展方式的作用有限。而且若要采用直接补偿的方式，需要财政有足够的支付能力，并要考虑其在整体制度环境中的可行性。

② 间接补偿是政府给予受偿区政策优惠或技术支持，包括优惠贷款、异地开发、技术输出等。我国的典型案例是 1994 年在浙江省金华市经济技术开发区为水源涵养区磐安县设立的"金磐扶贫经济开发区"。间接补偿减轻了政府的财政负担，更强调在受偿地区发展绿色经济或发挥环境受益区对环境保护区的带动效应，以补偿提供生态服务地区所损失的发展权。但是实施间接补偿的一个难点是识别"生态产业"，一方面要防止名为"绿色经济"实则为传统粗放式发展的产业鱼目混珠；另一方面要防止高耗能、高污染的产业从环境受益区转移到受偿地区，加重区域生态剥夺，加剧地方矛盾。

（4）补偿标准设计

除补偿主体和补偿方式之外，区域生态补偿机制中另一个构成要素是补偿标准的设计，从理论上来说主要是基于污染治理成本设计补偿标准，但在实际运用中最广泛的是支付方与受偿方的意愿协商法。

资源型地区大气污染成因与治理研究
——以山西省为例

第12章 山西省人群健康空气质量生态补偿政策研究

在工业化过程中，美国、日本、德国等发达国家在20世纪就开始了围绕空气污染造成的人群健康损害补偿理论研究和相关政策的制定与实施。其中以美国的《超基金制度》和日本《关于因公害引起的健康损害的救济的特别措施法》两项措施较为成功。其中日本专门制定和实施了对于大气污染公众健康损害的补偿办法，对补偿对象、补偿区域、认定条件等进行了较为详细的界定，可作为山西省开展空气质量生态补偿的主要参考依据。

12.1 空气质量与人群健康损害的相关性分析

12.1.1 空气污染与典型疾病相关性分析

迄今两项最大宗的观察是美国全国空气污染相关疾病和死亡研究组（NMMAPS）与欧洲的空气污染和健康小组（APHEA-2）所做的研究，其结果基本一致。NMMAPS观察了全美20个大城市约5000万人口，发现死亡前1天空气PM浓度与死亡率均值密切相关，日总死亡率中的0.21%和心肺疾病死亡率中的0.31%是由空气中PM_{10}含量增加所致。APHEA-2进行的涉及欧洲29个城市4300万人口的调查结果表明，空气中PM_{10}每增加$10\mu g/m^3$，总死亡率日均值增加0.6%（95%CI为0.4%~0.8%）、心血管疾病死亡率增加0.69%（95%CI为0.31%~1.08%）。日本对国内不同地区1881名调查对象的观察结果表明，以年龄校正后，空气中PM_{10}、$PM_{2.5}$水平与缺血性心脏病或高血压性心脏病显著相关。西班牙一项对全国14个城市的调查也表明，除O_3外，短期接触污染空气和心血管疾病住院之间，以滞后0.1d时的相关性最高。PM_{10}每增加$10\mu g/m^3$，心血管病住院率增加0.9%（95%CI为0.4%~1.5%）、心脏病住院率增加1.6%（95%CI为0.8%~2.3%）。

12.1.2 特征污染物与人群健康的相关性

环境空气污染会给生态系统和人类社会造成直接或间接的危害，影响人类的生活质量、身体健康和生产活动。大量流行病学研究表明，空气污染，尤其是颗粒物污染，不仅与肺部等呼吸系统疾病紧密相关，还影响人们的心脑血管健康。环境污染在带来健康损害问题的同时，还引发大量社会问题。随着污染的加剧和人们环境意识的提高，由污染引起的人群纠纷和冲突逐年增加，环境污染所导致的损害赔偿纠纷也日益增多。

12.1.2.1 颗粒物

随着交通的发展、机动车辆的增加、环境的日益破坏，$PM_{2.5}$ 污染越来越严重。空气颗粒物（PM）来源复杂，是我国最主要的空气污染物。颗粒物粒径越小其健康危害作用越明显。另外的一些研究则分析了可能存在的相关性（r）。庄一延等发现福州市区 1984～1993 年的 TSP 年均浓度与肺癌死亡率的 r 为 0.603（$P<0.01$）。合肥市 1990～1992 年的肺癌死亡率与 1985～1992 年空气污染物水平的 r 高达 0.938（$P<0.01$）。空气污染物之间常存在较强的相关性，因而楚建军等运用回归模型发现徐州市 1980～1991 年空气污染物中 TSP 与肺癌死亡率的相关关系最强。

李海欣等对天津市的灰色关联度分析发现，1984～1988 年的空气 TSP 年均浓度对 12 年后的肺癌发病率序列关联最大。黄欣欣等把厦门市逐年肺癌标化发病率与空气污染资料视作重复测量数据，并做估计方程模拟，发现了 TSP 的显著性作用。美国的研究表明，硫酸盐、硝酸盐、氢离子、元素碳、二次有机化合物及过渡金属都富集在细颗粒物上，而 Ca、Al、Mg、Fe 等元素则主要富集在粗颗粒物上，它们对人体的影响不同。$PM_{2.5}$ 对人体的危害比 PM_{10} 大，已成为环境空气控制政策的新目标。

胡雁等对青岛市肺癌死亡率进行分析表明，青岛市区空气总悬浮颗粒物与肺癌死亡率增高有一定的相关性。陈士杰等利用灰色关联度模型，对整体人群的肺癌死亡率资料与空气总悬浮颗粒物年均浓度资料进行测算，结果显示，肺癌死亡率与 9 年前总悬浮颗粒物的灰色关联度最大，表明总悬浮颗粒物致肺癌的潜伏期为 8 年。目前对颗粒物的研究倾向于 $PM_{2.5}$。Pope 等通过美国癌症协会收集的 16 年资料，涉及 50 万名美国人的死亡原因风险因素的数据，发现空气中的 $PM_{2.5}$ 与总死亡率、肺癌死亡相关，$PM_{2.5}$ 每增加 $10\mu g/m^3$，肺癌死亡率增加 8%。在日本进行的 $PM_{2.5}$ 与疾病关系的横断面研究发现，$PM_{2.5}$ 水平与女性肺癌呈正相关，$PM_{2.5}$ 每增加 $10\mu g/m^3$，女性非吸烟者肺癌的相对危险度为 1.10，其 95% CI 为 1.02～1.18。同时考虑吸烟与 $PM_{2.5}$ 的联合作用，$PM_{2.5}$ 每增加 $10\mu g/m^3$，女性吸烟者肺癌的相对危险度为 1.04，其 95% CI 为 1.01～1.10。Michael Jerrett 等在洛杉矶的队列研究发现，控制了 44 个个体因素差异后，$PM_{2.5}$ 每增 $10\mu g/m^3$ 肺癌的相对危险度为 1.44。Elena Nerriere 等对法国 4 个城市研究发现，每年由慢性暴露于 $PM_{2.5}$ 而导致的肺癌病例数波动于 12～303 例，4 个城市肺癌死亡率与 $PM_{2.5}$ 的相关性波动在 8%～24% 之间。

12.1.2.2 二氧化硫

空气中的二氧化硫（SO_2）主要来源于燃煤污染，是另一种主要的空气污染物，是一种辅助致癌物。抚顺市 1976～1981 年 12 个监测点的 SO_2 浓度与所在街道 1987 年的肺癌发病率的 r 为 0.858，具有统计学显著性，提示了 SO_2 与肺癌发病之间可能存在相关关系。天津市的灰色关联度研究发现，1996～2000 年的肺癌发病率与 13 年前的空气 SO_2 年均浓度关联性最强。黄欣欣等在厦门市的估计方程模拟研究显示，SO_2 与肺癌发病率存在显著性关联，且关联强度大于 TSP。李会庆等分析了 1978～1989 年山东省 13 个地市的肺癌死亡资料和空气污染的历年监测资料，发现空气污染物中只有 SO_2 与肺癌死亡率的 r 为 0.823，具有统计学显著性。土莉丽等在合肥市的分析也发现空气污染物之中只有 SO_2 能进入回归方程，且与肺癌死亡率的 r 高达 0.938（$P < 0.01$）。赵尔民对乌鲁木齐市 1979～1992 年的居民肺癌死亡率进行了分析，发现 SO_2 也能进入逐步回归方程，且 $r = 0.715$（$P < 0.05$）。浙江省海宁市发现了肺癌死亡率与 SO_2 之间的显著相关关系。张国钦等采用 Eview 软件拟合了北京市城区 1982～2006 年空气污染资料和居民肺癌死亡资料的分布滞后模型，发现 SO_2 水平与滞后 7 年的肺癌死亡率的相关关系最强。Zhang 等对北京市 1980～1992 年的硫酸盐浓度（SO_2）和 1992 年肺癌死亡率进行了相关性分析，结果显示，在男性中 r 为 0.620，但无统计学显著性，而在女性中 r 可高达 0.800（$P < 0.05$）。

12.1.2.3 氮氧化物

我国自 2000 年 6 月起已将 NO_x 中毒性较大的二氧化氮（NO_2）作为法定的空气监测物。陆应等利用地理信息系统的空间预测功能，作出了江苏省肺癌死亡和空气污染的空间地理分布图，相关性分析发现，空气污染物之中只有 NO 浓度和肺癌标化死亡率之间的相关性具有统计学显著性（$P < 0.01$），r 为 0.454。陕西省西安等市的研究也发现 NO 浓度与肺癌标化死亡率之间存在显著的正相关关系（$r = 0.611$），是致肺癌的主要因子之一。江苏省徐州市 1980～1991 年的回归分析也发现了居民肺癌死亡率与空气中 NO 的显著正相关关系，但相关性要弱于 TSP。另外，在乌鲁木齐市的研究中，尽管发现了 NO 与肺癌死亡率的相关性在污染物中是最强的（$r = 0.921$），但在随后的多因素分析和逐步回归分析中并未进入模型，表明 NO 可能与其他污染物存在较强的交互作用。冯月一等运用灰色关联度分析发现，乌鲁木齐市肺癌死亡率与 NO 的关系最近。贺琴等在武汉市的灰色关联度分析也显示 NO 与肺癌潜在减寿年数之间的关联度最强。

陆应昶等对江苏省肺癌死亡资料与同期空气资料作空间地理分布图及 Spearman 等级相关分析，发现 NO_x 浓度与肺癌标化死亡率之间存在正相关。在挪威，对 16209 名男性进行的队列研究表明，长期暴露于 NO_x 与肺癌危险度有关，NO_x 每增加 $10\mu g/m^3$，肺癌的相对危险度为 1.11，其 95% CI 为 1.03～1.19。Ny berg 等在瑞典进行的病例-对照研究表明，暴露于超过 30 年的交通污染引起的 NO_x 污染，肺癌的危险性增加 1～2 倍。

12.2　人群健康空气质量生态补偿政策设计

12.2.1　政策的性质

12.2.1.1　基础性补偿

人群健康空气质量生态补偿政策是在传统一般民事救济手段对受害人救济乏力或启动国家赔偿又无法律依据和因果推行不能的情况下，通过预设的公共补偿救济中心，以一定的条件为前提，以一定程序机制作为保障，对受害人因空气污染的受损予以及时、有效、直接支付与补偿的环境责任填补制度。

人群健康环境空气质量生态补偿政策是指根据有关法律的规定，以行政手段介入环境空气生态损害的赔偿，由政府通过征收环境税、环境费等税费作为筹资方式而设立损害补偿基金，并设立相应的救济条件，以该基金补偿环境受害人，保障损害赔偿获得迅速、确实、妥善的实现。环境空气质量生态补偿基金制度，是在处理环境污染纠纷过程中建立的为解决环境污染责任制度在环境空气质量生态领域功效不足的问题而设置的。另外，环境空气质量生态补偿政策的设立是为了实现对环境侵权受害人及时、有效、必要的补偿，避免受害人因得不到救济而陷入生产、生活困境，从而造成无法弥补的严重后果。

12.2.1.2　"救济补偿"而非"行政补偿"

行政补偿是指行政主体基于公共利益的需要，在管理国家和社会公共事务过程中合法行使公权力的行为，致使公民、法人或其他社会组织的合法权益遭受损害，依公平原则，对遭此损害的相对人给予合理补偿的法律制度。行政补偿特别强调原因行为的合法性，即行政执法人员合法行使公权力的行为造成了相对人的损害，是行政主体对受害人损失予以的补偿。

环境空气质量生态补偿的责任主体、补偿原因、补偿资金的来源都与行政补偿有着明显的不同。环境空气质量生态补偿是在环境侵权责任人不明、无赔偿能力或赔偿能力不够或消亡时，环境受害人亟需救助而民事责任制度无力救济的情形下，由补偿机构对受害人进行补偿，从而实现对受害人的救济。

12.2.1.3　"救济补偿"而非"行政赔偿"

环境空气质量生态补偿中，环境空气质量生态补偿机构以募集的资金对受害人进行的基础性补偿，支付财产的不是环境侵权行为人，而是所有出资人。因此，用"补偿"更合适。

环境空气质量生态补偿政策的公益性及资金来源的社会性，决定了空气质量生态补

资源型地区大气污染成因与治理研究
——以山西省为例

偿只能是一种补充性的补偿方式，对补偿制度的适用要遵照其自身设定的严格条件，即只有在环境空气污染受害人穷尽其他一切民事或社会救济方式仍得不到赔偿或得不到完全赔偿的情况下才启动环境空气质量生态补偿。环境空气质量生态补偿政策是传统侵权责任及其他社会化救济方式的补充。

空气质量生态补偿给予受害人补偿，是为了保护受害人的权益，而非代替环境空气污染人承担损害赔偿责任，与民事赔偿要求的完整充分赔偿不同。环境空气质量生态补偿基金，一方面，环境空气质量生态补偿基金制度与传统民事侵权责任制度不同，它依赖国家公权力的强制力征收，并在一定程度上管理和运作补偿基金，使个人承担的责任在一定程度上转化为社会分担的损害补偿和恢复原状，使得补偿基金制度具有一定的福利行政和社会安全给付意味；另一方面，环境空气质量生态补偿基金制度是以"污染者付费原则"和民事侵权责任理论为其获得资金、设立组织机构和支付补偿金的基础，因此又同时符合民事侵权责任的特点。

12.2.2　补偿基本原则

12.2.2.1　公平性原则

从公平的角度考虑，对受害者的补偿要贯彻公平补偿原则，同样对污染企业的费用负担也要体现公平的原则。如果对污染较为严重的企业与污染较轻的企业采用同一费用负担水平，或企业已经配备了环保设备降低污染水平使得因污染所受的损失减少，而相应的费用负担没有调整，都会影响企业投身环保事业的积极性，毕竟事后的补救远不如事前的预防能从根本上解决环境问题。因此，在补偿政策构建时应加强对企业污染水平进行较为精确的量化研究，制定出简单易行又比较客观的测算方法，同时还要对企业的排污情况进行动态监控，根据企业的排污情况及救济基金的发放情况及时调整征收的标准和比例。

12.2.2.2　受益者补偿原则

由于污染者的排污行为本身常常是各种创造社会财富、增进公众福利的活动在进行过程中的附带行为，是顺应公众和消费者消费需求的行为，所以污染产品或不利于环保的产品的使用者或在使用过程中会造成污染的产品的使用者作为享受了物质成果的受益人，也应对其污染行为承担一定的责任，这就是受益者补偿原则。当然，受益人责任的承担不像污染者那样直接根据排污的多少缴费或税，排得越多，缴费也越多。虽然消费者不直接缴纳排污费，但是生产者缴纳的排污费作为企业生产成本最终会通过提高售价的方法向消费者转嫁，从而将责任向消费者转移。将污染者负担原则扩大到受益者补偿，除了践行"利之所生、损之所归"的传统民事责任理论外，还可以使环境成本内部化，从根本上改变人们的消费行为习惯，进而影响生产经营者的生产经营行为，减少环境污染和破坏。

12.2.3　补偿范围与标准

12.2.3.1　补偿的范围

依据民事侵权赔偿范围，环境侵权损害赔偿可以包括人身、财产和精神损害赔偿三个方面。由于补偿基金建立在民事责任的基础之上，因此，补偿的范围也就要参照民事赔偿的范围，同时还要考虑基金持续运行的需要，制定合理的补偿范围和标准。在补偿的范围上，要考虑补偿制度的承受力，建议现阶段只对人身、财产损害给予补偿，精神损害暂不列入补偿范围，将来随着财力的增长及基金运行水平的提高，可适时对精神损害进行补偿。对于享受公费医疗的人员，在报销范围内的不予报销。

不仅要考虑对某一受害者救济的充分性，还要考虑救济对象的广泛性，要尽可能将受到环境空气污染的群体都纳入补偿的范围。在补偿的范围上不能与民事赔偿相提并论，追求完全、充分的补偿。在确定环境损害补偿范围时，可以参考日本的做法，并结合实际确定合适补偿范围，主要包括医疗费、遗属补偿费、丧葬费、残疾补偿费、医疗津贴5种。

12.2.3.2　补偿的标准

人身损害补偿的标准应当参照目前民事赔偿的有关规定进行补偿，只对不能从其他渠道得到救济的损害进行补偿。例如，随着医疗保险制度的完善，对于疾病可纳入医疗保险的范围将进一步扩大，因此，对于因空气质量污染而导致疾病所需的医疗费，能够通过医疗保险解决的，不再给予补偿，以避免"双重支付"。对于人身损害中的其他补偿，可参照日本的作法，采取补偿定额化的办法，以保证补偿制度认定的简便性与救济的迅速性。这种定额化的赔偿方法对于受害人众多的集体损害索赔，能够提高赔付的效率，保证了救济的及时性。财产损害的补偿标准应考虑补偿的承受能力，根据所受损失的程度采取限额补偿的原则。同时，在补偿的方式上可以尝试突破传统民事赔偿中简单的金钱给付，而着眼于空气污染给受害人造成的生存危机，采取有利于帮助其恢复生产、生活能力的方式，即不仅是输血，还要进行"造血式的救济"，以实现积极的救助。

12.2.4　补偿组织机构

空气质量生态补偿政策的组织机构可以考虑两种模式：第一种是设立独立的、专门的空气质量生态补偿组织机构，管理基金制度的所有事宜；第二种在现有环境保护行政部门的统一领导下，设立附属于环保部门的补偿制度组织机构。

由于空气质量生态补偿基金部分来源于政府的财政拨款，而污染受害人的认定又涉及环境科学的技术性问题，全省各级环保部门掌握有关于空气质量污染的详细资料，配备有环境行政执法的专门人员。因此，从环境空气质量污染事实认定、受害人确定、受害范围认定以及环境损害补偿等工作开展的便利性角度考虑，环境空气质量生态补偿基金管理机构应当附属于环境行政管理部门，由其抽调专业人员组成环境空气质量生态补偿机构开展日常工作，其性质属政府直接管理的公共事业单位，不以盈利为目的，而是根据法律法规的授权对环境补偿基金的申请进行认定和发放。

为保证环境污染损害公共补偿的公正性，应当借鉴司法鉴定的做法，聘请环境科学、医学、法学等领域的专家组成环境空气质量生态补偿专家委员会，负责认定污染事实和决定环境污染公共补偿具体数额等。

12.2.5 补偿金的来源

空气质量生态补偿政策的运作需要有大量资金支持，因此补偿金的筹集就是政策有效实施的重要环节。根据环境侵权的特点，应当在污染者负担和受益者补偿这两项原则基础之上建立起资金的筹集机制。从各国的做法看，一般是通过向排污者收取排污费、污染税等环境税费的办法来体现污染者负担的原则，所收取的费用也应用于治理环境及对受害者进行救济。因此，依靠国家强制手段收取环境税费并提取一定的比例组成救济基金就成为补偿基金制度得以实现的基本物质保证。

环境空气质量生态补偿政策是指政府通过征收环境费、环境税等特别的费、税等主要筹资方式设立补偿基金，在特定的环境空气质量损害发生后，在符合补偿条件的情况下，以该补偿先行支付补助环境受害人，以保障损害赔偿获得迅速、确实、妥善实现的制度。在侵权责任人可以确定的情形下，补偿机构保留其对加害人的追偿权；而在无法确定加害人和加害人没有赔偿能力的情况下，事实上必须由国家负责赔偿受害人的损失，并最终将这些赔偿转移给所有的被征收者甚至社会承担。这种制度使传统的损害赔偿转化为损失分担，从而实现对受害人的救济。

就空气质量生态补偿金的来源来讲，以山西省现在的经济发展水平，如果完全由政府来负担环境空气生态补偿金，无疑会给政府带来巨大的财政压力，因此必须考虑基金来源途径的多元化。环境空气生态补偿基金主要来源于向污染企业收取的排污费、征收的环境税以及政府的财政拨款。结合山西省的实际情况及对美国超级基金、日本公害健康补偿制度先进经验的吸收，山西省的环境空气质量生态补偿金来源可以包括以下几个方面。

12.2.5.1 征收的排污费、环境税及罚款

目前我国征收排污费的对象主要是排放废水、废气、废渣，制造噪声及放射性物质行业。根据"污染者负担原则"缴纳排污费的不仅仅是上述这几类行业，在现有的科技及经济发展状态下，任何单位或个人在生产生活中都会不可避免地向环境排放污染物。

环境税收作为与环境事业相关的一项收入，理应有一部分用于对环境侵权的救济。环境侵权受害人遭受损失是由环境侵权人向环境排放污染物的行为所致，即便基于环境侵权原因（行为）的价值性，环境侵权人也应当适当承担对受害人损失赔偿的责任。环

境侵权人通过缴纳环境税为自己的排污行为"买单"，则该部分费用相当于通过政府强制力得来，应该作为由政府统一保管的企业排放污染物造成损害后果的赔偿费用。针对排污企业不按规定配备排污设备或设备不达标等情形，政府可对企业处以罚款以示惩罚，作为环境保护工作的一部分，也可将这部分罚款归入环境空气质量生态补偿基金。

向企业征收的环境税费是补偿资金的主要来源。因此，应当建立起更有助于环境保护的绿色税费体系，科学合理地核定企业的税费标准和征纳方式、减免及加罚制度等，以经济的手段一方面促进节能降耗，加强环保，另一方面为开展污染治理、实施救济提供资金准备。

12.2.5.2　政府财政拨款

政府是整个社会事务的掌管者，理应将保护环境、保障人民利益遭受损失后的利益填补作为自己的法定职责。政府履行职责必然需要财政支出，环境空气质量生态补偿政策的运行、管理都需要专业人才的劳动，需消耗大量的社会财富，由财政拨款提供必要资金支持也是合乎情理的。另外，从某种意义上讲，每一个个人或单位都为环境状况恶化"做出了贡献"，都可能是环境侵权的责任人，但环境的恶化对生活在其中的每个人的生产、生活都会产生不良影响，此时每个个人或单位都可能成为环境空气质量污染的受害人。

公民因经济发展的需要而不可避免遭受环境侵害的损失，理应从国家那里得到适当的补偿。由于排污费和环境税收并不能满足补偿公民环境污染受害资金的需要，因此，作为环境损害补偿基金来源的一个途径，政府应当从财政收入中拨付一部分款项用于对环境空气污染受害者的补偿。

12.2.5.3　社会捐助及基金运营收入

空气质量生态补偿金除了政府税收、财政拨款等政府来源外，还可以通过民间组织、个人捐助等公益途径获得。随着环境问题的日益突出，环境污染给人们生活带来的冲击越来越大，人们保护环境的意识不断增强，越来越多的人投身到环境保护的公益事业中。另外，在没有发生重大环境侵权事故，基金有富余时，在不影响基金处理突发事件的情况下，补偿机构可以从基金中抽出一部分用于投资运作，或者可以用于支持企业技术开发创新，清洁生产，降低环境污染事故发生的风险。

12.2.5.4　环境保护福利彩票收益

个人是环境空气质量侵权行为的直接受害者，但在侵权行为发生前，个人也享受着工业生产带来的生活便利，个人的需求在一定程度上推动着企业的生产，所以由个人承担一部分补偿基金的资金投入，也有其合理之处。福利彩票在很多国家的发行规模都相当巨大，筹集资金主要用于社会福利、公共卫生、体育、教育等，以弥补国家财政对公益事业拨款的不足。

资源型地区大气污染成因与治理研究
——以山西省为例

12.2.6 补偿基金的征收

目前，环境税费均由相关的行政机关负责征收，出于对管理的高效、有序及成本节约的考虑，不宜把税费征收权过度分化，仍然应依法由税务、环保等行政机关负责。

12.3 环境空气质量生态补偿申请程序

环境空气质量生态补偿申请程序一般包括申请、认定和补偿等。

12.3.1 补偿申请

环境污染损害补偿基金的申请，指由环境污染受害人或者其近亲属向环境空气质量生态补偿机构提出环境空气质量污染受害补偿的行为。

空气污染受害人向生态补偿组织机构申请空气质量生态补偿基金必须同时具备以下两个条件：第一，受害人的人身、财产损害结果必须是环境空气质量侵权行为造成的；第二，受害人必须在现行法律规定的时效内通过其他一切救济途径但仍未获得赔偿或赔偿不足以填补其遭受的损失。

环境空气质量生态补偿基金的申请还应当符合以下几个条件。

① 申请主体。包括环境污染受害人本人，也应该包括其近亲属。这样设计主要是考虑到，一旦环境污染受害人本人由于污染而死亡，或者因伤残而丧失行为能力时，则其近亲属仍然可以行使损害补偿请求权以维护受害人的利益。

② 申请时限。由于环境污染侵害存在突发性和渐进性两种类型，环境空气污染侵权不同于一般的侵权行为，因此，显然不能适用普通民事诉讼关于诉讼时效的一般规定。为了保证环境污染受害人及其近亲属的环境受害补偿权能够实质上得到主张，在考虑时限制度时有必要确定比较长的时间。例如，在环境污染事故发生后50年才确定损害是基于环境污染产生的也应当允许受害人及其亲属获得补偿。

③ 申请条件。由于环境空气质量生态补偿政策是环境污染民事诉讼制度和环境责任保险制度的补充，因此，只有在污染受害人穷尽其他救济手段，即通过民事诉讼和环境责任保险仍然无法获得救济时方可提出补偿申请。

山西省环境空气质量生态补偿政策应设立省、市两级空气质量生态补偿机构。因此，环境空气质量受害人申请基金时应当向相应的基金机构进行申请。区、县、市一级的环境侵权损害补偿案件，向市一级补偿机构申请；如果环境空气污染行为使省内不同市的居民遭受损害，则向省级补偿机构申请，因为补偿机构需要对跨市的环境侵权行为造成的损害进行调查，省级补偿机构更能从宏观上把握总体情况，妥善安排补偿事宜。

12.3.2　申请的审核

环境空气质量生态补偿政策是环境污染民事诉讼制度和环境责任保险制度的补充，是针对污染源不明从而无法确定污染责任主体或者虽然能够确定污染源及其责任主体，也能够启动民事诉讼程序和环境责任保险途径寻求救济，但仍然只能获得部分救济而设立的制度。因此，出于积极补偿的目的，在补偿申请的认定上，显然不能适用民事诉讼的严格证明标准。相对于民事诉讼所要求的高度概然性的证明标准，环境空气质量生态补偿只要求一般的概然性即可，即受害人只要能够提出客观存在的环境污染损害事实，就可以认定符合补偿的条件。

环境空气污染受害人向空气质量生态补偿机构提出补偿申请后，受理申请的补偿机构应当立即对申请人的申请进行审核，并在法定期间内派专员至污染损害发生地进行调查取证，并由补偿机构内的专业人员做出勘验、提交调查报告，并做出是否给予补偿的报告。补偿机构内的专业人员由管理机构聘任具有相应技术专长和知识的专家、学者组成。专业人员出具的报告中，如果认定受害人的申请属于补偿基金的补偿范围，则根据环境侵权受害人受损的程度确定补偿金的数额，形成书面报告。受害人依此报告通过财政部门领取补偿金。

同时，环境污染损害公共补偿涉及广大民众的公共利益，决策失误会带来负面影响，因此应当建立严格的专家选聘和回避制度。环境空气质量生态补偿机构聘请的专家，应当品德高尚、为人正直，在相关的专业领域具有深厚的理论知识和丰富的实践经验。当专家本人或其近亲属为环境污染受害人时，专家应当回避。

12.3.3　补偿金的支付

空气质量生态补偿金是一项较大的资金集合，由于补偿金中有一部分来自环境税收，可将基金筹集的资金统一依法上缴财政部门，环境空气质量生态损害受害人持环境空气质量生态补偿机构出具的鉴定报告，依法向受理申请基金补偿的补偿机构的同级财政部门获取补偿金，即补偿基金由受理申请的基金机构的同级财政部门依法交予受害人。

12.3.4　基金支付后的追偿

空气质量生态补偿基金的目的是在环境空气侵权受害人求偿无门的情况下给予受害人基础性的补偿，以保障其生产、生活不因环境侵权的发生而陷入瘫痪，尚未达到民事责任中的完全赔偿程度，更不是为了给受害人遭受损失获得大于财产损失的赔偿金额。在环境侵权纠纷中，有可能存在环境侵权受害人从补偿基金处获得补偿后，又有了明确的环境侵权人，且侵权人有支付能力的情形。这种情况下，补偿机构可以代位行使受害人对侵权人的损害赔偿请求权。代位权的行使以补偿机构先行支付补偿金为条件，且补偿机构只能在给付补偿金范围内行使请求权。如果受害人向侵权责任人主张权利，侵权人给予赔偿，受害人因此获得超出损失的赔偿，则补偿机构可以要求受害人返还超出的部分。

12.3.5 补偿实施的监督

应建立健全空气质量生态补偿政策配套制度，对机构运行、补偿款发放及使用的各个环节进行全程监控。同时要加强对补偿金的审计监督，审计结果要向社会公布。同时，要贯彻公开、透明原则，将补偿方案、补偿款的发放及使用、补偿机构的日常运营开支等通过网站、报纸等媒体进行公布，接受公众的监督。

第五篇　山西省大气环境管理政策实施评估

○○ ── ● ── ○○ ○ ○○ ── ●

近年来，山西省采取了一系列的大气环境管理政策措施，其中有些措施有效，有些无效，有些改善效果显著，有些改善效果相对较小。笔者选择了"大气十条"实施的最后一年和"十三五"末这两个重要时间节点，对各项措施实施的减排效果进行定量评估，深入剖析山西省实施的大气环境管理措施的进展和问题，明晰制约空气质量改善的不利因素，并提出针对性的建议，以为管理者下一阶段的科学决策提供参考。

第 13 章　山西省"大气十条"实施方案评估

13.1　开展评估的目的与意义

为加快解决严重的大气污染问题，切实改善环境空气质量，2013 年 9 月，国务院发布实施《大气污染防治行动计划》（简称"大气十条"），明确了当前和今后一个时期大气污染防治总体思路。为有效落实国务院《大气污染防治行动计划》和《京津冀及周边地区落实大气污染防治行动计划实施细则》，达到大气污染防治的工作要求，山西省制定出台了《山西省落实大气污染防治行动计划实施方案》（晋政发〔2013〕38 号），提出了全省今后五年大气污染防治的总任务、总要求及十条 40 项重点任务。同年，为确保空气质量改善达标，环境保护部与山西省人民政府签订目标责任书，要求到 2017

年，山西省空气质量明显好转，全省重污染天气较大幅度减少，优良天数逐年提高；细颗粒物浓度比 2013 年下降 20％左右。

2017 年是"大气十条"实施的最后一年，也是考核年，对山西省"大气十条"实施效果和贯彻落实情况进行系统性评估，全面总结"大气十条"实施以来的工作成效，深入剖析山西省实施的大气环境管理措施的进展和问题，明晰制约空气质量改善的不利因素，并提出针对性的建议，有利于推动下一步大气污染防治工作的科学有效开展。

13.2 开展评估的框架与考虑

政策目标实现与否是政策评估主要关注的内容，是判断政策有效性的主要依据。理想的目标体系应包括最终目标和行动目标，行动目标是为实现环节目标而制定的行动方案的目标。对政策最终目标的评估即为政策效果评估，对政策行动目标的评估，可理解为措施评估。基于此，考虑到"大气十条"以减排政策、任务的制定实施为过程目标，以改善空气质量为最终目标，本次评估工作重点围绕政策效果评估和措施评估，针对 4 个方面展开，分别是评估山西省及 11 个设区市空气质量改善情况，评估主要减排政策的落地性，评估地形因素、气象因素、产业结构、能源结构、交通运输结构等对空气质量变化的影响，评估 $PM_{2.5}$ 目标设定的合理性。同时，以上述工作为基础，分析现阶段大气污染治理工作主要的困难不足并提出对策建议。

① 开展山西省及 11 个设区市空气质量改善效果评估。以国控站点控制质量监测数据为主，针对 $PM_{2.5}$、PM_{10} 和 SO_2 三种主要大气污染物，分析 2013～2017 年、2016～2017 年、2018 年山西省及其 11 个设区市空气质量的变化情况和重污染天气的改善情况。同时，考虑到吕梁、临汾、晋中、运城 4 个汾渭平原城市在"大气十条"实施期间并未予以特别关注，而太原、阳泉、长治、晋城 4 个京津冀及周边地区大气污染传输通道城市政策措施力度较大。因此，在对 11 设区市空气质量季节变化分析的基础上，对两类城市空气质量改善情况进行对比分析，评估不同政策力度下大气环境质量改善的情况。

② 评估"大气十条"发布以来实施的环境管理措施情况。围绕产业结构调整、重点行业提标改造、燃煤锅炉整治、民用散煤清洁利用、黄标车及老旧车辆淘汰与油品升级、扬尘综合整治、挥发性有机物污染治理等"大气十条"具体任务，基于山西省"大气十条"自查报告、控制措施统计、社会经济数据等，分析"大气十条"发布以来实施的环境管理措施的落地性，指出相关政策落地性方面存在的问题。

③ 分析影响空气质量改善的不利因素。结合气象观测资料、遥感影像数据、社会经济发展与资源能源消耗数据，分析 2013～2017 年制约山西空气质量改善的地形因素、气象因素、产业发展影响、能源结构影响和交通运输结构影响因素，分析极端不利气候条件对重污染形成过程的影响。

④ 总结落实山西省"大气十条"及环保监管工作中存在的主要困难与不足，提出推动山西省大气环境改善的政策建议。

13.3 山西省环境空气质量改善情况

从目标实现程度来看，山西省空气质量得到了改善。2017 年山西省 $PM_{2.5}$ 平均浓度为 $59\mu g/m^3$，与 2013 年的 $77\mu g/m^3$ 相比下降了 23.4%；优良天数达到 201d，比 2013 年提高了 9.8%；空气质量得到明显好转，特别是 2017 年 11～12 月采暖期，山西省 $PM_{2.5}$ 平均浓度同比下降 36%，二氧化硫同比下降 51.7%，圆满完成国务院《大气污染防治行动计划》下达山西省的 2017 年 $PM_{2.5}$ 平均浓度比 2013 年下降 20% 左右的五年目标任务，完成了 $PM_{2.5}$ 平均浓度从 2017 年年初大幅度上升到年底同比下降的逆转，实现了山西省委、省政府提出的较上年好转的目标。

13.3.1 2013～2017 年山西省 $PM_{2.5}$ 年均浓度及变化趋势

13.3.1.1 2017 年山西省 $PM_{2.5}$ 总体状况

2017 年，山西省的 $PM_{2.5}$ 浓度为 $59\mu g/m^3$，为全国平均水平（$43\mu g/m^3$）的 1.4 倍，高于《环境空气质量标准》规定的二级标准 $35\mu g/m^3$，超标率为 68.5%，超标较为严重；与 2016 年的 $60\mu g/m^3$ 相比稍有所下降。

（1）山西省 11 个设区市 $PM_{2.5}$ 年平均浓度超标问题突出

2017 年，11 个设区市 $PM_{2.5}$ 年平均浓度在 $36～79\mu g/m^3$，从低到高市区依次为大同、朔州、吕梁、忻州、晋中、长治、阳泉、晋城、太原、运城和临汾。从各市 $PM_{2.5}$ 超标程度来看，11 个设区市的年平均浓度均超过了《环境空气质量标准》二级标准，超标城市比例为 100%。太原、阳泉、长治、晋城 4 个京津冀大气污染传输通道城市，吕梁、晋中、运城、临汾 4 个汾渭平原城市，以及忻州市等 9 个城市超标均在 50% 以上，其中，临汾市 $PM_{2.5}$ 年均浓度更是达到了超标 1 倍以上。省会太原市位列全国 74 个城市空气质量相对较差的后 10 位城市中。

（2）4 个京津冀大气污染传输通道城市 $PM_{2.5}$ 污染情况较 2016 年有所改善

按 $PM_{2.5}$ 浓度同比改善幅度，2017 年由大到小市区依次是朔州、长治、晋中、阳泉、大同、太原、晋城、忻州、运城、临汾、吕梁。从全省 11 个设区市改善情况来看，4 个京津冀大气污染传输通道城市中，长治市改善幅度排名第 2，较 2016 年下降 7.7%；阳泉市改善幅度排名第 4，较 2016 年下降 3.2%；太原和晋城 $PM_{2.5}$ 浓度与上年持平，未出现污染加重的情况。

（3）3 个汾渭平原城市 $PM_{2.5}$ 污染情况较 2016 年有所加重

2017 年，山西省 11 个设区市中吕梁、临汾、运城和忻州 4 个城市 $PM_{2.5}$ 平均浓度不降反升，分别为 $55\mu g/m^3$、$79\mu g/m^3$、$69\mu g/m^3$ 和 $58\mu g/m^3$，比 2016 年同比上升 12.2%、6.8%、31.4% 和 3.6%。其中，吕梁市、临汾市和运城市均位于汾渭平原。超标程度方面，运城市、临汾市的 $PM_{2.5}$ 年均浓度超标非常严重，超标率达到了 100% 以上。

2017 年 1 月和 2 月，除了长治市 1 月较 2016 年同期有所下降外，其他所有设区市的 $PM_{2.5}$ 月均浓度均超过 2016 年同期水平。比较 2017 年与 2016 年同期数据可以看出，临汾和大同有 9 个月同比增高，忻州市和运城市有 8 个月同比增高，晋城市有 7 个月同比增高，阳泉市、晋中市和吕梁市有 6 个月同比增高，太原和长治有 5 个月同比增高，朔州市有 4 个月同比增高。其中，2017 年 1～2 月吕梁市、临汾市、运城市和忻州市 $PM_{2.5}$ 月均浓度相比 2016 年反弹比较严重，更是拉高了 2017 年山西省全年 $PM_{2.5}$ 浓度。从全年变化幅度来看，与 2016 年相比，变化较为明显的有朔州市、吕梁市和长治市。其中，朔州市、长治市 $PM_{2.5}$ 年均浓度有所下降，从 2016 年的 $57\mu g/m^3$ 和 $69\mu g/m^3$ 下降到 $48\mu g/m^3$ 和 $60\mu g/m^3$，降幅分别为 15.8% 和 13%；吕梁市 $PM_{2.5}$ 年均浓度增加较为显著，从 2016 年的 $49\mu g/m^3$ 上升至 2017 年的 $55\mu g/m^3$，增幅达到 12.2%。

全年来看，临汾 2017 年 $PM_{2.5}$ 月均浓度全部超过全省均值，太原市和阳泉市有 8 个月超过全省均值，运城市、长治市和晋城市有 7 个月超过全省均值，忻州市有 6 个月超过全省均值，晋中市和吕梁市有少数月份超过全省均值，大同市和朔州市均低于全省均值。与全省均值相比，除了大同市、朔州市、吕梁市、忻州市 4 市外，其余 7 市 $PM_{2.5}$ 年均值均高于全省水平。

13.3.1.2 2013～2017 年山西省 $PM_{2.5}$ 浓度变化趋势

（1）季节变化规律

山西省 $PM_{2.5}$ 浓度分布呈现季节性变化规律。山西省全年的月均浓度最高值基本出现在采暖季的 1 月、2 月、11 月和 12 月，最低值出现在 7 月和 8 月。值得注意的是，2017 年 1 月的 $PM_{2.5}$ 达到 $125\mu g/m^3$，比 2013 年 1 月同比增长 22.5%，反弹幅度较大。除此之外，相比较 2013 年，山西省 2017 年各月份的 $PM_{2.5}$ 浓度总体上处于下降状态，下降幅度最大月份出现在 5 月、6 月和 10 月，分别下降了 33.82%、38.57% 和 41.49%。

总的来看，采暖季的 1 月、2 月、11 月和 12 月 $PM_{2.5}$ 浓度在个别年份波动幅度比较大，例如 2013～2016 年，1 月和 2 月 $PM_{2.5}$ 浓度基本一致呈下降状态，但是到了 2017 年，这两个月的 $PM_{2.5}$ 浓度大幅反弹，分别达到了 $125\mu g/m^3$ 和 $89\mu g/m^3$，较 2016 年同比分别上升了 52.4% 和 58.9%，回升幅度比较大。另外，虽然 2016 年 11 月和 12 月的 $PM_{2.5}$ 浓度较前三年增幅显著，分别达到了 $101\mu g/m^3$ 和 $126\mu g/m^3$，但是 2017 年山西省大力推动秋冬季攻坚行动，环境空气质量改善效果明显，11 月和 12 月的 $PM_{2.5}$ 浓度较 2016 年有了较大降幅，同比分别下降了 33.67% 和 40.48%。

从分季节的情况来看，2013～2017 年山西省春季 $PM_{2.5}$ 浓度范围为 40～$74\mu g/m^3$，夏季 $PM_{2.5}$ 浓度范围为 34～$70\mu g/m^3$，秋季 $PM_{2.5}$ 浓度范围为 38～$101\mu g/m^3$，冬季 $PM_{2.5}$ 浓度范围为 75～$126\mu g/m^3$。由此可见，山西省 $PM_{2.5}$ 污染以秋冬季最重，反映了污染物浓度与采暖季燃煤量增加有关。另外，山西省 $PM_{2.5}$ 在夏季污染也比较重，最高为 2013 年 6 月的 $70\mu g/m^3$，所以山西省不仅仅要强化采暖期的大气污染治理，夏季也同样需要重视。

（2）全省PM$_{2.5}$浓度变化趋势

山西省PM$_{2.5}$污染总体上呈现逐渐下降状态。山西省PM$_{2.5}$污染状况5年来有所改善，持续恶化现象得到遏制，但是整体污染状况仍然比较严重，依然超过了国家环境空气质量二级标准，超标率在50%以上。2017年山西省的PM$_{2.5}$年均浓度为59$\mu g/m^3$，比2013年同比下降了23.4%。其中，在2015年达到了5年里的最低值56$\mu g/m^3$，随后两年PM$_{2.5}$不降反升，特别是2016年PM$_{2.5}$年均浓度回升较大，比2015年增长7.14%。

山西省PM$_{2.5}$减少幅度小于周边省市。2017年相较于2013年山西省PM$_{2.5}$的浓度值减少幅度为23.4%，低于周边的北京市、天津市、河北省和山东省。山东省、河北省、北京市、天津市降幅分别为41.8%、39.8%、35.6%、35.4%。因此，虽然山西省总体保持着下降状态，但空气污染治理任务仍然相当严重，必须加大颗粒物治理的力度。

（3）11个设区市PM$_{2.5}$浓度变化趋势

① 山西省11个市的PM$_{2.5}$年均浓度整体上有所改善，且呈下降的趋势，但是仍超过国家环境空气质量二级标准。2013～2017年，除了临汾市PM$_{2.5}$年均浓度先降后升和大同市PM$_{2.5}$年均浓度持续下降以外，其余大部分市的变化趋势和全省PM$_{2.5}$浓度变化趋势一致，即在2013年下降之后又在2016年上升然后下降的趋势。从变化幅度来看，近5年下降幅度较大的设区市主要是忻州、晋中、晋城三市，其2017年PM$_{2.5}$年均浓度值分别为58$\mu g/m^3$、59$\mu g/m^3$、62$\mu g/m^3$，同比2013年下降39.58%、40.40%、30.33%。从超标程度来看，忻州市、太原市、阳泉市、晋中市、临汾市、长治市、晋城市、运城市PM$_{2.5}$年均浓度超标较为严重，近5年超标均在50%以上，大同近5年PM$_{2.5}$年均浓度超标在50%以下，且在2017年接近国家环境空气质量二级标准。整体上来看，5年来山西省中部和南部的大部分城市比北部的城市PM$_{2.5}$超标严重。

② 4个京津冀大气污染传输通道城市PM$_{2.5}$污染情况改善幅度较4个汾渭平原城市显著。山西省长治、阳泉、晋城、太原4个京津冀大气污染传输通道城市，2017年PM$_{2.5}$浓度改善幅度显著，分别较2013年下降24.1%、24.7%、30.3%和19.8%。吕梁、晋中、临汾、运城4个汾渭平原城市中，临汾PM$_{2.5}$浓度不降反升，增幅5.3%，污染加重；晋中、运城、吕梁呈下降趋势，降幅分别为40.4%、16.9%和6.8%；除晋中外，其余3个城市的降幅均低于4个京津冀大气污染传输通道城市。

13.3.2　2013～2017年山西省PM$_{10}$年均浓度及变化趋势

13.3.2.1　2017年山西省PM$_{10}$整体状况

（1）山西省PM$_{10}$浓度较高，冬季污染状况比较严重

2017年山西省PM$_{10}$浓度达到了109$\mu g/m^3$，浓度较高，与2016年持平，超过了国

资源型地区大气污染成因与治理研究
——以山西省为例

家规定的二级标准 $70\mu g/m^3$，超标 55.71%。从季节分布来看，2017 年山西省 PM_{10} 浓度高的季节主要集中在冬季，春秋季次之，夏季最低。2017 年山西省 PM_{10} 月均浓度在 $78\sim184\mu g/m^3$，全年变化幅度大且浓度较高的月份主要集中在 1 月、2 月、11 月、12 月，其月均值分别达到了 $184\mu g/m^3$、$140\mu g/m^3$、$134\mu g/m^3$、$133\mu g/m^3$，其中 1 月、2 月增幅较大，比 2016 年上涨了 43.75%、44.33%，而 11 月、12 月降幅较大，分别比 2016 年下降了 26.37%、26.88%；全年 PM_{10} 月均浓度较低的月份主要集中在 $6\sim8$ 月，其 PM_{10} 月均值为 $82.33\mu g/m^3$ 左右。

（2）山西省 PM_{10} 浓度超标严重

2017 年山西省 11 个市 PM_{10} 年均浓度在 $73\sim131\mu g/m^3$，从低到高依次为大同市、朔州市、晋城市、忻州市、长治市、吕梁市、晋中市、阳泉市、运城市、临汾市、太原市。山西省 11 个市 PM_{10} 年均浓度均存在不同程度的超标，北部的大同市最接近国家环境空气质量二级标准，朔州、晋城、忻州、长治 4 个市超标在 20%～50%，中部的太原市、南部的临汾市等剩余 6 个市超标在 50% 以上，其中太原市 PM_{10} 年均浓度达到 $131\mu g/m^3$，超标最为严重，超标了 87.14%。

（3）长治和阳泉 2 个京津冀大气污染传输通道城市 PM_{10} 污染情况有所改善

2017 年山西省 11 个设区市中，共有大同、阳泉、长治 3 个市 PM_{10} 浓度呈下降趋势，阳泉和长治 2 个京津冀大气污染传输通道城市的下降幅度分别为 11.5% 和 9.6%，高于大同 6% 的降幅。晋城市和太原市 PM_{10} 的浓度略有上升，增幅分别为 2.1% 和 4.8%，远低于汾渭平原吕梁、运城两城市的增幅。

（4） 4 个汾渭平原城市 PM_{10} 污染情况有所加重

2017 年，吕梁、晋中、临汾、运城 4 个汾渭平原城市 PM_{10} 平均浓度均呈现上升态势，分别为 $112\mu g/m^3$、$112\mu g/m^3$、$122\mu g/m^3$ 和 $116\mu g/m^3$，比 2016 年同比上升 14.3%、2.8%、1.7% 和 7.4%。超标程度方面，4 个城市 PM_{10} 年均浓度超标非常严重，超标率均达到了 50% 以上。

13.3.2.2　2013～2017 年山西省 PM_{10} 浓度变化趋势

① 山西省 2013～2017 年 PM_{10} 年均浓度总趋势有所下降，但是幅度比较小，PM_{10} 超标现象比较严重。山西省 2013～2017 年 PM_{10} 年均浓度变化较小，2017 年 PM_{10} 年均浓度达到了 $109\mu g/m^3$，比 2013 年同比下降了 7.6%，其中在 2015 年达到了这 5 年的最低值 $98\mu g/m^3$，2016 年 PM_{10} 年均浓度有所回升，比 2015 年增长 11.22%；虽然 2013～2017 年的 PM_{10} 浓度值总体保持着下降状态，但这 5 年的山西省 PM_{10} 浓度均超过了国家环境空气质量二级标准，均超标 20% 以上，较为严重。

② 2013～2017 年，山西省大部分月份 PM_{10} 月均浓度整体上都有所下降，但是幅度较小，个别月份 PM_{10} 月均浓度变化幅度比较大。山西省 2013～2017 年的 5 年间，春季 PM_{10} 浓度范围为 $93\sim129\mu g/m^3$，夏季 PM_{10} 浓度范围为 $64\sim119\mu g/m^3$，秋季 PM_{10} 浓度范围为 $63\sim182\mu g/m^3$，冬季 PM_{10} 浓度范围为 $97\sim184\mu g/m^3$，由此可看出，这 5

年中 PM_{10} 浓度较高的季节主要集中在冬季，总体上污染最为严重，夏季最低。从各个月份来看，1月、2月、5月、9月 PM_{10} 浓度在2013～2017年中总体上呈增长状态，其余8个月5年间主要呈下降状态，其中幅度较大的月份主要是1月和10月，1月 PM_{10} 浓度的总体增长浮动最大，2017年1月 PM_{10} 浓度值突增到 $184\mu g/m^3$，比2013年增长了46.03%，10月 PM_{10} 浓度的总体下降幅度最大，降幅达到37.09%。

③ 山西省大部分市 PM_{10} 浓度总体在下降，但是幅度较小，且部分城市存在局部上升趋势，11个市2013～2017年均超过了国家环境空气质量二级标准。山西省2013～2017年11个设区市 PM_{10} 年均浓度平均下降5.64%。其中，大同市、晋城市 PM_{10} 浓度下降幅度较大，降幅分别达到27.72%、23.03%；运城 PM_{10} 年均浓度在这5年几乎持平；吕梁市、临汾市、阳泉市 PM_{10} 年均浓度总体上有所上升，增幅分别达到12%、25.77%、12.62%；其余各市下降了5%～20%。

④ 长治、晋城、太原3个京津冀大气污染传输通道城市 PM_{10} 污染情况有所改善。2017年山西省4个京津冀大气污染传输通道城市中，阳泉 PM_{10} 浓度较2013年上升12.6%，长治、晋城、太原3个城市较2013年下降，降幅分别为15.6%、34.9%和16.6%。

⑤ 2个汾渭平原城市 PM_{10} 污染情况有所加重。2017年，吕梁、临汾2个汾渭平原城市 PM_{10} 平均浓度均呈现上升态势，较2013年上升幅度为12.0%和25.8%，污染情况加重。运城市 PM_{10} 平均浓度年均变化较小。晋中市 PM_{10} 污染有所减轻，与2013年相比浓度下降11.1%，是4个汾渭平原城市中唯一呈现下降趋势的城市。

13.3.3　2013～2017年山西省 SO_2 年均浓度及变化趋势

13.3.3.1　2017年山西省 SO_2 整体状况

（1）山西省 SO_2 浓度较上年有较大幅度下降

2017年，山西省 SO_2 浓度为 $56\mu g/m^3$，较2016年下降了15.2%。虽然达到了《环境空气质量标准》规定的二级标准（ $60\mu g/m^3$ ），但是与国家环境空气质量一级标准（ $20\mu g/m^3$ ）仍有所差距。从月均浓度来看，2017年山西省 SO_2 浓度较高的季节主要集中在冬季，春秋季次之，夏季最低。2017年山西省 SO_2 月均浓度在22～ $158\mu g/m^3$，全年变化幅度大且浓度较高的月份主要集中在1月、2月、11月、12月，其月均浓度分别达到了 $158\mu g/m^3$、 $118\mu g/m^3$、 $57\mu g/m^3$、 $86\mu g/m^3$，其中1月、2月增幅较大，比2016年上涨了37.4%、38.8%，而11月、12月降幅较大，比2016年下降了55.1%、49.7%；全年 SO_2 的极小值主要集中在5～8月，其 SO_2 月均值平均达到了 $22\mu g/m^3$ 左右。由此可见， SO_2 污染主要体现出煤烟型污染特征，采暖期明显高于非采暖期。

（2）山西省 SO_2 浓度偏高的问题尚未得到根本解决

山西省万元GDP的 SO_2 排放量为8.78kg，排放强度高，远高于全国平均水平，约为3.2倍。与京津冀及周边省份相比，山西省万元GDP的 SO_2 排放水平也较高，分别是北京市、天津市、河北省、山东省、内蒙古自治区的28.4倍、7.8倍、2.4倍、3.6倍、1.3倍。

（3）山西省中部和南部城市的SO_2年均浓度比山西省北部城市高

2017年，山西省11个市SO_2年均浓度在43～84$\mu g/m^3$，从低到高依次为长治市、大同市、朔州市、晋城市、阳泉市、忻州市、运城市、太原市、吕梁市、临汾市、晋中市。其中位于山西中南部的吕梁、临汾、晋中3个市SO_2污染最为严重，其SO_2年均浓度分别达到68$\mu g/m^3$、79$\mu g/m^3$、84$\mu g/m^3$，不仅超过山西省SO_2年均浓度，而且分别超过国家环境空气质量二级标准10%、31.6%、40%，超标较为严重；东南部的长治市SO_2年均浓度最低，达到43$\mu g/m^3$，比2016年下降29.51%；其他各个市SO_2年平均值在48$\mu g/m^3$左右，都未超过山西省年均浓度和国家环境空气质量二级标准，但是与国家一级标准差距比较大。总体上山西省南部的SO_2年均浓度大于北部。

（4）4个京津冀大气污染传输通道城市SO_2污染改善幅度较大

2017年山西省长治、阳泉、晋城、太原4个京津冀大气污染传输通道城市SO_2污染物浓度，与2016年同期相比，下降幅度分别为29.5%、21.0%、32.9%和20.6%，在11个城市降幅排名中名列第一、第三、第五和第六，改善情况显著。

（5）4个汾渭平原城市SO_2污染改善幅度较小

2017年，吕梁市SO_2平均浓度呈现上升态势，为11个城市中唯一一个浓度上升的城市，降幅排名倒数第一，污染加重。晋中、临汾2个城市，SO_2污染物浓度与2016年同期相比有所下降，但下降幅度较小，分别为4.5%和4.8%，远低于京津冀大气污染传输通道城市SO_2浓度下降幅度，降幅排名倒数第三、第四。

13.3.3.2 2013～2017年山西省SO_2浓度变化趋势

（1）山西省SO_2年均浓度总体呈下降趋势，变化比较明显，但是SO_2浓度依旧偏高

2013～2017年山西省的SO_2年均浓度总体上呈下降趋势，中间年份略有波动，其中在2016年有小幅度回升，比上一年上升了8.2%，2016年以后下降幅度较为显著，2017年SO_2年均浓度达到了这5年的最低值56$\mu g/m^3$，比2013年同比下降了13.8%，达到了国家规定的二级标准，但是与国家规定的一级标准差距比较大。

（2）SO_2浓度随季节变化差异显著，2013～2017年大部分月份的SO_2月均浓度整体上呈下降状态，仅个别月份呈现上升状态SO_2浓度高的地区仍然集中在秋冬季节

2013～2017年间山西省春季SO_2浓度范围在22～73$\mu g/m^3$，夏季SO_2浓度范围为21～50$\mu g/m^3$，秋季SO_2浓度范围为29～127$\mu g/m^3$，冬季SO_2浓度范围在58～158$\mu g/m^3$。从数据中可以看出，山西省这5年中SO_2浓度较高的季节分布与$PM_{2.5}$浓度分布相同，都是主要集中在秋冬季节，其中冬季采暖季最为严重，秋春次之，夏季最低。从变化趋势和幅度来看，2013～2017年中除了1～3月处于上升趋势，上升幅度较大，其中2月的增长幅度最大，从2013年的58$\mu g/m^3$上升到2017年的118$\mu g/m^3$，同比增长

103.45%，其余各个月份在 5 年中均处于下降趋势，并且下降幅度比较大，平均下降幅度在 42%左右，其中 5 月下降幅度最大，从 2013 年的 $59\mu g/m^3$ 下降到 2017 年的 $22\mu g/m^3$，同比下降 62.71%。从波动状况来看，山西省秋冬季节 SO_2 浓度波动幅度比较大，其中 11 月、12 月 SO_2 月均浓度均在 2016 年回升较为突出，同比 2015 年上涨 37.4%、38.8%，之后在 2017 年又下降，同比 2016 年下降 55.1%、49.7%，降幅大于增幅；1 月和 2 月 SO_2 月均浓度均在 2017 年突增，同比 2016 年增长 37.7%和 38.8%。

（3）山西省大部分市 SO_2 污染状况都有所改善，部分地区已经达到国家环境空气质量二级标准，但仍有较少部分城市存在恶化现象

山西省 11 个市大部分都已经达到国家环境空气质量二级标准，但是均未达到国家一级标准且距一级标准差距较大。2013～2017 年山西省 11 个设区的市中，吕梁、临汾、长治三市 SO_2 年均浓度总体上有所上升，大同市 SO_2 年均浓度几乎持平，其余各市总体上都处于下降状态。从变化幅度来看，这 5 年 SO_2 年均浓度下降幅度较大的城市主要是晋城、朔州、太原，其 2017 年 SO_2 年均浓度值分别为 $47\mu g/m^3$、$46\mu g/m^3$、$54\mu g/m^3$，同比 2013 年下降 47.19%、34.29%、32.50%。总体上来看，山西省 SO_2 浓度高的城市主要集中在中部和偏南的城市。

（4） 3 个京津冀大气污染传输通道城市 SO_2 污染情况有所改善

2017 年山西省 4 个京津冀大气污染传输通道城市中，阳泉、晋城、太原 3 个城市 SO_2 浓度均较 2013 年有所下降，降幅分别为 21.0%、47.2%和 32.5%。

（5）吕梁、临汾 2 个汾渭平原城市 SO_2 污染情况有所加重

2017 年，吕梁、临汾 2 个汾渭平原城市 SO_2 平均浓度均呈现上升态势，较 2013 年上升幅度为 13.3%和 75.6%，污染情况加重。其中，临汾 2016 年冬季采暖季在部分时段、部分区域严重超标，甚至出现了实时浓度数值高达 $1803\mu g/m^3$ 的严重污染问题，超过国家三级标准（"人群在环境中短期暴露不受急性健康损害的最低要求"）$1000\mu g/m^3$ 左右，在全国 388 个城市中排名第一，12 月 SO_2 浓度为 $348\mu g/m^3$，超标 4.8 倍。

13.3.4 2013～2017 年空气质量改善目标的完成情况

《山西省大气污染防治目标责任书》规定了山西省空气质量改善的目标，要求山西省截至 2017 年空气质量得到明显好转，全省重污染天气较大幅度减少，优良天数逐年提高，$PM_{2.5}$ 年均浓度比 2013 年下降 20%左右。

2017 年山西省 $PM_{2.5}$ 平均浓度为 $59\mu g/m^3$，与 2013 年的 $77\mu g/m^3$ 相比，下降了 23.4%；优良天数达到 201d，比 2013 年提高了 9.8%。空气质量得到明显好转，特别是 2017 年 11～12 月采暖期，山西省 $PM_{2.5}$ 平均浓度同比下降 36%，SO_2 同比下降 51.7%，圆满完成国务院《大气污染防治行动计划》下达山西省的 2017 年 $PM_{2.5}$ 平均浓度比 2013 年下降 20%左右的 5 年目标任务；$PM_{2.5}$ 年均浓度较 2016 年下降 1.7%，完成了 $PM_{2.5}$ 平均浓度从 2017 年年初大幅度上升到年底同比下降的逆转，实现了山西省委、省政府提出的较上年好转的目标。

13.3.5　2018年空气质量改善情况

13.3.5.1　2018年山西省空气质量总体情况

2018年山西省空气质量进一步改善（表13-1）。空气优良天数方面，2018年山西省空气达标天数有207d，较2017年同期增加7d；重污染天数为10d，较2017年同期减少3d。污染物浓度方面，2018年山西省SO_2浓度为$33\mu g/m^3$，较2017年同期下降41.1%；NO_2浓度为$40\mu g/m^3$，较2017年同期下降4.8%；PM_{10}浓度为$107\mu g/m^3$，较2017年同期下降1.8%；$PM_{2.5}$浓度为$55\mu g/m^3$，较2017年同期下降6.8%。

表13-1　2018年11个设区城市环境空气质量状况

明细	2018年	2017年	同比增减
达标天数/d	207	200	7
重污染天数/d	10	13	−3
$SO_2/(\mu g/m^3)$	33	56	−41.1%
$NO_2/(\mu g/m^3)$	40	42	−4.8%
$PM_{10}/(\mu g/m^3)$	107	109	−1.8%
$PM_{2.5}/(\mu g/m^3)$	55	59	−6.8%

4个汾渭平原城市完成秋冬季空气质量改善目标。2018年，晋中、运城、临汾和吕梁4个汾渭平原城市秋冬季空气质量考核要求为$PM_{2.5}$浓度同比分别下降3.0%、4.5%、4.5%和3.5%；重污染天数晋中市和吕梁市同比持续改善，运城市和临汾市各减少1天。10~12月完成情况为晋中、运城、临汾和吕梁4市$PM_{2.5}$浓度同比分别下降3.0%、20.0%、9.9%和27.8%，按时序均已完成考核目标；吕梁市未发生重污染天气，晋中、运城和临汾3市重污染天数分别减少1d、2d和5d，4市均按时序完成重污染天数考核目标。

13.3.5.2　2018年山西省$PM_{2.5}$总体状况

2018年，山西$PM_{2.5}$平均浓度为$55\mu g/m^3$，为全国平均水平（$39\mu g/m^3$）的1.41倍，远超《环境空气质量标准》规定的二级标准$35\mu g/m^3$，超标率为57.14%，超标较为严重。与2017年的$59\mu g/m^3$相比，下降6.8%。

（1）山西省11个设区市的$PM_{2.5}$年均浓度超标问题依然突出

2018年，11个设区市$PM_{2.5}$年均浓度在$36\sim69\mu g/m^3$，从低到高依次为大同市、朔州市、吕梁市、忻州市、长治市、晋中市、阳泉市、太原市、晋城市、运城市和临汾市。从各市 $PM_{2.5}$ 超标程度来看，11 个设区市的年均浓度都超过了国家环境空气质量二级标准，超标城市比例为 100%。太原、阳泉、长治、晋城 4 个京津冀大气污染传输通道城市和晋中、运城、临汾 3 个汾渭平原城市，7 个城市超标均在 50% 以上，其中临汾市 $PM_{2.5}$ 年均浓度超标接近 100%。

（2）山西省 4 个京津冀大气污染传输通道城市 $PM_{2.5}$ 污染情况较 2017 年有所改善

4 个京津冀大气污染传输通道城市中，按 $PM_{2.5}$ 浓度同比改善幅度，2018 年由大到小依次是长治市、太原市、阳泉市、晋城市。长治市改善幅度在 11 个设区市中排名第 3，较 2017 年下降 10%；太原市、阳泉市和晋城市改善幅度排名分别为第 4、第 9 和第 10，分别较 2017 年下降 9.2%、3.27% 和 3.22%。

（3） 4 个汾渭平原城市 $PM_{2.5}$ 污染情况较 2017 年有所减轻

2018 年，吕梁、临汾、运城和晋中 4 个城市 $PM_{2.5}$ 平均浓度分别为 $52\mu g/m^3$、$69\mu g/m^3$、$60\mu g/m^3$ 和 $55\mu g/m^3$，比 2017 年相比变化率分别为 -5.45%、-6.77%、-12.65% 和 -13.04%，4 个城市污染情况均呈现向好趋势。

13.3.5.3　2018 年山西省 PM_{10} 整体状况

（1）山西省 PM_{10} 浓度较高，冬季污染状况依然比较严重

2018 年山西省的 PM_{10} 浓度达到了 $107\mu g/m^3$，浓度较高，与 2017 年 $109\mu g/m^3$ 相比略有下降，超过了国家规定的二级标准 $70\mu g/m^3$，超标了 52.85%，超标较为严重。从季节分布来看，2018 年山西省 PM_{10} 浓度高的季节主要集中在冬季，春秋季次之，夏季最低。2018 年山西省 PM_{10} 月均浓度在 $57\sim171\mu g/m^3$，全年变化幅度大且浓度较高的月份主要集中在 1 月、3 月、11 月、12 月，其月均值分别达到了 $171\mu g/m^3$、$136\mu g/m^3$、$134\mu g/m^3$、$138\mu g/m^3$，其中 3 月增幅较大，比 2017 年上涨了 25.92%，而 11 月基本持平；全年 PM_{10} 月均浓度较低的月份主要集中在 $7\sim9$ 月，其 PM_{10} 月均值平均达到了 $63.3\mu g/m^3$ 左右。

（2）山西省 11 个设区市 PM_{10} 浓度超标严重

2018 年山西省 11 个设区市 PM_{10} 年均浓度在 $82\sim135\mu g/m^3$，从低到高依次为大同市、吕梁市、忻州市、长治市、运城市、阳泉市、朔州市、晋中市、临汾市、晋城市、太原市。山西省 11 个市 PM_{10} 年均浓度均超国家环境空气质量二级标准，其中吕梁、忻州、长治 3 个市超标在 20%～50%，运城、阳泉、朔州、晋中、临汾、晋城、太原 7 个市超标在 50% 以上，其中太原 PM_{10} 年均浓度达到 $135\mu g/m^3$，超标最为严重。

（3）长治和阳泉 2 个京津冀大气污染传输通道城市 PM_{10} 污染情况有所改善

2018 年山西省 11 个设区市中，共有忻州、阳泉、长治等 7 个市 PM_{10} 浓度呈下降趋势，阳泉和长治 2 个京津冀大气污染传输通道城市的下降幅度分别为 7.40% 和 5.10%。太原市和晋城市 PM_{10} 的浓度略有上升，增幅分别为 2.96% 和 0.84%。

（4） 4 个汾渭平原城市 PM_{10} 污染情况改善明显

2018 年，吕梁、晋中、临汾、运城 4 个汾渭平原城市 PM_{10} 平均浓度均呈现下降态势，分别为 $95\mu g/m^3$、$110\mu g/m^3$、$117\mu g/m^3$ 和 $108\mu g/m^3$，比 2017 年同比下降 17.89%、1.81%、4.27% 和 7.40%。超标程度方面，晋中市、临汾市、运城市 PM_{10} 年均浓度超标非常严重，超标率均达到了 50% 以上。

13.3.5.4　2018 年山西省 SO_2 整体状况

（1）山西省 SO_2 浓度较上年有较大幅度下降

2018 年，山西省 SO_2 浓度为 $33\mu g/m^3$，较 2017 年同期下降了 41.1%。虽然达到了《环境空气质量标准》规定的二级标准（$60\mu g/m^3$），但是与国家一级标准（$20\mu g/m^3$）仍有所差距。从月均浓度来看，2018 年山西省 SO_2 浓度较高的季节主要集中在冬季，春秋季次之，夏季最低。山西省 2018 年山西省 SO_2 月均浓度在 $12\sim158\mu g/m^3$，全年变化幅度大且浓度较高的月份主要集中在 $1\sim3$ 月，其月均浓度分别达到了 $158\mu g/m^3$、$66\mu g/m^3$、$58\mu g/m^3$，其中 1 月与 2017 年持平，而 2 月、3 月，比 2017 年下降了 69.1%、13.7%；全年 SO_2 的极小值主要集中在 $7\sim9$ 月，其 SO_2 月均值平均达到了 $12.6\mu g/m^3$ 左右。由此可见，SO_2 污染主要体现出煤烟型污染特征，采暖期明显高于非采暖期。

（2）山西省 11 个设区市 SO_2 环境污染减轻

2018 年山西省 11 个市 SO_2 年均浓度在 $22\sim46\mu g/m^3$，从低到高依次为长治市、晋城市、太原市、运城市、大同市、阳泉市、忻州市、朔州市、晋中市、吕梁市、临汾市，其中位于山西中南部的晋中、吕梁、临汾 3 个市 SO_2 污染稍微较重，其 SO_2 年均浓度分别达到 $37\mu g/m^3$、$40\mu g/m^3$、$46\mu g/m^3$，超过山西省 SO_2 年均浓度，东南部的长治市 SO_2 年均浓度最低，达到 $22\mu g/m^3$，比 2017 年下降 48.8%，其他各个市 SO_2 年平均值在 $34\mu g/m^3$ 左右，未超过国家环境空气质量二级标准，总体上南部的 SO_2 年均浓度大于北部。

（3）4 个京津冀大气污染传输通道城市 SO_2 污染改善幅度较大

2018 年山西省长治、阳泉、晋城、太原 4 个京津冀大气污染传输通道城市 SO_2 污染物浓度，与 2017 年同期相比，下降幅度分别为 95.45%、53.12%、88% 和 86.20%，改善情况显著。

（4）4 个汾渭平原城市 SO_2 污染改善幅度加大

2018 年，吕梁市、晋中市、临汾市、运城市 SO_2 平均浓度均呈现下降态势，环境质量改善明显，污染减弱。晋中 SO_2 污染物浓度与 2017 年同期相比，下降 56%，在 11 个城市中排名第一。临汾、吕梁 2 个城市，SO_2 污染物浓度与 2017 年同期相比下降幅度分别为 41.8%、41.2%，降幅排名第 5、第 6。

13.3.6　面临的主要大气环境问题

（1）环境空气质量总体仍处于攻坚阶段，改善任务艰巨

自"大气十条"实施以来，山西省多数城市 $PM_{2.5}$、PM_{10}、NO_2、SO_2 和 CO 年均

浓度及超标率逐年下降，大多数城市优良天数比例显著提高。虽然如此，山西省的 11 个设区市 PM_{10} 和 $PM_{2.5}$ 年均浓度均超过《环境空气质量标准》二级标准，$PM_{2.5}$、PM_{10}、SO_2 浓度与 2013 年相比虽有所降低但是幅度较小，其浓度依旧偏高；秋冬季节尤其是采暖季 $PM_{2.5}$、PM_{10}、SO_2 浓度骤然增长，不能得到有效的控制，对环境污染影响比较严重，环境空气质量优良天数比例较低。

（2）颗粒物污染超标问题严重， O_3 和 NO_2 有较大的潜在风险

$PM_{2.5}$、PM_{10} 超标范围广、频次多、程度高，是大气污染的首要因素。2017 年，11 个设区的市 $PM_{2.5}$ 和 PM_{10} 全部超标。2017 年临汾市 $PM_{2.5}$ 年均浓度超过标准 1 倍以上，太原、阳泉、长治、晋城、吕梁、晋中、运城、忻州 8 个城市 $PM_{2.5}$ 年均浓度超过标准在 50%～100% 之间。O_3 是唯一自 2013 年以来浓度持续上升的污染物，2017 年山西省 O_3 平均浓度同比上升 34.8%，成为影响部分月份空气质量的首要污染物。NO_2 浓度近年呈现出缓慢增长的趋势，2017 年平均浓度为 $42\mu g/m^3$，同比上升 13.5%。O_3 和 NO_2 污染物浓度超标的城市比例分别为 72.7% 和 81.8%，需要引起注意。

（3）部分时段重污染天气高发频发，给人民群众生产生活带来严重影响

在冬季，北方燃煤取暖污染物排放强度大，加上秋冬季静稳、逆温等不利气象条件，导致大气扩散能力差，污染物易于持续累积，有利于二次颗粒物生成，使得大范围重污染事件频繁发生。2016 年秋冬季以来，山西省先后多次发生重污染天气过程，影响范围大、污染程度重、持续时间长，在一定程度上抵消了其他季节空气质量改善的效果，导致全省空气质量有所恶化。2018 年山西省全省区域共发生重污染过程 30 次。从持续时长来看，时长 1～3d 的污染过程占比 90%，全年污染过程呈现短时高频的特点。其中，时长 1d 的出现 15 次，2～3d 的出现 12 次。从首要污染物来看，6 项指标中，$PM_{2.5}$、O_3-8h、PM_{10} 为首要污染物的重污染过程占比分别为 63.3%、20% 和 20%。从各市情况来看，重污染出现频次最高的是临汾市，全年出现 16 次，其次为晋城市和太原市，均出现 11 次。从特征污染物来看，大同市、吕梁市、朔州市等设区市污染主要为沙尘源，首要污染物为 PM_{10}；太原市、阳泉市、忻州市、晋中市等设区市受到沙尘 PM_{10} 和 $PM_{2.5}$ 共同作用，引起重污染过程；运城市、晋城市、临汾市、长治市等设区市以污染物 $PM_{2.5}$ 引起重污染过程为主，同时夏季多发 O_3 重污染。

（4）新老环境问题并存，复合型污染问题突出，应对难度大

燃煤、工业、机动车等多源污染叠加，传统煤烟型污染与 O_3、$PM_{2.5}$ 等新老问题并存，由颗粒物、NO_x、O_3 等污染物导致的大气复合污染问题日趋严重。针对 VOCs、氨（NH_3）的控制尚处于起步阶段，工业无组织排放，机动车、船舶、工程机械等移动源，扬尘、散煤和生物质燃烧、有机溶剂产品使用、农业生产过程等面源排放更加分散，排放主体更加多样，控制基础更薄弱，监管难度更大，大气污染治理与控制已经进入攻坚期和深水区。散煤治理作为煤炭清洁利用的重点和难点，随着工作的推进，其面临的难度和挑战也在加大。

（5）太原、临汾盆地等省内次区域大气污染问题突出

山西省大气污染严重地区主要集中在太原市、阳泉市、临汾市、长治市、运城市等

资源型地区大气污染成因与治理研究
——以山西省为例

人类生产生活强度较高但扩散条件较差的河谷盆地地区，多涉及若干不同的设区市及县区。以太原盆地为例，该盆地面积约 5000km²，包括太原全市域、晋中 6 区县、吕梁 4 区县，占全省面积的 3.2%，却聚集了全省 23.1% 的焦化产能、9.8% 的钢铁产能、21.9% 的水泥产能，单位面积产能分别达到全省该行业平均值的 7 倍、3 倍、6 倍。同时，该盆地大气环境气象背景以"地方环流型"天气为主，污染物在传输通道南北移动，难以输送、扩散、稀释。

（6）大气环境管理能力与精细化管理要求不匹配

目前环境管理交叉错配现象严重，执法主体和监测力量分散，基础薄弱，人员不足、素质不高、装备不良等问题依然存在，与大气污染精细化管理要求不相匹配。首先，市、县两级专门从事大气环境管理的人员严重不足。例如，朔州市生态环境局至今未成立专门的大气污染防治科室；长治市大气科仅有 5 名工作人员，且 4 人为借调人员。其次，$PM_{2.5}$、O_3 等主要大气污染物溯源能力建设也有待提高。随着近年来各项大气污染治理措施的制定和实施，山西省以 SO_2 为污染特征的煤烟型污染得到了较好的治理，涉及二次生成的 $PM_{2.5}$、O_3 等污染物成了进一步制约山西省环境空气质量持续改善的限制因子。以 2018 年为例，山西省 11 个设区市 $PM_{2.5}$、O_3 超标严重，太同和朔州 2 市 O_3-8h 第 90 百分位浓度达二级标准，其余 9 个市均未达标；11 个设区市 PM_{10} 和 $PM_{2.5}$ 年均浓度均未达到二级标准。为解决 $PM_{2.5}$、O_3 污染来源问题，山西省先期仅开展了 $PM_{2.5}$ 来源解析工作，尚未开展 O_3 来源解析，也未建立符合山西省污染特征的污染源谱。

13.4 "大气十条"发布以来山西省实施的环境管理措施评估

13.4.1 山西省委省政府坚决贯彻落实"大气十条"

13.4.1.1 强化组织领导

（1）山西省委省政府领导高度重视

山西省委、省政府高度重视大气污染防治工作。省政府成立由省长任组长、分管副省长任副组长、24 个省直部门主要负责人为成员的大气污染防治工作领导组。工作中省委书记、省长多次作重要指示，从全省环保工作总体部署，到支持指导省城太原环境质量改善，从亚太经济合作组织（APEC）会议期间亲自检查督导，到黄标车老旧车淘汰工作专题研究等，亲力亲为，身先垂范。2017 年，省委、省政府建立了"332"各级党政主要负责同志领办包办环保事项机制（即省、市、县三级党政主要领导及分管领导三人，牵头领办群众反映问题整改和重点环保工程两类事项）。

（2）山西省委省政府多次出台文件推动具体治理任务落实

山西省委、省政府举全省之力，推动大气污染防治行动计划，从省委、省政府层面多次出台文件。

首先，出台地方性大气污染防治法规、规章，增加法律保障。2016年12月8日，《山西省环境保护条例》由山西省第十二届人民代表大会常务委员会第三十二次会议通过，自2017年3月1日起施行。2017年，启动《山西省大气污染防治条例》修订，2018年11月30日山西省第十三届人民代表大会常务委员会第七次会议通过，2019年1月1日起施行。

其次，为推动产业结构调整优化、大气污染综合治理、机动车污染治理等，省政府、省政府办公厅印发了《山西省人民政府关于化解钢铁焦化水泥电解铝行业产能严重过剩矛盾的实施意见》（晋政发〔2013〕40号）、《山西省黄标车及老旧车淘汰工作实施方案》（晋政办发〔2014〕78号）、《关于推进全省燃煤发电机组超低排放的实施意见》（晋政办发〔2014〕62号）等系列文件，推动大气污染治理具体任务的落实。

（3）推动建立政府、企业、社会多元化投资机制

2013年以来，山西省在全省财力十分困难、收支矛盾异常突出的情况下，调整支出结构，完善财政政策，积极筹措大气污染防治专项资金，并出台《省级大气污染防治专项资金管理办法》（晋财建二〔2016〕8），加强专项资金管理，全力保障全省大气污染防治工作的顺利开展。

首先，2013～2017年全省累计投入大气污染治理资金1382.96亿元，其中各级财政投入339.97亿元，企业自筹与其他资金投入1045.99亿元。

其次，针对具体任务设置专项资金。例如，2014年，省财政下达$4×10^8$元的黄标车及老旧车淘汰奖励补贴专项资金；2015年，省财政下达1亿元的燃煤锅炉淘汰、清洁能源替代专项资金；2017年，省财政拿出10亿元资金支持"煤改气""煤改电"清洁取暖工程；省住建厅、省财政厅、省发改委明确既有居住建筑节能改造。

最后，为进一步激发地方政府大气污染治理的积极性，落实和强化地方政府环境保护的主体责任，2017年出台《山西省城市环境空气质量改善奖惩方案（试行）》，建立城市环境空气质量改善奖惩制度，2017年10月起，按月对各市空气质量改善情况实施奖优罚劣，其中，2017年10月和11月共扣罚资金9704万元、奖励资金5683万元。

13.4.1.2 确保年度任务实施与考核

（1）严格制定实施方案

为有效落实国务院《大气污染防治行动计划》和《京津冀及周边地区落实大气污染防治行动计划实施细则》，实现国家对山西省大气污染防治的工作要求，山西省制定出台了《山西省落实大气污染防治行动计划实施方案》（晋政发〔2013〕38号）（以下简称《实施方案》），提出了全省今后五年大气污染防治的总任务、总要求及十条40项重点任务。考虑到山西省煤烟型污染特征，在《实施方案》中进一步细化了煤烟型污染整治工作目标，加强了工作要求，要求各市加快热力和燃气管网建设，通过集中供热和清洁能源替代，加快淘汰供暖和工业燃煤小锅炉。

（2）形成目标责任"双落实"格局与协作机制

首先，建立了大气污染防治工作市级政府目标责任和省直有关部门目标责任"双落实"的工作格局。为确保实现空气质量改善目标，省政府召开全省大气污染防治工作会议，与各市政府签订了《目标责任书》，共分解安排了燃煤锅炉综合整治、工业大气污染综合治理等9大类45项任务，并对五年总体目标和分年度任务做出了具体规定。同时，省政府办公厅印发了《大气污染防治省直有关部门重点任务分解》（晋政办函〔2013〕129号），依据部门工作职能将各项任务分解落实到了12个部门，将五年工作任务做了年度分解。

其次，进一步厘清各部门环保工作职责，形成工作合力。2016年，省委、省政府印发了《山西省环境保护工作职责规定》，明确要求环保、公安等部门建立黄标车及老旧车淘汰工作机制，环保与商务、交通、质监等部门建立油品升级、油气回收工作机制，环保与住建、交通、公安等部门建立扬尘污染控制工作机制，环保与财政部门建立大气空气质量改善奖惩工作机制。

（3）逐年制订行动计划并完善考核评级机制

首先，为抓好各年度重点工作，山西省政府逐年制订、印发了《2013～2017年度大气污染防治行动计划》，确定了年度环境空气质量改善目标和大气污染防治重点任务。

其次，依据国家《大气污染防治行动计划实施情况考核办法（试行）》、《大气污染防治行动计划实施情况考核办法（试行）实施细则》中对山西省大气污染防治工作的考核要求，结合省政府与各市签订的《大气污染防治目标责任书》，省政府办公厅印发了《山西省大气污染防治行动计划实施情况考核暂行办法》（晋政办发〔2014〕66号），省环保厅、省发改委等五部门联合印发了《山西省大气污染防治行动计划实施情况考核暂行办法实施细则》，明确和细化了落实大气污染防治行动计划实施方案年度考核各项指标的定义、考核要求和计分方法。其中，对地方政府的考核内容，在国家确定的26项指标基础上，将清洁能源发电、清洁能源替代燃煤锅炉、锅炉脱硫除尘治理、城市绿化建设等13项指标纳入省级考核范畴。

最后，组织开展了对各市政府2014～2017年大气污染防治工作的考核。经省政府同意，对每年度大气考核结果进行了通报。

（4）规范化建立考核指标管理台账

山西省大气污染防治工作领导组办公室印发了《关于建立大气污染防治工作调度通报制度的通知》（晋气防办〔2014〕5号），在全省建立了工作进展调度制度，逐月调度各项重点任务进展情况。组织召开大气污染防治工作部署会议，对各设区市、省直各牵头部门承担的考核指标的台账管理工作进行了部署，并不断进行完善。已形成产业结构调整优化、清洁生产、煤炭管理与油品供应、燃煤小锅炉整治、工业大气污染治理、城市扬尘污染控制、机动车污染防治、建筑节能与供热计量、大气环境管理中各子目标的管理台账。其中，燃煤小锅炉淘汰、黄标车及老旧车淘汰等多项指标能够做到逐月更新。

13.4.1.3 形成大气污染防治压力传导机制

（1）实现省级环境保护督察全覆盖并率先开展"回头看"

山西省委、省政府高度重视环保督察工作，审议通过了《山西省环境保护工作职责规定（试行）》、《山西省环境保护督察实施方案（试行）》和《关于在全省开展环境保护大检查的通知》三个文件，形成了省级环保督察工作的制度基础；成立了省环境保护督察领导小组，分管副省长担任组长，领导小组包括省直16个成员单位；建立了环保督察机构并下达了年度专项督察经费，省环保厅抽调技术专家和业务骨干组建督察队伍；通过了《山西省环境保护督察进驻工作规程（暂行）》，明确了进驻督察程序和有关督察要求。自2016年7月以来至今，山西省分批实现了对全省11个设区市的省级督察全覆盖，逐步形成了以省级环保督察为主，强化督查和专项督查为辅，"督企与督政并举，以督政为主"的全方位、多层次、系统化环保督察体系。另外，山西省委省政府环境保护督察组分别进驻吕梁、晋中两市，对两市开展环保督察"回头看"。这是山西省继实现省级环保督察全覆盖后，开展的第一批省级督察"回头看"。

（2）推进"铁腕治污"常态化

山西省委省政府提出"以铁的担当尽责、铁的手腕治患、铁的心肠问责、铁的办法治本"，加快解决突出环境问题。按照省委、省政府决策部署，2016年12月15日全省迅速行动，全面展开"铁腕治污"行动。

首先，迅速贯彻，全面部署。省环保厅迅速贯彻落实省政府铁腕治污行动电视电话会议精神，迅速成立了铁腕治污行动领导小组办公室，下设包片督查组、突击行动组、零点行动组等9个工作小组，建立了领导包片负责、信息调度、工作例会、有奖举报、考核评比5项工作机制，制定了铁腕治污行动21项行动措施和信息调度办法。各市政府高度重视，迅速召开工作动员会，制定了实施方案，成立了由市长任组长的领导小组。有关市市委、政府主要领导亲自督促部署铁腕治污行动。

其次，广泛宣传，营造氛围。省环保厅制定了《山西铁腕治污行动宣传工作方案》，全省各级环保系统开展了以"弘扬环境执法声势，形成环境法治震慑，打击环境违法行为，促进环境质量改善"为主题的全方位立体化集中宣传。在山西电视台、山西广播电台新闻节目前后黄金时间连续播放铁腕治污行动电视公益广告。开设了"山西省环境保护厅"微博、"山西环保发布"公众微信，每天定期推送全省铁腕治污行动新闻信息，将铁腕治污行动要求广泛宣传。制定了有奖举报办法，积极鼓励群众举报。期间，各市政府共印制《铁腕治污行动公告》8万余份，全面营造打击环境违法行为的舆论氛围。

（3）开展省级大气污染防治强化督查

在全省铁腕治污强化督查基础上，为进一步推进全省秋冬季大气污染综合治理攻坚行动各项任务落实，2017年6月30日，省铁腕治污行动领导小组办公室组织召开全省环境保护强化督查工作动员会，7月10日，省铁腕治污行动领导小组办公室组织召开由11个包市督查组和各市抽调人员参加的全省环境保护强化督查工作会，9月山西省大气办制定印发了《全省秋冬季大气污染防治强化督查工作方案》，将中央环保督察组反馈意见整改任务落实，省委、省政府组织开展的取缔"散乱污"企业和整治工业企业违法排污两个专项行动进展，以及《山西省2017～2018年秋冬季大气污染综合治理攻坚行动方案》工作推进情况作为秋冬季大气污染强化督查工作重点，全力推进各项任务落实。同时，省铁腕治污行动领导小组办公室制定印发了《全省环境保护强化督查考核评分细则》，建立了信息报送制度、对账销号制度、考核评分制度、通报制度等工作机制，确保大气污染防治强化督查效果。

（4）加强环境空气自动监测数据监督检查

山西省环保厅成立领导小组，每年组织开展对全省 11 个设区市的环境空气自动监测数据质量进行全面的检查，制定监测方案，在要求各市按照方案对各市的环境空气监测质量开展好自查工作基础上，对全省 58 个市级站空气点进行专业检查，将检查结果通报各市，要求其积极整改和举一反三，确保环境监测质量管理工作落实到位。同时，还不定时地开展网络检查、飞行检查等，通过开展一系列检查，推动全省环境空气质量管理工作不断提升。2016 年以来，又深入开展全省环境保护大检查，积极推进环境监管网格化管理，建立环境监管一级网格 11 个、二级网格 119 个、三级网格 1457 个，实现环境执法监管重心下移。

13.4.2　山西省综合施策确保"大气十条"任务完成

根据山西省委省政府部署安排，省直相关部门、各市、县党委政府把大气污染防治工作摆在重要议事日程，主要领导靠前指挥，务实敬业，全省环保系统上下同心，努力拼搏，确保大气污染防治工作任务的完成。根据山西省 2013～2017 年大气污染防治行动计划实施情况自查报告，山西省每年均紧紧围绕"控煤、治污、管车、降尘"四个关键领域以及"调产""节能"等，从生产、流通、分配、消费的再生产全过程入手，综合运用科技、法律、行政等手段，推动大气污染防治行动计划的实施，圆满完成了国家下达的年度大气污染防治任务，且不断自加压力，部分指标超额完成，为实现山西省大气环境质量改善目标提供了有力保障。

13.4.2.1　大气污染防治任务整体完成情况

（1）2014 年重点任务超额完成 7 项，共完成 16 项，部分完成的任务有 3 项

2014 年，山西省煤炭洗选加工、燃煤小锅炉淘汰、工业挥发性有机物治理、淘汰黄标车和老旧车辆等均超额完成国家下达的任务要求。同时，由于污染治理技术、项目招投标等原因，工业烟粉尘治理、机动车环保合格标志管理、机动车环保监管能力建设 3 项任务部分完成。工业烟粉尘治理方面，由于市场上销售的烟粉尘在线监控设备采用光散射法测量，不能随时校零校标，且国家未颁布烟粉尘在线监控设备的校准规范等，烟粉尘在线监控设备并联网建设任务未完成。机动车环保合格标志管理方面，因招标原因，建立了统计报告制度与省级机动车环保合格标志管理台账，但省级平台未建，尚未实现市、省、国家三级联网，与机动车环保标志发放信息实现市、省、国家联网具有一定差距。机动车环保监管能力建设方面，全省已建成 4 个市级机动车排污监控平台，分别为太原市、晋城市、长治市、运城市。

（2）2015 年重点任务超额完成 5 项，共完成 18 项，部分完成的任务有 3 项

2015 年，山西省重点行业清洁生产审核与技术改造、煤炭洗选加工、燃煤小锅炉淘汰、工业烟粉尘治理、工业挥发性污染物治理 5 项任务均超额完成国家下达的要求。秸秆禁烧、机动车环境监管能力建设、重污染天气应对 3 项任务部分完成。其中，秸秆禁烧方面，2015 年点火数为 148 个，与 2014 年持平，不满足全年减幅达 30%（含）以上的考核要求。机动车环境监管能力建设方面，全省已建成 7 个市级机动车排污监控平台，其余 4 市处于招标和建设阶段。重污染天气监测预警应急体系建设方面，11 个设区的市中应该启动 66 次重污染天气应急响应措施，实际启动 39 次，预警发布率为 59.1%，不满足预警发布率达到 60% 以上的要求。

（3）2016 年重点任务超额完成 4 项，共完成 21 项，部分完成的任务有 1 项

2016 年，山西省重点行业清洁生产审核与技术改造、煤炭洗选加工、燃煤小锅炉淘汰、淘汰黄标车和老旧车辆 4 项任务均超额完成国家下达的要求，仅秸秆禁烧一项部分完成，具体情况为 2016 年点火数为 316 个，比 2015 年增加 168 个，不降反增，不满足全年减幅达 30%（含）以上的考核要求。

（4）2017 年重点任务全部完成，超额完成 8 项

2017 年是《大气污染防治行动计划》第一阶段考核之年，也是大气污染防治攻坚之年。2017 年初，山西省全省遭遇大范围不利气象，完成全年目标任务异常严峻。为确保年度任务完成并顺利通过第一阶段考核，山西省实施了一系列环保强化措施，印发《2017 年大气污染防治行动计划》，开展省级环保督察，进行"铁腕治污"强化督查，特别是实施秋冬季大气污染综合治理攻坚行动以来，打出量化问责、强化督查、强化督查信息公开、奖惩考核的组合拳，围绕重点污染源、重点污染时段，对症下药，精准治污。山西省小型工业企业分类治理、重点行业清洁生产审核与技术改造、煤炭洗选加工、燃煤小锅炉淘汰、清洁能源替代利用、淘汰黄标车和老旧车辆等 8 项任务超额完成，其他任务也全部完成。

13.4.2.2 "调产"领域大气污染防治措施与成效

（1）严禁建设产能严重过剩行业新增产能项目

山西省省政府认真贯彻国家发改委、工信部《关于坚决遏制产能严重过剩行业盲目扩张的通知》，各市政府、相关部门和机构严格执行国家投资管理规定与产业政策，加强产能严重过剩行业项目管理，要求各级投资主管部门不得以任何名义、任何方式对钢铁、焦化、水泥、电解铝行业新增产能项目予以核准（备案或开展前期工作），各相关部门和机构不得办理土地、能评、环评、取水、选址、电力增容及新增授信支持等相关业务。2013～2017 年，山西省全省没有核准、备案产能严重过剩行业新增产能项目。

（2）完成产能严重过剩行业违规在建项目清理

山西省省政府认真贯彻国家发改委、工信部《关于坚决遏制产能严重过剩行业盲目扩张的通知》（发改产业〔2013〕892 号）。针对钢铁、煤炭、焦化、水泥、电解铝等产

资源型地区大气污染成因与治理研究
——以山西省为例

业严重过剩行业，围绕制定清理整顿方案、清理专项行动实施方案和后续收尾工作等，省政府办公厅、发改委、经信委、环保厅等部门制定了一系列政策，并将化解产能严重过剩工作列入政府政绩考核指标体系。通过山西省省委省政府、省直相关部门和设区市政府共同努力，完成了国家下达的清理产能严重过剩行业违规在建项目任务，工作成效显著。以钢铁行业为例，针对 2005～2013 年 5 月 10 日期间共违规建成的 39 个项目，提出分类处理建议。太钢集团等 7 个项目已获国家认可，其余 32 个项目中：对达到国家备案条件的 13 个违规建成项目，上报国家申请备案；对达不到国家备案条件但条件较好的 15 个违规建成项目，由山西省进行备案，并由各市进行监管，办理相关未办事宜；对达不到国家、省备案条件的 4 个违规建成项目，推动其进行升级或转产改造、积极参与兼并重组或向境外转移产能。

（3）超额完成钢铁、煤炭、焦炭等行业落后产能淘汰

山西省委省政府在成立淘汰落后产能工作领导组、铁煤炭行业化解过剩产能实现脱困发展领导组的基础上，围绕违规在建项目清理、利用标准倒逼落后产能退出等，综合施策，超额完成了钢铁、煤炭、焦炭等行业落后产能淘汰工作。同时，在煤炭去产能方面，山西省主动加压力，将 2016 年关闭退出煤矿由年初目标责任书签订的 21 座调整增加为 25 座，退出能力由 2.0×10^7 t 增加为 2.325×10^7 t，并通过努力圆满完成年度任务。

（4）不断推动重污染企业环保搬迁

山西省省政府依据《大气污染防治目标责任书》中对太原煤气化（集团）有限责任公司工厂区、太原化学工业集团有限公司、山西焦煤西山水泥厂等 9 家重污染企业进行环保搬迁的要求，将搬迁改造任务分解落实到相关市政府和省直有关部门，逐个制定实施方案，层层确定责任人，加强调度协调，及时解决项目接续、土地出让、人员安置、资金缺乏等困难和问题，促进了企业的顺利搬迁。2013 年以来，全省各市建成区共有 49 家重污染企业实施搬迁改造。其中对于《大气污染防治目标责任书》中要求的 9 家企业，7 家企业的搬迁工作已经全部完成。其余 2 家企业取得阶段性进展，其中，大同煤矿集团钢铁有限公司退城搬迁升级改造项目已完成可研论证、初步设计及审查、工程测量及勘探等工作，并取得了 7 个批复文件，2015 年向环保部提出调整搬迁任务申请；山西焦煤盐化集团公司退城入园整体搬迁升级改造项目，已完成项目可研和备案手续，正在进行环评。

（5）超额完成小型工业企业分类治理任务

首先，完成环保违法违规项目清理工作。2016 年，山西省印发了《关于加快推进环保违法违规建设项目清理整改工作方案的通知》《关于开展对未批先建建成项目环评备案等事项的通知》等文件，强化对各市清理工作的督办、调度和通报，强力推进环保违法违规建设项目清理工作。全省 8644 个环保违法违规建设项目（未批先建类项目 2492 个、久试不验类项目 6152 个），严格按照"三个一批"的处置原则，完成了全部环保违法违规建设项目清理整改任务。

其次，超额完成 11 个设区市"散乱污"企业取缔工作。2017 年，山西省省委省政府印发了《山西省取缔"散乱污"企业实施方案》，在完成国家下达的 4 个通道城市完成"散乱污"取缔工作的基础上，自加压力，将全省 11 个设区市"散乱污"企业全部纳入整治范围，不断加大排查力度，全省共排查"散乱污"企业 8175 家，其中列入淘汰范围的 7433 家已全面取缔，并实现"两断三清"。

（6）超额完成重点行业清洁生产审核与技术改造任务

山西省高度重视重点行业清洁生产审核与技术改造。

2014 年，制定了《山西省清洁生产审核管理办法》，将清洁生产审核评估验收权限下放至市级环保部门，充分发挥市、县两级环保部门推进清洁生产的作用；印发了《山西省重点行业清洁生产实施方案》，确定了 267 家重点行业企业开展清洁生产审核。

2015 年，印发了《关于加快推进重点行业清洁生产审核及技术改造工作的通知》，督促各市及企业加快推进技术改造工作进度。

2016 年，省经信部门编制了《2016 年资源综合利用和清洁生产行动计划》，进一步加大以清洁生产为重点的环保提标改造力度。

通过省级与设区市部门共同努力，2014～2017 年间，每年均超额完成重点行业清洁生产审核与技术改造任务。其中，晋城市额外完成了电力、陶瓷、煤炭、纺织及新能源开发等其他行业 91 家企业的清洁生产审核和技术改造。

13.4.2.3 "控煤"领域大气污染防治措施与成效

（1）超额完成煤炭洗选与加工任务要求

山西省严格落实国家下达的"新建煤矿同步建设煤炭洗选设施，现有煤矿加快建设与改造"的任务要求，省煤炭厅将煤炭洗选工作列入年度目标责任制考核范围，与各市、各国有重点煤炭集团公司签定了目标责任书。2013 年以来，山西省的原煤入选率呈现逐渐增长的态势，2016 年为 85.71%，2017 年 1～11 月原煤产量为 42523.10 万吨，原煤入选量为 37143.15 万吨，入选率为 87.35%，超额完成"到 2017 年底，原煤入选率达到 80% 以上"的考核要求。

（2）加强民用散煤清洁化治理

首先，严格限制销售硫分大于 1%、灰分大于 16% 的民用散煤。省煤炭厅制定了《煤炭经营监管办法实施细则》《关于进一步加强储售煤场煤炭销售管理有关问题的通知》《关于进一步做好全省劣质煤销售管控工作的通知》（晋煤经发〔2017〕433 号）等文件，从煤炭生产、经营、洗选企业等源头抓起，对全省洗（选）企业、储售煤场进行了摸排和清理，对全省 11 个市、省属五大重点煤炭集团公司和山西正华实业集团公司贯彻落实情况进行了检查督导。

其次，实施清洁焦和型煤置换。2016 年采暖期，除了集中供热覆盖率高的阳泉市和忻州市外，全省其余 9 市均开展了清洁焦（型煤）置换民用散煤的工作，共涉及 34.41 万户置换 126 万吨散煤。

再次，积极推进城乡"煤改气""煤改电"。2016 年，印发《推进城乡采暖"煤改电"试点工作实施方案》，并完成 5000 户居民、50 个高速公路服务区采暖"煤改电"试点任务。2017 年，在完成国家下达的 4 个京津冀大气污染传输通道城市以气代煤或以电代煤工程量的基础上，将"煤改气""煤改电"等冬季清洁取暖工程任务压实到全省 11 个市，省财政拿出 10 亿元资金支持"煤改气""煤改电"清洁取暖工程，省大气办每月进行排名通报，完成了 100 万户以上的冬季清洁取暖工程目标任务。

最后，实施清洁取暖资金奖励机制。2017 年山西省财政厅、环保厅、经信委、发改委四个部门颁布《山西省冬季清洁取暖省级专项奖补资金管理办法》，大力支持"煤改气""煤改电"专项工程，推动地方清洁取暖。

（3）超额完成燃煤小锅炉整治任务

考虑到山西省是煤烟型污染特征，山西省省委省政府高度重视燃煤小锅炉整治工作。

首先，超额完成燃煤小锅炉淘汰工作。2013 年，《山西省落实大气污染防治行动计划实施方案》细化了燃煤小锅炉淘汰的工作目标，提高了工作要求，要求各市"加快热力和燃气管网建设，通过集中供热和清洁能源替代，加快淘汰供暖和工业燃煤小锅炉"。2014 年，山西省环保厅制定了《山西省燃煤小锅炉淘汰工作方案》，将淘汰任务分解下达到了各市，进一步明确了淘汰目标、治理任务、主体责任。《山西省大气污染防治 2017 年行动计划》要求 2017 年 10 月底前，所有县城建成区 10t/h 及以下燃煤锅炉全面"清零"，11 个设区市建成区基本淘汰 20t/h 以下燃煤锅炉，并专门出台《山西省燃煤锅炉淘汰 2017 年工作方案》。经过共同努力，2013～2017 年全省累计共淘汰燃煤锅炉30152 台，完成国家下达山西省任务的 6.1 倍。

其次，严格执行"禁止核准规模以下的燃煤锅炉"的任务要求，2013～2017 年无违规新建燃煤小锅炉。

（4）推动清洁能源替代利用

首先，超额完成新增光伏发电、风电任务要求。山西省印发《关于加快促进光伏产业健康发展的实施方案》《山西省分布式光伏发电项目管理实施细则》等，推动光伏发电产业可持续发展。同时，积极向国家争取风电、光伏等建设指标，率先在全国大力发展光伏领跑基地建设，开展风电供暖工程试点工作。截至 2017 年底，山西省新增风力发电$8.7163 \times 10^6 \, kW$，新增太阳能发电 $5.9034 \times 10^6 \, kW$，超额完成了国家下达的任务要求。

其次，推动生物质发电的发展。2017 年，向国家能源局申请将 $5.5 \times 10^5 \, kW$ 生物质发电项目列入国家"十三五"生物质发电规划布局（含农林生物质发电和垃圾发电项目）。

13.4.2.4 "治污"领域大气污染防治措施与成效

（1）全省域率先实施燃煤发电机组超低排放改造

自 2014 年开始，山西省域燃煤发电机组超低排放改造工作全面启动，围绕资金保障、进度安排、环保验收和监管等方面，省政府办公厅、环保厅、大气办等制定颁布了《关于推进全省燃煤发电机组超低排放的实施意见》（晋环发〔2014〕137 号）、《关于进一步加快推进全省燃煤发电机组超低排放改造工作的通知》(晋政办发〔2015〕15号)、《关于加强燃煤发电机组烟气超低排放改造环保验收和监管工作的通知》(晋环发〔2015〕37号)等文件,全力推动燃煤发电机组超低排放改造。2013～2017年,全省共计121台、$4.768×10^7$ kW燃煤机组实现超低排放。

(2)完成钢铁、水泥、焦化等重点行业提标改造工作

山西省省政府办公厅、环保厅先后印发《山西省重点行业大气污染限期治理方案》《关于对钢铁行业企业进行达标治理的通知》等政策文件,对钢铁、水泥、焦化等重点行业提标改造工作进行了系统部署。2016年,将钢铁、焦化行业提标改造工作列为环保督查执法和省级环保督察的重点,全力督促落实钢铁、焦化行业全面实现达标排放。2013～2017年,全省$9.315×10^7$ m² 钢铁烧结机完成脱硫改造、除尘改造,完成全部改造任务;水泥行业完成$1.8×10^5$ t/d熟料窑脱硝改造,已完成全部改造任务。

(3)超额完成工业挥发性有机物治理任务

首先,超额完成重点行业实施VOCs综合治理任务。印发《关于开展重点行业挥发性有机物(VOCs)排放摸底调查的通知》《山西省重点行业挥发性有机物(VOCs)排放摸底调查工作方案》,摸清了省域范围内重点行业VOCs排放、分布和治理现状。严格落实《山西省重点行业挥发性有机物(VOCs)综合整治方案》,明确了治理任务要求、进度安排、项目清单,定期对各市企业挥发性有机物治理情况进行调度、督促。2017年,制定《山西省重点行业挥发性有机物(VOCs)2017年专项治理方案》,分批次提出了VOCs污染治理企业名单和时限要求。截至2017年11月,《山西省重点行业挥发性有机物(VOCs)综合整治方案》要求2017年底前完成治理的79家企业中已有75家完成治理任务,其他4家正在改造,同时,各市自加压力,全省累计905家工业企业完成VOCs治理任务,超额完成国家下达的治理任务。

其次,开展油气回收治理。2014年,印发了《关于加强部门联动加快推进油气治理工作的通知》,明确了油气治理工作的部门职责及各阶段重点任务。为推动油气回收治理工作,省政府进行了层层动员部署,加强了调度督办,省环保厅约谈了中石油、中石化山西公司负责人,截至2014年底,已经基本完成辖区内加油站、储油库、油罐车油气回收治理任务,油气回收设施稳定运行。

(4) 2014年与2017年完成秸秆禁烧任务

秸秆禁烧工作难度较大,在2015年、2016年均未达到全年减幅达30%(含)以上的考核要求。为达到考核要求,山西省做出了一系列的努力。

① 周密安排部署,加强组织领导。省政府印发了《关于加强秸秆禁烧工作的通知》等文件,扎实做好秸秆焚烧污染防控工作。同时,落实监管责任,加强督查巡查。各市、县按照分别制订的《网格化环境监管实施方案》,将秸秆禁烧工作纳入网格化环境监管范畴,进一步明确责任部门和责任人,夯实秸秆禁烧责任。各级环境监察部门建立秸秆禁烧责任检查机制,分片负责,加强巡查,同时对城乡结合部、交通干道两侧、机场周围等秸秆焚烧易发地区进行不定期巡查和检查,及时发现并制止秸秆焚烧行为。

资源型地区大气污染成因与治理研究
——以山西省为例

② 采取多种形式，加强宣传引导。注重发挥村镇各级组织"宣传员"的作用，广泛宣传农作物秸秆禁烧形势的严峻性、焚烧造成的危害性和加强秸秆综合利用的紧迫性。2017 年，山西省秸秆焚烧火点数为 219 个，同比减少 97 个，减幅 30.7%，达到全省整体火点数全年减幅达 30%（含）以上的考核要求。

（5）完成京津冀及周边地区工业企业错峰生产与运输任务

按照《京津冀及周边地区 2017～2018 年秋冬季大气污染综合治理攻坚行动方案》要求，自加压力，将错峰生产和错峰运输任务压实到全省 11 个市。省经信委（经济和信息化委员会）制定了《山西省 2017～2018 年秋冬季钢铁建材等原材料工业企业错峰生产实施方案》，印发了《关于开展原料药错峰生产指导工作的通知》，指导各市错峰生产工作。鼓励大宗物料实施硬密闭运输，制定高速公路差异化收费优惠政策，受到了国务院办公厅通报表扬。2017 年，全省建材、钢铁、焦化等重点行业 2403 家企业实施采暖季错峰生产措施，其中停产 1836 家、限产 567 家。

13.4.2.5 "管车"领域大气污染防治措施与成效

（1）完成黄标车和老旧车辆淘汰任务

2014 年，山西省政府印发了《山西省黄标车及老旧车淘汰工作实施方案》（晋政办发〔2014〕78 号），成立了山西省黄标车及老旧车淘汰工作领导组，并由省财政下达了 4 亿元的淘汰奖励补贴专项资金。2015 年，对黄标车和老旧车淘汰工作，实行周调度、月通报，全面加大了督办力度，开展了全省黄标车及老旧车淘汰工作专项督查。2016 年，在坚持月调度、月通报工作机制的基础上，从 10 月开始，实施周调度、周通报，针对黄标车及老旧车淘汰工作进展缓慢的情况，省政府召开全省黄标车及老旧车淘汰工作推进电视电话会议，并开展了黄标车及老旧车淘汰攻坚行动。2017 年，印发《关于进一步做好黄标车及老旧车淘汰工作的通知》，针对各市进展不平衡的现状，提出分层次差别化要求。截至 2017 年 11 月底，全省累计淘汰黄标车及老旧车约 67 万辆，已完成国家"基本淘汰黄标车"的任务。

（2）完成机动车环保监管能力建设任务要求

以"机动车排污监控平台完成检验机构与环保部门联网"考核要求作为工作目标，山西省不断推动省市两级平台建设，完成机动车环保监管能力建设任务要求。

首先，规范联网。印发《关于省市两级机动车环境监管平台联网运行有关事宜的通知》，明确传输内容和具体要求，以实现机动车排放检验在线监控、检验数据实时采集上传及统计分析；印发《在用机动车排放检验信息系统及联网规范》（试行），要求各市环保局要严格按照相关标准规范，对辖区各检验机构逐一审核，对达到要求的检验机构予以联网。

其次，完善省级机动车平台联网建设，督促各市按照国家联网规范要求，升级联网配置，对联网进展滞后的大同等市进行督办。

最后，运用平台开展有效监管，安排专人对全省 11 个市上报的机动车排放检验数据及视频进行管理。山西省省级机动车监管平台已建成并与环保部联网，11个市已全部建成市级平台并与省平台联网。截至2017年底，山西省11个市共178家机动车排放检验机构全部正常运营，且按照环保部《在用机动车排放检验信息系统及联网规范（试行）》要求与所在市市级机动车排污监控平台联网，联网率为100％。

（3）优化城市交通管理

首先，实现城市道路步行和自行车道配置率与完好率考核要求。结合改善城市人居环境工作，指导各市加快道路新建和改造，建设快速路、环城路，改造老旧路、低标路，打通断头路、瓶颈路，合理调整城市路网结构，大幅提高路网密度，同时加强过街天桥、地下通道、人行步道、自行车道和无障碍设施建设，倡导绿色出行，有效缓解城市拥堵问题，降低机动车尾气排放。截至2017年，全省各市城市道路人行步道和自行车道配置率达90％、完好率达80％。

其次，推动交通运输结构调整。按照2017年新增"推动交通结构调整"的任务要求，围绕严格道路运输车辆燃料消耗量市场准入、开展多式联运示范工程、推进甩挂运输发展等积极开展工作。截至年底，太原铁路局、山西方略保税物流中心有限公司两家企业获交通运输部批复，成为山西省多式联运示范工程项目。同时，山西省甩挂运输牵引车达到1900多辆，半挂车达到4000多辆，主车、挂车比例达到1∶2以上，主车利用率达到95％以上，车辆实载率和运输效率大幅提高，物流成本较传统运输方式降低1/3以上，甩挂运输的优势达到体现和发挥。

（4）完成车用油品升级工作

根据《大气污染防治行动计划》对油品升级工作提出的要求，省环保厅、发改委、商务厅等部门每年制定工作目标，明确工作内容，加强保障措施，确保如期完成油品置换。2017年，省发改委、省环保厅印发了《关于做好供应国六标准油品有关工作的通知》（晋发改经贸发〔2017〕543号）要求，省商务厅制定了《2017年国六标准油品保供工作方案》和《2017年国六标准油品保供应急工作预案》，积极推进油品升级工作。2017年10月1日，山西省已经开始全面供应符合国六标准的车用汽油、柴油。

（5）加大新能源汽车推广力度

按照"太原市每年新增的公交车中新能源车和清洁燃料车的比例达到60％左右"的任务要求，太原市不断探索清洁燃料、新能源在交通运输领域的推广应用。2016年，太原市城六区8292台出租汽车全部更换为纯电动汽车，目前全市营运公交车辆2253台，其中天然气车辆2147台，无轨电车106台，100％为清洁能源车。2017年市政府批准新增400台纯电动公交车。在完成既定任务的基础上，山西省在全省范围内实施新能源汽车推广计划，加大新能源车辆和清洁能源车辆在城市公交客运领域的应用，目前全省新能源公交车、新能源出租车占比分别达到55.98％和21.26％。

13.4.2.6 "降尘"领域大气污染防治措施与成效

（1）完成施工工地扬尘专项治理任务要求

山西省制定了2013～2017年全省房屋建筑及市政工程施工工地扬尘综合整治实施

方案和年度专项整治工作方案，出台了《山西省城乡环境综合治理条例》，紧密围绕整治目标，严格落实项目参建各方主体责任，加强过程控制与管理，构建完善建筑工地扬尘治理法律制度，不断提升施工扬尘治理水平，扎实推进"六个百分之百"防治措施。进一步加大建筑施工扬尘检查力度，2013～2017 年，省市县三级住建部门累计出动 2 万余人次，检查项目 9647 个，排查出建筑工地扬尘问题 3496 项，已全部整改，不断促进建筑施工扬尘治理得到落实。截至 2017 年，全省二级及以上施工企业施工现场优良率达 91%，三级施工企业施工现场合格率达到 100%；采暖季期间，全省除部分市政府重点工程和民生工程仍在继续施工外，其余所有在建工程均已基本停工。

（2）加强道路扬尘污染控制

通过开展创建城市保洁示范街道活动，积极推广在城市主干道路实行机械化清扫，增加道路冲洗面积和频次，探索实行夜间道路冲洗作业，主干道错开人流、车流高峰期清扫保洁，不断规范城市道路清扫保洁作业和管理。严格实施渣土运输许可制度，着力加强对渣土运输车辆密闭作业的执法管理，采取有力措施加强渣土运输车辆监管力度，车辆沿街抛撒等行为得到有效遏制。鼓励引导企业加快全封闭箱式火车和集装箱运输车发展，积极探索重型散装物料货车集装箱运输或硬密闭措施运输。截至 2017 年，全省累计创建城市保洁示范街道 232 条，城市道路机械化清扫率达到 76%，完成到 2017 年底设区市建成区主要街道机扫率达到 58% 的要求。

（3）进行渣土运输车辆扬尘污染控制

按照"渣土运输车辆全部采取密闭措施，逐步安装卫星定位系统"的要求，山西省全省各设区市运管部门强化了渣土运输车辆监管，要求渣土运输车辆必须采取密闭措施并确保正常使用；全省车货总重在 12t 以上的营运类渣土运输车辆全部加装了卫星定位系统，并接入了交通运输部联网联控平台。

13.4.2.7 大气污染防治政策保障与技术支撑体系

（1）完善环境经济政策体系

首先，提高排污收费标准。2015 年印发《山西省关于调整排污费有关事项的通知》（晋价费字〔2015〕107 号），规定自 2015 年 6 月 1 日起，将废气中的二氧化硫和氮氧化物排污费征收标准由 0.60 元/污染当量调整到 1.20 元/污染当量；太原市从 2016 年 1 月 1 日起，将二氧化硫和氮氧化物排污费征收标准提高到 1.80 元/污染当量。

其次，制定挥发性有机物排污费征收标准。省发改委、省财政厅、省环保厅联合印发《关于制定石油化工、包装印刷试点行业挥发性有机物排污费征收标准等有关事项的通知》，已从 2016 年 9 月 1 日起，石油化工、包装印刷两个行业按照太原市每污染当量 1.8 元、其他设区市每污染当量 1.2 元的标准开始征收排污费。

再次，确定环境保护税率。2018 年 1 月 1 日起，山西省正式开征环境保护税，不再收取排污费，具体适用税额为大气污染物每污染当量 1.8 元。

再次，积极推行排污权交易，2011 年"山西省排污权交易中心"挂牌，2012 年 1

月正式运营。经过多年的探索实践，排污权交易试点工作取得了阶段性成果。2012 年 1 月 1 日至 2016 年 12 月 31 日，共完成排污权交易 1457 宗，总成交金额 18.24×10^{12} 元。

最后，推广企业环境污染责任保险，449 家企业投保，实现保费金额 1.7 亿元。在全国率先成立省级环境污染损害司法鉴定中心，为 23 起环境污染损害案件提供司法鉴定服务。

（2）加强大气污染治理技术支撑

首先，开展颗粒物源解析工作。2013 年，山西省开始布置颗粒物源解析工作，印发了《关于开展环境空气中 $PM_{2.5}$ 源解析工作的通知》（晋环办〔2013〕59 号），省财政下达专项资金予以支持。2014 年，印发了《关于进一步加快推进大气颗粒物来源解析工作的通知》（晋气防办〔2014〕4 号）。2015 年全省 11 个市完成 $PM_{2.5}$ 源解析工作。

其次，开展大气源排放清单编制工作。2017 年制定了《山西省大气污染源排放清单编制工作实施方案》，印发了《关于开展大气污染源排放清单编制工作的通知》（晋环大气〔2017〕59 号），对大气污染源清单编制工作进行安排部署，组织专家对 7 个非通道城市大气污染源排放清单实施方案进行了评审，开展了《山西省大气污染源排放清单编制（一期）》课题研究，建立全省挥发性有机物（VOCs）源排放清单的同时，将对基于路网的移动源排放清单编制技术开展系统研究。

（3）加强重污染天气应对

首先，按时完成重污染天气监测预警系统建设。按照环保部（现生态环境部）《全国环境空气质量预报预警实施方案》规定，全省在完成省级和太原市环境空气质量预报预警系统建设基础上，要求其他 10 个设区市建设预报预警系统，并于 2015 年底前全部完成并联网运行。

其次，修编重污染天气应急预案。2013 年按照环保部的有关要求，山西省制定了《山西省重污染天气应急预案》，由省政府办公厅于 2013 年 12 月印发实施。2014 年修订了《山西省重污染天气应急预案》，2015 年 3 月省政府办公厅印发实施。2017 年按照"办公城市标准"，对省级和 11 个市重污染天气应急预案进行了修订。

再次，实施应对重污染天气调度令。2016 年出台《山西省应对重污染天气调度令实施办法》，按照从严预警、提前应对、区域联动的原则，要求相关市启动橙色级别以上预警，2016 年 11 月以来先后发布重污染天气 23 次调度令，有力督导了各市重污染天气应对工作，2017 年各市共发布 124 次预警，其中红色预警 8 次、橙色预警 62 次、黄色预警 31 次、蓝色预警 23 次。

最后，不断提高重污染天气预报预警能力。在预报预警系统一期项目的基础上积极推进并基本完成卫星遥感反演系统软硬件系统建设工作，为全省"天地一体化立体监测"以及突发性污染源判别、预报预警准确率提升等方面提供更有力的技术支撑，具备 3 天精细化预报、7 天潜势预报能力，每日进行 3 天空气质量预报，每周进行未来一周空气质量潜势预报。

（4）加强环境信息公开

在环保厅网站及山西日报上每月发布 11 个设区市城市空气质量状况及其排名；按

照《建设项目环境影响评价政府信息公开指南（试行）》文件要求，发布新建项目环境影响评价相关信息；按季度发布国控企业监督性监测信息和年度报告。已在省环保厅网站公布 11 市企业自行监测信息公开网址，省级重点监控企业自行监测发布平台将在网络安全整改完成后重新上线运行。

（5）强化跨域协作治理得到加强

2013 年，环保部、发展改革委等 6 部门联合印发《京津冀及周边地区落实大气污染防治行动计划实施细则》后，山西省持续强化与中央和周边省份的协同合作。2016 年山西省政府发布的《关于山西融合环渤海地区发展的实施意见》中，提出以治理重污染天气为重点、深化与京津冀等地的合作、加强 PM$_{2.5}$ 监测和区域联防联控的大气质量防控行动。2017 年山西省政府出台的《2017 年大气污染防治行动计划》、《节能减排实施方案》等多项文件，为太原、阳泉、长治和晋城 4 个京津冀大气污染传输通道城市制定了比环保部要求更为严格的污染物减排措施，同时将临汾、晋中 2 个大气污染防治重点城市与之并列，划定大气污染联防联控"4＋2"城市。

13.5 山西省空气质量改善的不利因素分析

13.5.1 空气质量改善的不利因素研究现状

雾、霾天气的形成是多方面因素共同导致的，既有自然因素也有人为因素。一般认为形成雾、霾天气的原因为煤炭燃烧、工业废气排放、机动车数量增加、建筑扬尘、秸秆燃烧等。本部分梳理了能源消费结构、产业结构、城镇化和人口集聚、地形地貌、交通运输结构、气候气象等因素对空气质量改善的相关研究工作，以期为下一步系统分析山西省空气质量改善的不利因素提供工作基础。

（1）能源消费结构对大气污染的影响

目前我国大气污染主要是由工业生产造成的，工业生产大都属于能耗密集型产业，国内学者认为传统生产模式下能源消费的规模效应是造成大气污染的重要因素，而我国能源消费结构在很大程度上受制于能源禀赋结构。我国的能源禀赋特点为"富煤、贫油、少气"，在一次能源消费结构中，煤炭占比达到 70% 左右，盲目的"去煤化"、急刹车会使目前的能源结构失衡，进而影响到整个经济社会的持续健康发展。能源消费结构的现状决定了我国很难在短期内对能源消费结构进行改变。

（2）产业结构对大气污染的影响

针对这一问题，还没有形成统一的见解。一部分学者认为，产业结构会严重影响大气环境的质量。目前，我国的产业结构不平衡，第二产业所占比重畸高，根据《中国统计年鉴计算（1978—2017）》，中国第二产业比重高达 45%，传统的"高污染、高能耗、高投入"经济发展模式下，重工业比重过高。

（3）城镇化和人口集聚对大气污染的影响

城镇化发展与大气污染的关系比较复杂，有的研究表明，城镇化发展加剧大气环境污染。在城镇化的发展进程中，城镇化将吸引大流量人口进入城市，形成人口城镇化，人口城镇化与大气环境污染呈现出显著的正相关性。

（4）交通运输结构对大气污染的影响

交通运输的发展带来的是高能耗和高污染，其中机动车数量、机动车使用油品质量和城市交通规划等都会对大气污染产生重要影响。机动车尾气的排放是造成现代城市环境质量恶化的重要因素。机动车出行数量的增加已经成为我国城市环境污染恶化的重要源头。

（5）气候气象对大气污染的影响

不同的气象条件对大气环境质量造成不同的影响，一些研究表明，气象动力因素（风速、风向）等气象条件都会影响大气环境污染物的扩散和稀释。

13.5.2 地形因素对山西省环境空气质量改善的影响

山西省是一个被黄土广泛覆盖的"山地型高原"，整个地势北高南低，两侧隆起成山，中部断陷为谷，东西两侧为高山和高原隆起，构成山西地貌的基本框架。整个地形地貌可分为三部分，即东部山地、西部高原和中部断陷河谷盆地。东部山地分布于省境的东部和东南部，以太行山脉为主，自北而南尚有恒山、五台山、系舟山、太岳山、中条山、王屋山，海拔均在 1500m 以上。中部断陷河谷盆地几乎纵贯全省，由北向南依次为大同、忻州、太原、临汾、运城五大盆地。汾河上游穿行山地，中游经太原盆地，然后穿过灵石县峡谷进入临汾盆地，下游河谷开阔。山西省主要城镇几乎都分布在河谷地带，如太原、阳泉、灵石、介休、霍州等。据不完全统计，山西省约 67% 的县城都属于河谷型城镇。山西省多山地、盆地的自然地理条件，受山脉阻挡和背风坡气流下沉作用影响，易形成反气旋式的气流停滞区，导致大气污染物扩散条件较差，极易造成污染物积累，一旦叠加不利气象条件，极易发生重污染天气。全省环境污染严重地区主要集中在太原市、阳泉市、临汾市、长治市、运城市等河谷盆地地区。例如，忻州市、吕梁市、临汾市和运城市处于汾河流域河谷地带，尤其是临汾市四面环山，是山西境内最窄的一个盆地，空气流动较困难，不但本地的污染物不易扩散、输送，外部来的污染气体也易在此滞留。

13.5.3 气象因素对山西省环境空气质量改善的影响

13.5.3.1 风向风速影响

风速是影响大气扩散条件的重要因素。以位于大同市、太原市和临汾市的 3 个国家基准、基本气象站分别代表山西省北部、中部和南部。山西省北部的大同市 2017 年多

资源型地区大气污染成因与治理研究
——以山西省为例

偏西风，且西西北风比率占到 30.41% 左右，平均年最大风为东北风，风速为 46.25m/s；中部的太原市全年以偏东风为主，平均年最大风为西西北风，风速为 24.64m/s；南部的临汾市全年以西南风为主，平均年最大风为东东南风，风速为 18.5m/s。可以看出，2017 年山西省自北向南，平均年最大风速呈递减趋势。

污染系数反映风向和风速两种气象因子对大气污染物的综合扩散稀释作用，也即表示某方位的风向频率小而风速大，该方位的污染系数就小，则其下风向的大气污染程度就轻；反之污染程度就重。大同市污染物输送通道为西略偏北方向，太原市为西偏南方向，临汾市为南偏西方向。山西省部分地区的工业点源布局缺乏系统科学性是造成区域大气污染的重要原因。例如，位于吕梁市的交城县夏家营工业园区是一个以煤焦、化工、冶炼、机械铸造、建材为特色的工业产业集聚区，现有企业近 200 家，但是距离太原市区仅 50 多千米，且位于太原市西南方向，而这正好重合于太原市的污染系数最大值方向，因此严重影响太原市大气环境质量。风速是影响污染物浓度分布的重要因素，三地 $PM_{2.5}$、PM_{10} 和 SO_2 日均浓度分布与风速呈负相关性，大风天气时污染物浓度低，随着风速的增大，大气湍流能力增强，边界层高度抬升，有利于污染物的扩散，污染物浓度降低。山西省自北向南，风场条件越来越不利于污染物扩散。

13.5.3.2 降水影响

降水对清除大气污染物起着重要的作用。首先，降水影响污染物浓度的季节性变化。山西省降水量季节分布不均匀，2017 年降水量以夏季最多，占全年总雨量的 50%~65%；冬季最少，雨雪量较少，仅占全年的 2%~3%；春季占年总量的 15%~20%；秋季 20%~30%。秋雨多于春雨。降水量空间分布的总特征：从东南向西北递减，由盆地到高山递增。因此，夏季对污染物湿沉降作用明显，空气相对清洁，而秋冬季污染物可有更长的时间积蓄，污染较重。其次，在任何季节，雨雪天的环境空气污染物浓度都会降低。降水的清洁作用使降水日的污染物浓度始终低于非降水日，详见表 13-2。

表 13-2　2017 年降水前后污染物浓度

项目	降水日浓度/($\mu g/m^3$)	非降水日浓度/($\mu g/m^3$)	清除比例/%
$PM_{2.5}$	38.6	61.2	−36.93
PM_{10}	73.5	108.1	−32.01
SO_2	13.2	38.7	−65.89

13.5.3.3 雾、霾天气影响

雾、霾等恶劣能见度天气现象产生于近地面大气层结比较稳定的条件下，形成时风力温和、湍流较弱，并常伴有较强逆温的存在。此时，大气边界层的结构不利于空气污染物扩散，所以雾、霾天气出现通常会加剧地面空气污染状况。根据山西省气象局霾日数监测数据，山西省 2016 年大部分设区市霾日数与 2015 年同期相比明显增多，例如太

原市 2016 年 11 月份霾日数由 2015 年的 17d 增加为 2016 年的 28d，增幅高达 64.71％。2016 年山西全省共发生 22 次重污染过程、212 天次，分别比 2015 年增加了 9 次和 77 天次。全省共发布 115 次重污染天气预警，同比增加 75 次。其中，2015 年无红色和橙色预警，2016 年先后发布 11 次红色、35 次橙色预警，黄色预警同比增加 16 次。

13.5.4 产业布局对山西省环境空气质量改善的影响

13.5.4.1 山西省产业发展战略地位

（1）国家重要的能源供给基地

山西省是国家主要的煤炭产区和调出区，煤炭资源储量大、分布广，含煤面积 $6.2 \times 10^4 km^2$，占国土面积的 40.4％；119 个县（市、区）中 94 个有煤炭资源。全省 2000m 以下浅煤炭预测资源储量 $6.652 \times 10^{11} t$；探明保有资源储量 $2.6743 \times 10^{11} t$，约占全国的 1/4。新中国成立至 2016 年底，山西省累计生产原煤 $1.75 \times 10^{10} t$，外调量超过 $1.15 \times 10^{10} t$，供应全国 28 个省（市、自治区）用煤。全省 2000m 以下浅含气面积 $35796.86 km^2$，煤层气资源总量 $8.309786 \times 10^{12} m^3$，约占全国煤层气资源总量的 1/3。山西省是国家确定的新型能源基地，每年向京津冀、长江三角洲等区域输送大量的清洁能源，为受电地区环境质量改善做出了重大贡献。

（2）国家重要的煤化工产业基地

山西省是国家传统煤化工产品的主要产地。传统煤化工产品主要指焦炭、电石、合成氨等。作为全国最大、最重要的焦炭生产基地，近年来山西省焦炭年产量 $9.0 \times 10^7 t$ 左右，约占全国市场的 19％；外运焦炭 $6.0 \times 10^7 t$ 左右，约占国内省际间调运量的 70％；年出口焦炭 $7.5 \times 10^6 t$ 左右，约占全国出口量的 90％（以货源地计算），均位居全国第一；同时，焦炉煤气、焦化粗苯、煤焦油等化工产品产量也位居全国第一。

（3）黑色、有色冶金产品生产基地

2016 年，山西省黑色金属冶炼及压延加工业总产值 258.89 亿元，占各产业总产值的 6.56％，为第三大支柱产业；有色金属冶炼及压延加工业总产值 149.95 亿元，占各产业总产值的 3.8％，为第五大支柱产业。

13.5.4.2 区域产业结构偏重对空气质量改善的影响

山西省三产经济结构呈现由第一产业和第二产业向第三产业转移的总体态势。2016 年，山西省地区生产总值 13050.41 亿元。其中，第一产业增加值 784.78 亿元，占地区生产总值的比重为 6.05％；第二产业增加值 4963.3 亿元，占生产总值的比重为 38.28％；第三产业增加值 7218.12 亿元，占生产总值的比重为 55.67％。山西省的第三产业发展较快，2015 年第三产业增加值占地区生产总值比重首次超过第二产业。从

资源型地区大气污染成因与治理研究
——以山西省为例

各设区的市产业结构分布情况来看，第二产业比重排在前五位的依次为吕梁市、晋城市、长治市、阳泉市和临汾市。

工业处于重工业化过程的初级阶段。山西省第二产业比重仍然较大，且产业结构是以能源和原材料工业为主的重型工业结构。2016年，山西省工业增加值为3948.9亿元，约有92%来自重工业，表明山西省的产业结构以重工业为主。并且，山西省仍处于第一个阶段，即以原材料为重点的发展阶段，高加工度进程缓慢，重工业中加工工业和采掘、原材料工业比例失调。原材料重工业大多是"两头在外"，依托资源优势建立的以能源、原材料为主的工业体系，只完成了上游工业的发育过程，没有转化为深度加工增值的产业优势，对资源能源的依赖度较高。2016年，工业增加值前六位的行业分别为煤炭开采和洗选业、电力热力生产和供应业、黑色金属冶炼及压延加工业、计算机通信和其他电子设备制造业、石油加工炼焦和核燃料加工业、有色金属冶炼及压延加工业。其中，依托丰富的煤炭资源，煤炭开采和洗选业增加值为1907.912亿元，占了总增加值的48.32%，远超其他产业部门的比例。山西省目前的主导产业仍是煤炭开采和洗选业，这也对山西省产业经济的增减有着决定性作用。

（1）大部分设区市产业结构相对简单，对煤炭资源过于依赖

大部分设区市目前已形成包括煤炭、煤电、煤化工（以焦化、合成氨为主）、冶金在内的重工业体系，突出特征是产业发展对煤炭资源过于依赖，结构相对简单。忻州市以煤炭、电力、煤化工（尿素、甲醇）为主导产业，还有装备制造（法兰）、冶金（电解铝）等产业；吕梁市的主要产业有煤炭、焦炭、冶金（钢铁、镁、铁合金）、建材等，其中氧化铝产能占全国1/5；临汾市的主要产业有煤炭、煤化工（焦化、焦油、甲醇、合成氨）、冶金（钢铁、铸造）、电力等，全市钢铁企业数量仅居河北唐山、邯郸之后，2015年全市煤炭产量5.6478×10^7t，焦炭产量1.7541×10^7t，煤焦冶炼等传统产业占到整个临汾市工业经济总量的近九成，煤炭占到工业经济的1/2以上；运城市的主导产业为冶金（氧化铝、电解铝）、焦炭、煤化工、电力等资源性产业，其中2015年氧化铝产能3.3×10^6t，约占全国的12%，电解铝产能8.0×10^5t，约占全国的7%；太原市重工业比重仍然较大，煤炭、钢铁、电力、焦化等资源型产业的特征依然突出，全市前十大工业企业中（产值约占全市的75%），50%以上从事资源型传统产业或与之相关的专用设备制造；阳泉市已形成以煤炭、电力工业为支柱，以电解铝、耐火材料、磁性材料、陶瓷、水泥、阀门、粉末冶金、聚氯乙烯等为主导的产业；长治市是以煤炭、焦炭、冶金、电力四大传统产业为支柱；晋城市的主导产业为煤炭、化工、冶金、电力；晋中市的煤焦、纺机、液压元件、艺术玻璃、玛钢等产品在山西省乃至全国占有较大份额；大同市和朔州市的工业以煤炭为主导产业。

（2）区域企业规模小、装备水平低、污染治理水平有待提高

根据《2018年汾渭平原大气污染防治调研情况报告》：

① 从布局上来看，吕梁市、临汾市、晋中市焦化企业密集，企业数量占全国焦化企业数量的18%；临汾钢铁企业数量集中，共15家钢铁企业，在全国仅次于河北省唐山市（35家）、邯郸市（18家）；吕梁市的氧化铝企业及晋中市的铸造企业均较为集中，

其中吕梁市氧化铝产能占全国的 1/5。

② 从规模上来看，吕梁市、临汾市、晋中市焦化企业平均规模不到 80 万吨，远低于全国 124 万吨的平均水平；临汾市钢铁企业平均规模 79 万吨，仅为邯郸市（266 万吨）的 1/3、唐山市（371 万吨）的近 1/5。

③ 从装备水平来看，钢铁、焦化装备水平落后，以限制类为主，如吕梁市、临汾市焦化企业均为 4.3m 小焦炉，临汾市钢铁企业 450m³ 的小高炉和 90m² 左右的小烧结机占 90% 以上。

④ 从治理水平来看，大多数焦化企业焦炉废气未采取过程和末端控硝措施；钢铁企业以除尘效率较低的普通袋式除尘器、转炉煤气湿法除尘为主，难以实现稳定达标排放；火电企业超低排放改造完成比例低于京津冀水平。

13.5.4.3 工业污染治理水平有待提高

虽然山西省近几年一直在积极开展产业结构调整优化，但是由于历史原因，加大产业转型升级的任务难度大，仍无法在短期内改变以煤为主的产业结构，这种高耗能、高排放的产业结构对区域空气质量改善产生不利影响。山西省重点产业，如电力、焦化、建材、冶金等，具有分布相对集中、生产技术水平较低、大气污染物排放量大的特点，对区域大气环境造成较大影响。例如，山西省焦炭企业总产能为 1.2697×10^{12} t，占全国产能（6.3072×10^{12} t）的 24%；焦炉个数为 127 个，主要分布于吕梁、临汾、太原、晋中、长治以及运城 6 个地区，共分八大焦化工业区和 15 个重点产焦县（占全省总生产能力的 85% 以上）。如果这些焦炭企业全部完成烟气脱硫脱硝、焦化污水深度处理、煤场/焦场封闭等环保工程，投资较大，环保压力成为山西省焦炭产业发展的制约因素。再例如，临汾市区周边 20km 范围内有 2 个火力电厂、6 个焦化厂和 4 个钢铁企业，处于汾河流域河谷地带的平川七县市占全市总面积的 32%，集中了全市 70% 的煤、焦、铁、电力等重污染工业。重工业规模大、空间聚集度高、大气污染负荷较重，加之高昂的环保成本，导致很多企业污染治理设施升级改造滞后。

"工业围城""一煤独大"等现象在山西省一些城市比较普遍，但装备水平落后，污染治理设施效率较低，超标排放、偷排偷放等问题十分突出。根据 2017 年《关于山西省九大行业全面达标排放执法检查情况的报告》，山西省 845 家工业污染企业按要求可以达标排放（九大行业共计 1423 家，除 261 家在建和停产企业外，此次纳入评估范围的共计 1162 家），达标率 72.72%；达不到排放要求的有 317 家，不达标率 27.28%。从山西省工业企业达标评估情况来看，不达标企业主要集中在煤炭、焦化 2 个行业（251 家），占到了不达标总数的（317 家）79.18%。其中，煤炭 211 家，占比 66.56%；焦化 40 家，占比 12.62%。

此外，一些领导干部重发展、轻保护的观念没有得到有效扭转。例如 2015 年，山西省不顾大气环境质量超标、省内火电产能严重过剩的严峻形势，违反规划环评审查意见实施《山西省低热值煤发电"十二五"专项规划》，在火电项目环评审批权由国家下放到地方后，先后核准审批 20 多个低热值煤发电项目。再例如 2016 年以来，随着经济形势有所好转，山西省煤电焦铁等产能负荷明显提高，但相应的环境投入和监管没有同步推进，甚至放松治污要求，导致污染排放量增加，多数地区大气环境质量出现恶化。

13.5.5 能源结构对山西省环境空气质量改善的影响

13.5.5.1 能源结构以煤为主

作为我国传统的化石能源大省，山西省煤炭资源、矿产资源较为丰富，煤炭产量占全国 1/4 左右，是重要的能源基地，煤源易得。山西省也是全国铁矿、铝土矿资源较多的省份，钢铁工业、铝工业目前也在山西省工业中占有较大比例。另外，众多的中小型企业，如洗煤、配煤、铸造、砖瓦、建材等企业能源均依赖于煤焦。因此，山西省同时也是能源消费大省，电厂主要以燃煤电厂为主，其发电量占我国年发电总量的 70% 以上，煤炭消耗占能源总消耗量的 72%；炼焦和钢铁工业是山西省的支柱产业。工业锅炉、民用、采暖锅炉以及火力发电均以煤炭为主，形成了山西省以燃煤为主的能源消费结构。不仅如此，山西省煤炭消费量和单位面积煤炭消费量大。根据《中国能源统计年鉴（2015）》，2015 年山西省煤炭消费总量达 $3.7115 \times 10^8 t$，虽然比上年稍有下降，但近 10 年煤炭消费量总体一直处在增长状态；2015 年煤炭消费量约占能源消费总量的 90%，对全国煤炭消费总量的贡献率为 9.35%；单位国土面积煤炭消费量为 $2.3669 \times 10^7 t/km^2$，是全国平均水平的 5.7 倍和京津冀地区的 1.6 倍。其中，临汾市 2013~2016 年煤炭消耗量由 $3.0 \times 10^7 t$ 增长到 $3.66 \times 10^7 t$，且以炼焦用煤所占比重较高，占 65.3%，其次为发电用煤 $9.7 \times 10^6 t$，占 26.5%；2015 年临汾市煤炭消费 $2.8112 \times 10^7 t$，GDP 单耗 2.19t 标煤，是山西省的 1.5 倍、全国的 3.6 倍。

13.5.5.2 燃煤污染特征明显

山西省能源结构以燃煤为主，是大气环境中 SO_2、NO_x、烟尘的主要来源，煤烟型污染是山西省大气污染的重要特征。燃煤的工业和民用锅炉是冬季大气环境污染的一个重要来源，特别是民用分散的小型锅炉，由于没有任何环保设施，其排放不容小觑。

散煤污染问题突出。2017 年山西省 SO_2 平均浓度为 $56\mu g/m^3$，远高于京津冀及周边地区平均水平，燃煤散烧是主要原因，全省农村地区民用散煤用量年高达 $2.0 \times 10^7 t$。$PM_{2.5}$ 源解析结果显示，山西省燃煤污染对 $PM_{2.5}$ 的贡献占首位，部分城市采暖期燃煤贡献超过 40%。受城镇化水平的制约，县城和广大农村地区散煤污染问题突出。根据测算，1t 散煤燃烧排放的污染物总量是 1t 工业燃煤（采取环保措施）排放量的数倍之多。山西省部分地区散煤消费量大，如吕梁、晋中、临汾、运城 4 市散煤户均燃煤量达 3~5t/a，年消费量 1000 余万吨，散煤户均用量较京津冀多 1 倍，且用煤多为劣质煤。加之山西省散煤煤质管控失控，冬季污染严重。在 2017 年 7 月中央第二环境保护督察组点名多个政府部门不作为慢作为中，认为山西省煤炭工业厅在 2013~2016 年期间未按照《山西省落实大气污染防治行动计划实施方案》分工要求，组织开展农村地区优质煤配送中心建设，没有制定硫分高于1%、灰分高于16%民用散煤的限制销售政策，也未能结合山西省实际制定出台全省煤炭质量管理办法。各级煤炭部门对煤炭生产环节质量监督不到位，阳煤集团兴峪煤业等7家煤矿仍在违规开采硫分高于3%的高硫煤层。

13.5.6 交通运输结构对山西省环境空气质量改善的影响

13.5.6.1 山西省交通运输结构

作为全国煤炭资源大省，山西省每年外调出省煤炭约占煤炭总产量的70%多。从运输方式上讲，主要是铁路运输，其次是公路运输，再次是其他运输方式。其中，省内公路煤炭资源供给量$2.07×10^8$t，出省公路煤炭资源供给量$1.22×10^8$t。山西省是全国煤炭输出大省，近年来山西省公路煤炭外运量逐年增加。据统计，目前，山西省公路煤炭年外运出省量达到$1.3×10^8$t，占到全省煤炭外运量的25%以上。公路煤炭外运已辐射到河南、河北、山东等省份。因此，山西省煤炭公路运输无论是在全国煤炭运输、保障能源供给还是在山西省交通运输中都居于十分重要的战略地位。

13.5.6.2 公路交通运输污染问题突出

山西省公路上行驶的车辆是以运煤的柴油大货车为主和其他机动混合交通的状况，以重工业为主的产业结构加大了公路运输压力。全省重型柴油车保有总量高，加剧了空气污染。

山西省以重型柴油车为主的煤炭公路货运污染排放大。据统计，一辆大货车排放的污染物就相当于200多辆私家车排放的污染物。环境保护部发布的《2017年中国机动车环境管理年报》显示，全国重型货车排放的NO_x和PM分别占到机动车排放总量的53%和60.5%左右，而重型汽车中绝大部分是重型柴油车，只有少量的燃气汽车和汽油车。在我国，重型柴油货物运输车辆高排放区域与区域性污染严重地带具有很高的重叠度。山西省NO_x排放源中虽然工业源占比在降低，但是机动车排放量在增加。根据《汾渭平原大气污染防治调研情况报告》，汾渭平原是陕、蒙、晋煤外运的重要通道，吕梁市日均过境运煤车辆高达5万余辆，其中太佳高速1.7万辆，青银高速2万余辆，国省道1.4万辆；晋中市日均过境车辆17万余辆，其中高速公路4.5万辆，国省道12.9万辆。

大型运煤车辆由于受经济利益的驱动，车辆的车身越来越长，车厢越加越高，超出核定载重量的重量越来越大，致使车轴压力越来越重，重车作用导致路基不均匀沉陷和路面产生严重龟网裂额，使路面的平整度严重变差。加之原本已加高加长的车厢还要超出车厢装煤炭，在公路沿线随时到处抛撒煤炭。车辆在路面行驶时，由于超装到处抛撒煤炭，使后来的车辆轮胎在路面不断碾压变成粉尘状，由于轮胎滚动中轮胎下部有一个小范围的真空区域，这个真空区域能吸起路面的粉尘。机动车在公路上不断地行驶，使

资源型地区大气污染成因与治理研究
——以山西省为例

公路表面上的空气不断变速流动，这种流动的空气使轮胎后真空区域吸起的粉尘也无规律地流动，在空气动力学上称为"湍流"；"湍流"又叫"乱流"，是大气中气流的方向和速度经常变化所出现的极不规律的运动力流，它可使粉尘向上、下、左、右扩散，致使在公路附近的空气中煤粉尘到处蔓延，使公路边的植物蒙上黑粉，沿线房屋变成黑色，形成了粉尘污染。

13.6　评估结论与建议

13.6.1　评估结论

山西省省委、省政府高度重视大气污染防治工作，贯彻落实国务院《大气污染防治行动计划》的相关要求，做好全省环境空气质量改善工作。在面临不利自然地理条件、气象因素、能源产业结构等问题和困难时，山西省空气质量改善工作取得显著成效。经综合评估山西省及 11 个设区市空气质量改善情况、主要环境管理措施的落地性，评估结论如下。

13.6.1.1　圆满完成"大气十条"下达的任务并在 2018 年持续改善

（1）山西省圆满完成"大气十条"下达的任务并在 2018 年持续改善

《山西省大气污染防治目标责任书》要求，2017 年山西省 $PM_{2.5}$ 年均浓度比 2013 年下降 20％左右。贯彻落实"大气十条"以来，山西省严格实施各项减排措施，2017 年 11 个设区市 $PM_{2.5}$ 平均浓度为 $59\mu g/m^3$，与 2013 年相比下降 23.4％，圆满完成了国务院《大气污染防治行动计划》下达给山西省的五年目标任务。同时，2018 年山西省空气质量进一步改善。空气优良天数方面，2018 年山西省空气达标天数有 207d，较 2017 年同期增加 7d；重污染天数为 10d，较 2017 年同期减少 3d。污染物浓度方面，2018 年山西省 SO_2 浓度为 $33\mu g/m^3$，较 2017 年同期下降 41.1％；NO_2 浓度为 $40\mu g/m^3$，较 2017 年同期下降 4.8％；PM_{10} 浓度为 $107\mu g/m^3$，较 2017 年同期下降 1.8％；$PM_{2.5}$ 浓度为 $55\mu g/m^3$，较 2017 年同期下降 6.8％。

（2）2013～2017 年 4 个京津冀大气污染传输通道城市污染情况改善幅度整体较 4 个汾渭平原城市显著

① 2017 年长治、阳泉、晋城、太原 4 个京津冀大气污染传输通道城市 $PM_{2.5}$ 浓度改善幅度显著，分别较 2013 年下降 24.1％、24.7％、30.3％和 19.8％。吕梁、晋中、临汾、运城 4 个汾渭平原城市中，临汾市 $PM_{2.5}$ 浓度不降反升，增幅 5.3％，污染加重；晋中市、运城市、吕梁市呈下降趋势，降幅分别为 40.4％、16.9％和 6.8％。除晋中市外，其余 3 个城市的降幅均低于 4 个京津冀大气污染传输通道城市。

② PM_{10} 浓度改善幅度方面，长治、晋城、太原 3 个城市较 2013 年下降，降幅分别为 15.6％、34.9％和 16.6％，阳泉市上升 12.6％。吕梁、临汾 2 个汾渭平原城市 PM_{10} 平均浓度均呈现上升态势，较 2013 年上升幅度为 12.0％和 25.8％，污染情况

加重。

③ SO_2 浓度改善幅度方面，阳泉、晋城、太原 3 个城市均较 2013 年有所下降，降幅分别为 21.0%、47.2% 和 32.5%。吕梁、临汾 2 个汾渭平原城市均呈现上升态势，较 2013 年上升幅度为 13.3% 和 75.6%，污染情况加重。

（3） 2018 年汾渭平原城市污染情况改善幅度较 2013~2017 年显著

① 2018 年临汾 $PM_{2.5}$ 浓度较 2017 年同期下降 6.77%，扭转了 2013~2017 年污染情况加重的趋势。

② PM_{10} 浓度改善幅度方面，4 个汾渭平原城市 PM_{10} 污染情况改善明显，吕梁、晋中、临汾、运城 4 个城市分别比 2017 年同比下降 17.89%、1.81%、4.27% 和 7.40%。

③ SO_2 浓度改善幅度方面，晋中 SO_2 污染物浓度与 2017 年同期相比下降 56%，在 11 个城市中排名第一；临汾、吕梁 2 个城市，SO_2 污染物浓度与 2017 年同期相比下降幅度分别为 41.8%、41.2%，降幅排名第五、第六。

13.6.1.2　强化环境管理坚决贯彻落实"大气十条"

（1）省委、省政府强化政策顶层设计并确保资金投入

首先，从组织领导方面，山西省省委、省政府高度重视大气污染防治工作。省政府成立由省长任组长、分管副省长任副组长、24 个省直部门主要负责人为成员的大气污染防治工作领导组。在任务推进过程中，根据工作需要成立淘汰落后产能工作领导组、钢铁煤炭行业化解过剩产能实现脱困发展领导组、黄标车及老旧车淘汰工作领导组，推动具体领域具体问题的解决。

其次，举全省之力，推动大气污染防治行动计划，从省委、省政府层面多次出台文件，包括制定《山西省环境保护条例》、修订《山西省大气污染防治条例》，以及印发《山西省人民政府关于化解钢铁焦化水泥电解铝行业产能严重过剩矛盾的实施意见》（晋政发〔2013〕40 号）、《山西省黄标车及老旧车淘汰工作实施方案》（晋政办发〔2014〕78 号）、《关于推进全省燃煤发电机组超低排放的实施意见》（晋政办发〔2014〕62 号）等系列文件，推动具体任务的落实。

最后，在全省财力十分困难、收支矛盾异常突出的情况下，调整支出结构，完善财政政策，积极筹措大气污染防治专项资金，2013~2017 年全省累计投入大气污染治理资金 1382.96 亿元，全力保障全省大气污染防治工作的顺利开展。

（2）省委、省政府严格落实国家要求确保年度任务实施与考核

首先，按照《大气污染防治行动计划》和《京津冀及周边地区落实大气污染防治行动计划实施细则》，制定出台了《山西省落实大气污染防治行动计划实施方案》（晋政发〔2013〕38 号），提出了全省 2013~2017 年大气污染防治的总任务、总要求及十条 40 项重点任务。

其次，省政府与各市政府签订了《目标责任书》，印发了《大气污染防治省直有关部门重点任务分解》（晋政办函〔2013〕129 号）、《山西省环境保护工作职责规定》等

资源型地区大气污染成因与治理研究
——以山西省为例

文件，形成目标责任"双落实"格局与协作机制。

最后，逐年制订、印发了《2013～2017 年度大气污染防治行动计划》、《山西省大气污染防治行动计划实施情况考核暂行办法》（晋政办发〔2014〕66 号）、《山西省大气污染防治行动计划实施情况考核暂行办法实施细则》，组织开展了对各市政府 2014～2017 年大气污染防治工作的考核。

（3）通过省级环保督察、铁腕治污等行动形成大气污染防治压力传导机制

首先，印发《山西省环境保护工作职责规定（试行）》、《山西省环境保护督察实施方案（试行）》和《关于在全省开展环境保护大检查的通知》，自 2016 年 7 月分 4 批实现了对全省 11 个设区市的省级督察全覆盖，逐步形成了以省级环保督察为主，以强化督查和专项督查为辅，"督企与督政并举，以督政为主"的全方位、多层次、系统化环保督察体系。实施环保督察之后，晋城市、长治市空气环境质量明显好转，全省排名大幅度前移。2016 年 11 月和 12 月，阳泉市空气质量从前 10 个月排名全省倒数第一跃居全省第六名和第三名，2017 年 1～3 月，排名全省第四名；临汾市在推动重污染天气应对方面做出了积极努力，多措并举，综合施策，降低了污染物排放峰值。

其次，推进"铁腕治污"常态化。2016 年 12 月 15 日全省迅速行动，全面展开"铁腕治污"行动，在全省形成了依法打击环境违法行为的高压态势。

最后，开展省级大气污染防治强化督查。制定印发了《全省秋冬季大气污染防治强化督查工作方案》，将中央环保督察组反馈意见整改任务落实，省委、省政府组织开展的取缔"散乱污"企业和整治工业企业违法排污两个专项行动进展，以及《山西省 2017～2018 年秋冬季大气污染综合治理攻坚行动方案》工作推进情况作为秋冬季大气污染强化督查工作重点，全力推进各项任务落实。

（4）全省上下综合施策确保"大气十条"任务完成

根据山西省省委、省政府部署安排，省直相关部门、各市、县党委政府把大气污染防治工作摆在重要议事日程，主要领导靠前指挥，务实敬业，全省环保系统上下同心，努力拼搏，确保大气污染防治工作任务的完成。根据山西省 2013～2017 年大气污染防治行动计划实施情况自查报告，山西省每年均紧紧围绕"控煤、治污、管车、降尘"四个关键领域以及"调产""节能"等，从生产、流通、分配、消费的再生产全过程入手，综合运用科技、法律、行政等手段，推动《大气污染防治行动计划》的实施，圆满完成了国家下达的年度大气污染防治任务，且不断自加压力，部分指标超额完成，为实现山西省大气环境质量改善目标提供了有力保障。其中，2014 年重点任务超额完成 7 项，共完成 16 项，部分完成 3 项；2015 年重点任务超额完成 5 项，共完成 18 项，部分完成 3 项；2016 年重点任务超额完成 4 项，共完成 21 项，部分完成 1 项；2017 年全部完成重点任务，超额完成 8 项。

13.6.1.3 大气环境质量改善的任务依然艰巨

（1）污染物排放量偏大的局面短期内难以改变

山西省作为国家综合能源基地，在全国能源发展格局中具有不可替代的战略地位，为全国经济建设提供了大量能源产品，形成了以煤焦、化工、冶金、电力四大行业为主的重工业结构，四大产业增加值占全省规模以上工业增加值比重长期维持在 70％以上。2016 年全省规模以上工业企业实现主营业务收入 13957.0 亿元，其中煤炭、焦炭、冶金和电力工业分别实现主营业务收入 5381.0 亿元、909.5 亿元、2522.4 亿元和 1417.9 亿元，四大行业占工业总收入的 73.3％，尚未摆脱对能源产业和重工业的依赖。从而导致山西省大气主要污染物不仅排放总量较大，污染负荷较高，而且环境效率较低，排放强度高于周边省份。尽管随着科技进步、技术改造，排放强度在逐步下降，但总量偏大的局面在短期内不可能发生根本性转变，仍将对空气质量改善形成较大压力。

（2） PM$_{2.5}$、 PM$_{10}$、 SO$_2$ 超标问题突出

自"大气十条"实施以来，山西省多数城市 PM$_{2.5}$、PM$_{10}$、NO$_2$、SO$_2$ 和 CO 年均浓度及超标率逐年下降，大多数城市优良天数比例显著提高。虽然如此，山西省的 11 个设区市 PM$_{10}$ 和 PM$_{2.5}$ 年均浓度均超过《环境空气质量标准》二级标准，PM$_{2.5}$、PM$_{10}$、SO$_2$ 浓度与 2013 年相比虽有所降低但是幅度较小，其浓度依旧偏高；秋冬季节尤其是采暖季 PM$_{2.5}$、PM$_{10}$、SO$_2$ 浓度骤然增长，不能得到有效的控制，对环境污染的影响比较严重，环境空气质量优良天数比例较低，与全面建成小康社会的要求差距甚远。同时，部分时段重污染天气仍然高发频发，给人民群众生产生活带来严重影响。北方冬季燃煤取暖等季节性排放强度大，加上秋冬季静稳、逆温等不利气象条件，导致大气扩散能力差，污染物易于持续累积，有利于二次颗粒物生成，使得大范围重污染事件频繁发生。例如，2016 年秋冬季以来，山西省先后多次发生重污染天气过程，影响范围大、污染程度重、持续时间长，在一定程度上抵消了其他季节空气质量改善的效果，导致全省空气质量有所恶化。

（3）山西省冬季采暖季大气环境污染最为严重，燃煤性污染突出

① 山西省春季 PM$_{2.5}$ 浓度范围为 40～74μg/m³，夏季 PM$_{2.5}$ 浓度范围为 34～70μg/m³，秋季 PM$_{2.5}$ 浓度范围为 38～101μg/m³，冬季 PM$_{2.5}$ 浓度范围为 75～126μg/m³。由此可见，山西省 PM$_{2.5}$ 污染以秋冬季最重，反映了污染物浓度与采暖季燃煤量增加有关。另外，山西省 PM$_{2.5}$ 在夏季污染也比较重，最高为 2013 年 6 月份的 70μg/m³，所以山西省不仅仅要强化采暖期的大气污染治理，夏季也同样需要重视。

② 春季 PM$_{10}$ 浓度范围为 93～129μg/m³，夏季 PM$_{10}$ 浓度范围为 64～119μg/m³，秋季 PM$_{10}$ 浓度范围为 63～182μg/m³，冬季 PM$_{10}$ 浓度范围为 97～184μg/m³，山西省 2013～2017 年中 PM$_{10}$ 浓度较高的季节主要集中冬季，总体上污染最为严重，夏季最低。

③ 山西省春季 SO$_2$ 浓度范围为 22～73μg/m³，夏季 SO$_2$ 浓度范围为 21～50μg/m³，秋季 SO$_2$ 浓度范围为 29～127μg/m³，冬季 SO$_2$ 浓度范围为 58～158μg/m³。从数据中可以看出，山西省 2013～2017 年中 SO$_2$ 浓度较高的季节区的分布与 PM$_{2.5}$ 浓度分布相同，都是主要集中在秋冬季节，其中冬季采暖季最为严重，秋春次之，夏季最低。

（4）太原、临汾盆地等次区域大气污染治理力度有待提高

山西省大气污染严重地区主要集中在太原市、阳泉市、临汾市、长治市、运城市等人类生产生活强度较高但扩散条件较差的河谷盆地地区，多涉及若干不同的设区市及县区。以太原盆地为例，该盆地面积约 $5000km^2$，包括太原市 3 区县、晋中市 6 区县、吕梁市 4 区县，占全省面积的 3.2%，却聚集了全省 23.1% 的焦化产能、9.8% 的钢铁产能、21.9% 的水泥产能，单位面积产能分别达到全省该行业平均值的 7 倍、3 倍、6 倍。同时，该盆地大气环境气象背景以"地方环流型"天气为主，污染物在传输通道南北移动，难以输送、扩散、稀释。如果仅对太原市采用严格的大气污染治理手段，置盆地内其他污染源于不顾，那么治理效果必然将事倍功半。

（5）部分大气污染政策与措施落地性有待加强

山西省直相关部门与 11 个设区市大气污染防治工作整体良好，但部分设区市政府工作存在薄弱环节，有些措施落地性不够，工作完成度参差不齐。

首先，设区市党委政府贯彻上级部署不到位、监督检查与执法问责不力情况较为突出。例如，根据中央第二环境保护督察组向山西省反馈的督察情况，临汾、运城、吕梁等设区市没有严格落实生态环境部的督查、督办、约谈整改要求，在冬季采暖期大气污染防治、重点行业提标改造、燃煤小锅炉淘汰等方面积极施策。

其次，区县一级党政机关责任未落实的情况比较多。考虑到国家生态环境保护相关工作推进过程中，区县一级为落实相关政策措施的主体，对部分设区市省级环保督察问题整改清单中责任单位数据进行统计汇总分析发现，太原市所列问题中涉及县区委、县区政府的有 12 个，占比 92%；大同市所列问题中涉及县区委、县区政府的有 20 个，占比 74%；朔州市所列问题中涉及县区委、县区政府的有 13 个，占比 100%；运城所列问题中涉及县区委、县区政府的有 49 个，占比 100%；除大同市之外，其他 3 个城市责任单位分布占比均超过 92%。

最后，部分省直相关部门存在不作为、慢作为问题。根据中央第二环境保护督察组向山西省反馈的督察情况，省煤炭工业厅、发展改革委、质监部门等省直部门大气污染防治工作推进缓慢，存在不作为、慢作为的问题。

（6）制约山西省大气环境质量改善的不利因素突出

① 地形因素。山西省多山地、盆地的自然地理条件，受山脉阻挡和背风坡气流下沉作用影响，易形成反气旋式的气流停滞区，导致大气污染物扩散条件较差，极易造成污染物积累，一旦叠加不利气象条件，极易发生重污染天气。全省环境污染严重地区主要集中在太原、阳泉、临汾、长治、运城等河谷盆地地区。

② 山西省大部分设区市目前已形成包括煤炭、煤电、煤化工（以焦化、合成氨为主）、冶金在内的重工业体系，突出特征是产业发展对煤炭资源过于依赖，结构相对简单。"工业围城""一煤独大"等现象在山西省一些城市比较普遍，但装备水平落后，污染治理设施效率较低，超标排放、偷排偷放等问题十分突出。由于历史形成的产业结构的原因，山西省一些设区市的大气污染物排放量很大，导致大气环境容量的利用率高甚至出现超负荷，增加了全省完成大气目标任务的难度。

③ 山西省是能源消费大省，电厂主要以燃煤电厂为主，其发电量占我国年发电总量的 70% 以上，煤炭消耗占能源总消耗量的 72%；炼焦和钢铁工业是山西省的支柱产

业。部分地区散煤消费量大，如吕梁、晋中、临汾、运城 4 市散煤年消费量 1000 余万吨，散煤户均用量较京津冀多 1 倍，且用煤多为劣质煤。

④ 山西省公路上行驶的车辆是以运煤的柴油大货车为主和其他机动混合交通的状况，以重工业为主的产业结构加大了公路运输压力。全省重型柴油车保有总量高，加剧了空气污染。

（7）大气环境管理能力与精细化管理要求差距依然较大

目前环境管理交叉错配现象严重，执法主体和监测力量分散，基础薄弱，人员不足、素质不高、装备不良等问题依然存在，与大气污染精细化管理要求不相匹配。首先，市、县两级专门从事大气环境管理的人员严重不足。例如，朔州市生态环境局至今未成立专门的大气污染防治科室；长治市大气科仅有 5 名工作人员，且 4 人为借调人员。其次，$PM_{2.5}$、O_3 等主要大气污染物溯源能力建设也有待提高。随着近年来各项大气污染治理措施的制定和实施，山西省以 SO_2 为污染特征的煤烟型污染得到了较好的治理，涉及二次生成的 $PM_{2.5}$、O_3 等污染物成了进一步制约山西省环境空气质量持续改善的限制因子。以 2018 年为例，山西省 11 个设区市 $PM_{2.5}$、O_3 超标严重，大同和朔州 2 市 O_3-8h 第 90 百分位浓度达二级标准，其余 9 市均未达标；11 个设区市 PM_{10} 和 $PM_{2.5}$ 年均浓度均未达到二级标准。为解决 $PM_{2.5}$、O_3 污染来源问题，山西省先期仅开展了 $PM_{2.5}$ 来源解析工作，尚未开展 O_3 来源解析，也未建立符合山西省污染特征的污染源谱。

13.6.2　建议

目前来看，山西省已完成"大气十条"任务要求，大气环境质量不断改善，但同时也预示着污染物减排的空间在不断缩小，加之山西省经济状况在全国排名比较靠后，产业结构偏重、能源结构以煤为主、环境监管能力建设滞后等客观原因，空气质量进一步改善的难度加大，大气污染防治进入艰难的攻坚期。下一步省委省政府应认真贯彻落实习近平生态文明思想和视察山西重要讲话精神，提高政治站位，继续保持加强生态文明建设的战略定力，坚定打赢蓝天保卫战的决心和信心，聚焦山西省大气污染治理突出问题，以京津冀及周边地区 4 市（太原、阳泉、长治、晋城）和汾渭平原 4 市（晋中、临汾、运城、吕梁）等重点区域为主战场，稳步推进产业结构和能源结构调整，着力提升政策制定的主动性和执行力，积极应对重污染天气，加快推进重点区域联防联控，加大大气污染治理投入，不断提升大气环境管理能力建设。

13.6.2.1　加快结构调整

（1）着力推动产业结构调整，加强大气环境承载力对产业结构调整的约束力

山西省生态脆弱和增长粗放于一体的矛盾重于全国，加上当前末端治理的减排空间缩小，使得优化产业结构实现空气质量改善的潜力增大，并高于全国。

首先，加大产业结构调整力度，持续开展"散乱污"企业整治，严格控制且增强对

资源型地区大气污染成因与治理研究
——以山西省为例

钢铁、焦化等大气重污染行业的准入限制，积极采取差别化税收、能源价格等经济政策，激励重污染企业的减排和退出，搬迁改造或关闭退出一批重污染企业，推进钢铁、焦化等行业超低排放改造。

其次，建议省政府将产业结构调整作为下一步推动空气质量改善、实现经济发展与环境保护共赢的核心工作，组织开展山西省产业结构调整战略研究，跳出以煤炭为中心发展经济的既有思维，提出产业结构中长期调整思路。

最后，山西省已初步测算了省级及 11 个设区市的 SO_2、NO_x、PM_{10}、$PM_{2.5}$ 的大气环境承载力。针对山西省部分区域大气环境严重超载的情况，考虑到大气环境承载力的动态性，以及对大气环境管理的重要性，下一步应持续开展跟踪研究，并将其作为经济发展规划、产业政策、结构调整等重大政策制定的主要依据。

（2）加快调整能源结构，进一步释放能源结构优化对大气污染物减排的潜力

首先，考虑到山西散煤消费量大，建议加大农村散煤替代力度，集中资源推进京津冀及周边地区 4 市和汾渭平原 4 市等重点区域散煤治理，在集中供暖无法覆盖的农村地区，重点推广使用气（煤层气）代煤、电代煤，从根本上解决采暖季大气污染严重的问题。

其次，继续实施煤炭消费总量控制，京津冀及周边地区 4 市和汾渭平原 4 市煤炭消费总量实现负增长，其他市采取有效措施合理控制煤炭消费总量。全省新建耗煤项目实行煤炭减量替代。

再次，提高能源利用效率。继续实施能源消耗总量和强度"双控"行动。健全节能标准体系，大力开发、推广节能高效技术和产品，实现重点用能行业、设备节能标准全覆盖。京津冀及周边地区 4 市和汾渭平原 4 市新建高耗能项目单位产品（产值）能耗要达到国际先进水平。

最后，有序发展水电，优化风能、太阳能开发布局，因地制宜发展生物质能、地热能等，加快发展清洁能源和新能源。

13.6.2.2 强化政策制定和执行

（1）增强政策制定的主动性，加大措施应对秋冬季大气污染问题

当前，山西省大气污染治理政策存在主动性发挥不足的问题，应对体系和应对能力有待进一步提升。为此，有关部门应当增强责任意识，健全大气污染危机预判防范机制，完善政策措施，加强科技支撑，提升政策应急能力；组织科研攻关，理清当前山西省大气污染的源头、成因与关键环节，继而有针对性地开展政策引导，推动治理手段创新，提升治理成效；借鉴发达地区的治理经验，与发达地区积极沟通信息、建立合作。同时，山西省秋冬季大气扩散条件较差，需要切实降低秋冬季污染源活动水平，加大措施应对秋冬季重污染问题。在《山西省 2017～2018 年秋冬季大气污染综合治理攻坚行动方案》《打赢蓝天保卫战三年行动计划》实施的基础上，总结经验，针对秋冬季进一步完善污染防治攻坚计划，对重点源排放实施季节性排放限值，优化工业生产过程以及对生产流程进行优化调整。提高重污染预警的提前度和精确性，制定可反映时间、空间、成因的针对性防控措施，强化应急控制的实施力度和监管强度。

（2）建立专司督政的环境监察体系，推动政策不折不扣执行

2016 年以来，通过督察问责，强化"党政同责、一岗双责"，推动了一大批大气环境治理问题的解决，提高了大气环境质量。2019 年，第二轮中央生态环境保护例行督察启动，蓝天保卫战强化督察已成常态。下一步，为进一步压紧压实生态环境保护主体责任，省级层面应在第一轮督察的基础上，健全中央环保督察和生态环境部等部门督查反馈问题整改机制，完善省级环境保护督察体系和环境保护督察工作规程，完善督查、交办、巡查、约谈、专项督查机制；针对蓝天保卫战重点领域和大气环境问题突出的地市、部门和企业，组织开展省级机动式、点穴式专项督查；逐步推行市级环境保护督察，推进环保督察制度化、机制化、长效化。同时，综合运用按日连续出发、限制停产、停产整治、停业关闭等手段，严厉处罚环保违法行为，压实企业环境污染治理的主体责任。

13.6.2.3　推进区域联防联控

（1）建立与周边省份的大气污染防治跨域联控体系

大气污染在空间上的显著扩散性使山西省不能独善其身，何况，与周边省份相比，山西省的大气污染程度有过之而无不及。山西省仅管控好所辖地域的大气污染问题，是难以取得成效的。加强与周边省份的协作，与周边省份建立大气污染联防联控长效机制，开展具体的防治项目合作，提升大气污染共治水平，就成为必然选择。可以通过强化山西省与周边省份的府际合作，建立区域内关于大气污染治理重大事项与项目建设的定期协商机制；加强相邻省份环境保护等部门间的沟通与协作，实现污染监测信息共享与联合预警，建立大气污染应急联动体制机制；推进大气污染防治领域技术标准的共融共通和联合攻关，提升区域治理标准的统一和协同。重点推动太原、阳泉、长治、晋城 4 市融入京津冀及周边地区大气联防联控，推动晋中、临汾、运城、吕梁 4 市融入汾渭平原大气联防联控。

（2）建立省内次区域大气污染防治跨域联控体系

山西省大气污染严重地区主要集中在太原、阳泉、临汾、长治、运城等河谷盆地地区，多涉及若干不同的设区市及县区。针对此情况，应参考京津冀区域联防联控机制，通过开展不同盆地大气污染源解析，制定协同管控政策，设置次区域大气污染治理督察专员等，着力构建太原、临汾盆地等省内次区域联防联控机制。

13.6.2.4　加大资金支持与能力建设

（1）积极争取国家大气污染治理支持政策，推动形成区域间重点行业大气污染治理补偿机制

首先，山西省 11 个设区市已全部纳入国家的大气污染防治重点区域，管控要求与京津冀基本无异，但所享受的中央财政支持差距较大。以 2017 年为例，国家给河北省

资源型地区大气污染成因与治理研究
——以山西省为例

下达的大气污染防治资金为 57.88 亿元，而给山西省下达的仅为 13.25 亿元，是河北省的 22.89%。考虑到山西省在区域大气污染治理中的定位，山西省应积极争取国家的大气污染治理支持政策。

其次，山西省作为国家综合能源基地，大气污染物排放总量较大，强度高于周边省份。尽管随着科技进步、技术改造，排放强度在逐步下降，但总量偏大的局面在短期内不可能发生根本性转变，仍将对空气质量改善形成较大压力。考虑到大气污染治理压力基本在能源输出地且能源布局战略定位的不可替代性，山西省应积极推动国家建立健全区域重点行业大气污染治理补偿机制，从能源输入地获得补偿。

（2）加大省级大气环境治理财政投入，持续提升大气环境监管与执法能力

山西省以煤为主的产业结构和能源结构，决定了其环境空气质量改善难度很大。为打好"十三五"大气污染防治攻坚战，山西省还将进一步加大重点工业企业深度治理、清洁取暖等重点工程建设，因此，在用足用好现有财政支持政策、努力提高财政资金使用效益的基础上，山西省各级政府要不断加大投入，逐年扩大大气专项资金规模，不断提高焦化企业环保提标改造、大型焦化以及下游化产品产业链延伸项目建设等重点污染治理项目的政策支持和补贴比例。同时，针对大气环境管理人财物与精细化管理要求不相匹配的现实问题，加快环境监管与执法能力建设，尤其是大气环境管理领域的人力和物力投入力度，加大对 $PM_{2.5}$、O_3 等污染物溯源能力建设，加快"智慧环保"建设步伐，大幅度提升大数据监管能力与执法技术手段。

（3）完善政策实施效果评估和信息，科学合理确定山西省环境空气质量改善任务

披露政策实施的评估和总结，不仅可以明晰当前政策存在的问题，也可为将来制定政策提供可靠的依据。根据先进地区的经验，山西省当重视以下两个方面的完善。一是在污染物浓度分析方面，对全省空气质量状况和污染物浓度变化做更为详细的描述，对各主要污染物的浓度分布和各区域主要污染物做出细致描述，对各设区市的主要天气情况与污染物年均浓度做出总结。二是在污染物排放整治方面，对工业污染、机动车尾气排放的整治结果做详细总结，明确整治的力度和涉及的范围；在健全污染物监测体系的基础上，明确各主要污染物在不同领域的排放比例；强化数字化编制，在环境影响、是否达标等涉及政策实施效果的重点领域，尽量用具体数值进行标示，难以用具体数值标示的要有较为明确的范围。同时，要综合考虑经济社会发展因素，科学合理地确定山西省环境空气质量改善任务。2015 年，山西省受经济下行等因素影响，$PM_{2.5}$ 年均浓度为 $56\mu g/m^3$，均远低于北京市（$81\mu g/m^3$）、天津市（$70\mu g/m^3$）、河北省（$77\mu g/m^3$）、山东省（$77\mu g/m^3$）、河南省（$81\mu g/m^3$）等周边省市。在 2015 年较低基数上，"十三五"要实现 $PM_{2.5}$ 平均浓度下降 20% 的目标，难度巨大。可能会因为约束性指标定得偏高而达不到，极大影响山西省环保干部的积极性。建议山西省与国家进一步沟通，科学确定山西省"十四五"环境空气质量改善约束性指标。

第14章 山西省"十三五"大气污染防治减污降碳效果评估

14.1 "十三五"期间大气污染防治政策措施

"十三五"期间,山西省紧扣产业、能源、交通、用地四大结构调整,持续改善大气环境质量。加强工业企业大气污染综合治理,强力推进"散乱污"企业整治,淘汰取缔1万余家。开展燃煤锅炉治理,设区市建成区35t以下燃煤锅炉基本淘汰。深入开展工业企业达标排放治理,全省燃煤机组全部实现超低排放,钢铁、水泥、焦化企业完成特别排放限值改造。持续推进北方地区清洁取暖和散煤治理,全省11个市和69个县(市、区)完成"禁煤区"划定。强化移动源污染防治。打好柴油货车污染治理攻坚战,2019年8个重点城市提前实施机动车国六排放标准,大力推进"公转铁",推进外运煤炭铁路运输,累计淘汰老旧车10余万辆、国三及以下排放标准营运柴油货车10余万辆。强化施工工地扬尘管控,严格落实建筑工地施工扬尘"六个百分之百"要求。扎实开展秋冬季大气污染防治综合治理攻坚行动,实施太原及周边"1+30"区域联防联控,进一步强化重点区域管控。

14.1.1 开展工业企业大气污染综合整治

综合整治"散乱污"企业,建立"散乱污"企业动态管理台账,实施分类处置,累计淘汰取缔2万余家。对钢铁、火电、制药、化工等28个行业开展全面达标排放评估,加大超标处罚和联合惩戒力度。实施工业企业深度治理。印发《关于在全省范围执行大气污染物特别排放限值》,将大气污染物特别排放限值执行范围从4个通道城市扩大到全省。截至2019年12月底,全省燃煤机组全部实现超低排放,钢铁、水泥、焦化企业完成特别排放限值改造,1000多万吨粗钢产能已完成有组织和无组织超低排放改造。

14.1.2 推进燃煤锅炉治理和清洁取暖

(1)推进燃煤小锅炉淘汰

截至2019年底,11个设区市建成区35t以下燃煤锅炉基本淘汰,太原市、阳泉市、晋中市基本淘汰市域范围内 35t 以下燃煤锅炉，长治市完成 35t 以下燃煤锅炉淘汰任务量的 89％。交城县、盐湖区、河津市、闻喜县、新绛县、稷山县率先完成辖区内 35t 以下燃煤锅炉淘汰任务。2019 年全省按规定未注册登记新建的燃煤锅炉。

（2）实施燃煤锅炉提标改造

发布《燃煤锅炉大气污染物排放标准》，积极推进全省在用 65t 及以上燃煤锅炉以及位于市县建成区的燃煤供热锅炉、生物质锅炉实施超低排放改造和燃气锅炉低氮燃烧技术改造。全力推进清洁取暖改造。2017～2019 年度，山西省全省清洁取暖改造年减少散煤燃烧超过 1.0×10^7 t。截至 2019 年底，山西省全省城乡整体清洁取暖覆盖率为 82.81％，比 2018 年底提高 11 个百分点；设区市建成区清洁取暖覆盖率为 99.67％，比 2018 年底提高 0.86 个百分点；县城和城乡结合部（含中心镇）清洁取暖覆盖率为 90.84％，比 2018 年底提高 4.38 个百分点；农村地区清洁取暖覆盖率为 50.90％，比 2018 年底提高 19.31 个百分点。

14.1.3　强化移动源污染防治

① 铁路货运线建设进程逐渐加快。2015 年以来，全省铁路运输里程增长率逐年增加，2017～2019 年增长率大幅提升，2019 年增长率最大，达到 4.65％。

② 完成黄标车淘汰任务，推进高排放车辆淘汰。"十三五"期间累计淘汰老旧车 10 万余辆、国三及以下排放标准营运柴油货车 10 万余辆。

③ 全面完成油气回收治理任务。全省销售及运输汽油的加油站、储油库、油罐车要全部安装油气回收治理设施且稳定运行。

④ 不断强化柴油货车污染治理。印发《山西省深化柴油货车和散装物料运输车污染治理实施方案》《山西省柴油货车污染治理攻坚战行动计划实施方案》，全面统筹"油、路、车"治理，强化新生产车辆环保达标监管，太原、阳泉、长治、晋城、吕梁、晋中、临汾、运城 8 个重点区域 2019 年 7 月 1 日起提前实施机动车国六排放标准。

⑤ 加强非道路移动机械污染防治。全省 11 个地级市均已划定非道路移动机械高排放禁用区或低排放控制区。基本完成非道路移动机械摸底调查和编码登记，并实施动态管理。

14.1.4　加强扬尘治理与考核

加强降尘治理与考核。在国家对太原、阳泉、长治、晋城 4 个通道城市的 33 个县（市、区）布设 50 个降尘监测点位并开展监测的基础上，山西省自加压力，2018 年底完成其他 7 个市 84 个县（市、区）98 个降尘监测点位（含 7 个清洁对照点位）布设工作，2019 年实现了县级及以上降尘监测网络全覆盖。自 2018 年 12 月起，将大气传输通道城市降尘监测结果向社会公开，自 2019 年 1 月开始，每月通报全省 11 个市及 117 个县（市、区）降尘监测结果并向社会进行发布。目前各市平均降尘量均小于 9t/（月·km²）的考核标准。

14.1.5 有效应对重污染天气

2019 年共下达 13 次应对重污染天气调度令，全省 11 个市共启动预警 137 次，预警累计天数 1395d。

实施重点行业工业企业差异化错峰生产。2019～2020 年秋冬季，山西省参与错峰生产的企业有近 3000 家。

完成重污染天气应急减排清单修订，近 2 万家企业纳入应急减排清单，对企业实施差异化管控，落实重污染天气"一厂一策"实施方案，京津冀及周边 4 市和汾渭平原 4 市黄色、橙色、红色预警级别二氧化硫、氮氧化物和颗粒物的减排比例分别提高到 20%、30%、40%。

14.2 "十三五"期间主要措施减排效果评估

综合考虑政策实施的阶段性、排放数据的完整性，以 2017 年数据为基础，重点评估蓝天保卫战实施的减排效果。具体方法如下：

$$E_k = \sum E_{jk}$$

$$E_{jk} = E_{jk0} P_{jk} \tag{14-1}$$

$$P_{jk} = (L_{jk0} - L_{jk1}) / L_{jk0} \times 100\% \tag{14-2}$$

式中　E_k——各行业污染物 k "十三五"期间总体减排量，t；

E_{jk}——行业 j 污染物 k "十三五"期间减排量，t；

E_{jk0}——行业 j 污染物 k "十三五"期间初始排放量（本研究以 2017 年二污普数据为基础），t；

P_{jk}——行业 j 污染物 k "十三五"期间因排放标准提高带来的削减率；

L_{jk0}——行业 j 污染物 k "十三五"起始年份污染物排放标准限值；

L_{jk1}——行业 j 污染物 k "十三五"末污染物排放标准限值。

14.2.1 电力行业

电力行业"十三五"期间淘汰关停 4.256×10^6 kW 燃煤机组，按照 2017 年之前未实施超低排放改造污染物排放水平计算，淘汰关停 4.256×10^6 kW 燃煤机组可实现二氧化硫、氮氧化物、颗粒物和挥发性有机物分别减排 2563.8t、6175.8t、1131.1t 和 301.6t。

2017 年火力发电企业逐步开始实施超低排放改造，至 2019 年全省 282 台燃煤机组全部实现超低排放改造任务。

燃煤电力企业"十三五"期间二氧化硫、氮氧化物和颗粒物分别减排 41866t、32745t 和 9801t。

14.2.2 工业行业

14.2.2.1 钢铁行业

"十三五"期间，压减粗钢产能 6.55×10^6 t，可实现二氧化硫、氮氧化物、颗粒物和挥发性有机物分别减排 183.4、334.05t、1048t 和 786t。

2017 年全省拥有烧结设备 105 台，其中运行状态的烧结设备 90 台，烧结矿产量 6.9413×10^7 t；球团设备 82 台，其中运行状态的球团设备 60 台，球团矿产量 1.4661×10^7 t；高炉 122 台，其中运行状态的高炉 107 台；转炉 66 台，其中运行状态的转炉 66 台；电炉 10 台；其他类型的炼钢设备 2 台。涉及粗钢产能 7.4148×10^7 t。不完全统计数据显示，山西省烧结机工序脱硫方式以石灰石-石膏法脱硫法为主，约占全省烧结机工序脱硫方式的 60.2%；其次为双碱法脱硫和燃用净煤气，分别约占全省烧结机工序脱硫方式的 18.0%、10.6%。球团工序脱硫方式以石灰石-石膏法脱硫法为主，占全省球团工序脱硫方式的 56.6%；其次为双碱法脱硫和燃用净煤气，分别约占全省球团工序脱硫方式的 18.6%、13.8%。山西省高炉工序脱硫方式以燃烧净化煤气为主，约占全省高炉工序脱硫方式的 50.0%；其次为石灰石-石膏法脱硫，约占全省高炉工序脱硫方式的 42.9%；轧钢工序主要以燃烧净化煤气方式为主。

经 2018 年开始实施特别排放限值，估算钢铁行业共减排二氧化硫 27510t、氮氧化物 22244t、颗粒物 32544t。

14.2.2.2 焦化行业

焦化行业"十三五"期间共压减产能 5.014×10^7 t，根据"十三五"期间焦化企业污染物排放水平估算，焦化压减产能共实现二氧化硫、氮氧化物、颗粒物和挥发性有机物分别减排 10830.2t、29833.3t、4407.3t 和 148141t。

据第二次全国污染源普查数据及日常调度数据显示，2017 年全省运行焦化企业约 146 家，炼焦炉约 274 台（其中，运行状态的炼焦炉 257 台），涉及焦化产能约 1.3028×10^8 t。炼焦炉共排放二氧化硫 0.574×10^4 t，占全省工业源二氧化硫排放总量的 1.94%；氮氧化物 0.219×10^4 t，占全省工业源氮氧化物排放总量的 0.55%；颗粒物 3.293×10^4 t，占全省工业源颗粒物排放总量的 4.81%；挥发性有机物 7.586×10^4 t，占全省工业源挥发性有机物排放总量的 60.35%。二氧化硫、氮氧化物、颗粒物、挥发性有机物的平均去除率分别为 1.53%、27.03%、94.10%、1.27%。据不完全统计，我省焦炉烟囱烟气脱硫主要以双碱法和石灰石-石膏法为主，分别约占全省焦炉烟囱的 31.7% 和 23.4%；其次为氨法脱硫，约占全省焦炉烟囱的 18.6%。焦炉烟囱烟气脱硝主要以 SCR（选择性催化还原技术）为主，约占全省焦炉烟囱的 72.0%；其次为 SNCR（选择性非催化还原技术），约占全省焦炉烟囱的 13.1%。

2018 年山西省生态环境厅印发《关于在全省范围执行大气污染物特别排放限值》

（晋环大气〔2018〕66号），文件要求"2018年10月1日前，完成40％的现有炼焦化学工业企业大气污染物特别排放限值改造。自2019年10月1日起，炼焦化学工业现有企业全部执行二氧化硫、氮氧化物、颗粒物和挥发性有机物特别排放限值。"截至2019年10月1日，全省焦化企业全部完成特别排放限值改造，全省SO_2、NO_x、颗粒物及VOC_s排放量分别约削减6288.3t、31304.0t、21592.9t和43607.3t。

14.2.2.3 水泥行业

2017年山西省全省约有51家水泥窑企业、57座水泥窑，产能共计$5.31 \times 10^7 t$。窑尾脱硝采用SNCR/SCR 47座，低氮燃烧技术4座，氧化吸收法1座，其他脱硝技术3座，无脱硝技术2座；窑尾除尘技术，电袋除尘10家，袋式除尘45家，其他除尘技术2家。

通过实施特别排放限值，水泥行业可实现二氧化硫、氮氧化物和颗粒物分别减排1507t、3317t和1201t。

14.2.2.4 石灰窑提标改造

2017年，山西省全省约有297家石灰企业，生产石灰、石膏的工业炉窑共544台。其中装有脱硫设施的企业共189家，工业炉窑脱硫设施共376套，均采用石灰石-石膏法、石灰-石膏法、双碱法或氨法等，其中双碱法214套。装有脱硝设施的企业共11家，工业炉窑脱硝设施18套，采用SNCR、SCR或其他脱硝技术。装有除尘设施的企业有263家，工业炉窑除尘设施共484套，采用袋式除尘、湿式除尘、喷淋塔等工艺，其中袋式除尘319套。

根据工业炉窑大气污染综合治理方案，配备高效除尘设施或石灰石-石膏法等高效脱硫设施。颗粒物、二氧化硫、氮氧化物排放标准分别为$30mg/m^3$、$200mg/m^3$、$300mg/m^3$，共可减排颗粒物574t、二氧化硫1745t、氮氧化物872t。挥发性有机物按改造后处理设施去除效率达60％计，可减排挥发性有机物32.336t。

14.2.2.5 氧化铝企业提标改造

全省共18家氧化铝企业。其中装有脱硫设施的有14家，采用石灰石-石膏法、烟气循环流化床或双碱法等。装有脱硝设施的有12家，均采用SNCR脱硝。装有除尘设施的有17家，采用袋式除尘、湿式除尘等工艺。

根据工业炉窑大气污染综合治理方案，配备高效除尘设施，配备石灰石-石膏法等高效脱硫设施。颗粒物、二氧化硫、氮氧化物排放标准分别为$10mg/m^3$、$100mg/m^3$、$100mg/m^3$，共可减排颗粒物19644t、二氧化硫8896t、氮氧化物25852t。挥发性有机化合物按改造后处理设施去除效率达60％计，可减排挥发性有机物1304.232t。

14.2.2.6 电解铝提标改造

全省共有7家电解铝企业，装有脱硫设施的有3家，均采用双碱法；装有脱硝设施的有1家；装有除尘设施的有5家，采用袋式除尘或电袋组合工艺。

资源型地区大气污染成因与治理研究
——以山西省为例

根据工业炉窑大气污染综合治理方案，配备高效除尘设施，配备石灰石-石膏法等高效脱硫设施。颗粒物、二氧化硫、氮氧化物排放标准分别为 $10mg/m^3$、$100mg/m^3$、$3.0mg/m^3$，共可减排颗粒物 80t、二氧化硫 3965t、氮氧化物 605t。挥发性有机化合物按改造后处理设施去除效率达 60% 计，可减排挥发性有机物 1.855t。

14.2.2.7 砖瓦窑提标改造

全省共有 723 家砖瓦企业，采用成型干燥＋隧道窑的企业共有 479 家，占总数的 66.25%。其中装有脱硫设施的有 492 家，均采用石灰石-石膏法、石灰-石膏法或双碱法；装有脱硝设施的有 38 家，均采用 SNCR 脱硝技术；装有除尘设施的有 583 家，采用袋式除尘、湿式除尘、喷淋塔等工艺。

根据工业炉窑大气污染综合治理方案，配备高效除尘设施，配备石灰石-石膏法等高效脱硫设施。颗粒物排放浓度由 $100mg/m^3$ 降至 $30mg/m^3$，二氧化硫排放浓度由 $400mg/m^3$ 降至 $300mg/m^3$，氮氧化物排放浓度由 $300mg/m^3$ 降至 $200mg/m^3$，共可减排颗粒物 537t、二氧化硫 5029t、氮氧化物 1996t。挥发性有机物按改造后处理设施去除效率达 60% 计，可减排挥发性有机物 48.166t。

14.2.2.8 镁冶炼企业提标改造

全省共有 19 家镁冶炼企业，装有脱硫设施的有 16 家，均采用石灰石-石膏法或双碱法；装有脱硝设施的有 6 家，采用 SNCR 脱硝或低氮燃烧技术；装有除尘设施的有 18 家，采用袋式除尘、湿式除尘等工艺。

根据工业炉窑大气污染综合治理方案，配备高效除尘设施，配备石灰石-石膏法等高效脱硫设施，重点区域配备 SCR 等高效脱硝设施。颗粒物排放浓度由 $50mg/m^3$ 降至 $10mg/m^3$，二氧化硫排放浓度由 $400mg/m^3$ 降至 $100mg/m^3$，氮氧化物排放浓度由 $300mg/m^3$ 降至 $100mg/m^3$，共可减排颗粒物 4009t、二氧化硫 1421t、氮氧化物 3910t。挥发性有机物按改造后处理设施去除效率达 60% 计，可减排挥发性有机物 124.729t。

14.2.2.9 耐火材料和陶瓷提标改造

全省共有 911 家生产耐火材料及陶瓷的企业，装有脱硫设施的有 236 家，大部分采用石灰石-石膏法、石灰-石膏法、活性焦及双碱法；装有脱硝设施的有 25 家，采用 SNCR 或 SCR 脱硝技术；装有除尘设施的有 706 家，以采用袋式除尘、湿式除尘等工艺为主，少数采用旋风除尘等工艺。

根据工业炉窑大气污染综合治理方案，配备高效除尘设施，配备石灰石-石膏法等高效脱硫设施，配备 SCR、SNCR 等高效脱硝设施。颗粒物排放浓度由 $50mg/m^3$ 降至 $30mg/m^3$，二氧化硫排放浓度由 $300mg/m^3$ 降至 $200mg/m^3$，氮氧化物排放浓度由 $450mg/m^3$ 降至 $300mg/m^3$，共可减排颗粒物 4692t、二氧化硫 6481t、氮氧化物 8081t。挥发性有机物按改造后处理设施去除效率达 60% 计，可减排挥发性有机物 57.272t。

14.2.2.10　散乱污企业整治

根据中国工程院对蓝天保卫战实施效果评估研究结果，估算山西省"十三五"期间散乱污企业整治共实现二氧化硫、氮氧化物、颗粒物和挥发性有机物分别减排 1333.3t、2150.5t、5128.2t 和 9523.8t。

14.2.3　交通行业

"十三五"期间山西省加快推进国三及以下排放标准的营运柴油货车淘汰工作。印发《关于加快推进国三及以下排放标准营运柴油货车淘汰工作的通知》，明确了工作职责、工作时序要求。2019 年淘汰 61599 辆，2020 年淘汰 53550 辆，"十三五"期间累计淘汰老旧车 14.92 万辆，其中国三及以下排放标准营运柴油货车 13.03 万辆。

通过中重型老旧车淘汰可实现氮氧化物、颗粒物和挥发性有机物分别减排 77495t、2638t 和 3909t。

14.2.4　民用行业

"十三五"期间山西省通过煤改气、煤改电、集中供热等措施共完成 5165716 万户清洁取暖改造，共实现 $1.5497 \times 10^7 t$ 散煤替代，根据《城市大气污染源排放清单编制技术手册》民用源测算，共实现二氧化硫、氮氧化物、颗粒物和挥发性有机物减排量分别为 $1.58 \times 10^5 t$、$1.4 \times 10^4 t$、$13.7 \times 10^4 t$ 和 $5.7 \times 10^4 t$。

2017 年全省所有县城建成区 10t/h 及以下燃煤锅炉全面"清零"，11 个设区市建成区基本淘汰 20t/h 以下燃煤锅炉，"4+2"重点区域全部执行特别排放限值，其他地区燃煤锅炉达标排放。

2020 年全省继续推进淘汰燃煤小锅炉，京津冀及周边地区 4 市、汾渭平原 4 市行政区域内淘汰 35t/h 以下燃煤锅炉，其他区域淘汰 10t/h 及以下燃煤锅炉，保留燃煤锅炉全部执行《锅炉大气污染物排放标准》（DB 141929—2019）。2020 年底保留燃煤锅炉 1797 台，产能 49478.8t，全省二氧化硫、氮氧化物、颗粒物及挥发性有机物排放量较 2017 年分别约削减 $5.29 \times 10^4 t$、$3.63 \times 10^4 t$、$3.68 \times 10^4 t$ 及 $1.61 \times 10^4 t$。

14.2.5　小结

通过"十三五"期间，钢铁、焦化、电力等行业落后产能淘汰，燃煤电力、钢铁、焦化等重点行业深度治理、柴油老旧车淘汰、生活源锅炉淘汰治理、清洁取暖散煤替代等措施，可实现二氧化硫、氮氧化物、颗粒物和挥发性有机物分别减排 $35.7 \times 10^4 t$、$29.7 \times 10^4 t$、$28.3 \times 10^4 t$ 和 $28.0 \times 10^4 t$，详细数据如表 14-1 所列。

表14-1 "十三五"期间大气污染防治措施减排效果评估

行业	减排措施	"十三五"期间减排量/t			
		SO_2	NO_x	PM	VOCs
电力	燃煤机组淘汰	2563.8	6175.8	1131.1	301.6
		41866	32745	9801	
工业	粗钢产能淘汰	183.4	334.05	1048	786
	钢铁行业深度治理	27510	22244	32544	
	焦化产能淘汰	10830.2	29833.3	4407.3	148414.2
	焦化行业深度治理	6288	31304	21592	43607
	水泥窑深度治理	1507	3317	1201	
	耐火材料和陶瓷深度治理	6481	8081	4692	57.2
	石灰窑深度治理	1745	872	574	32
	砖瓦窑深度治理	5029	1996	537	48.1
	电解铝深度治理	3965	605	80	1.855
	镁冶炼深度治理	1241	3910	4009	124.7
	铝冶炼深度治理	8896	25852	19644	130.4
	散乱污企业整治	1333.3	2150.5	5128.2	9523.8
交通	老旧柴油车淘汰		77495	2638	3909
民用	锅炉淘汰和提标改造	52900	36300	36800	16100
	清洁取暖散煤替代	185071	14102	136685	56875
减排总量		357409.7	297316.7	282511.6	279911.1
减排总量/10^4 t		35.7	29.7	28.3	28.0

"十三五"期间，民用行业是二氧化硫减排贡献最大的行业，占比达到67%，工业行业占比21%，电力行业占比12%，交通行业占比不足1%；工业行业是氮氧化物减排贡献最大的行业，占比达到44%，交通行业占比达到26%，民用行业和电力行业占比分别是17%和13%；民用行业是颗粒物减排贡献最大的行业，占比达到61%，工业行业占比为34%，电力行业和交通行业占比分别是4%和1%；工业行业是挥发性有机物减排贡献最大的行业，占比达到73%，民用行业占比为26%，交通行业占比为1%，电

力行业占比不足 1%。

14.3 "十三五"期间主要措施碳协同减排效益评估

"十三五"期间，大气污染治理坚持"转型、治企、减煤、控车、降尘"五管齐下，推进产业、能源、交通运输、用地"四大结构"优化调整。产业结构转型升级步伐加快。退出煤炭过剩产能 1.57×10^8 t，淘汰粗钢产能 6.55×10^6 t，关停煤电机组 4.256×10^6 t，关停压减焦化产能 5.014×10^7 t。燃煤机组全部实现超低排放改造，22 家钢铁企业完成超低排放改造，焦化、水泥、氧化铝等重点行业企业全面完成特别排放限值改造，7276 台工业炉窑完成综合整治，排查整治 2.4 万家"散乱污"企业。能源结构进一步清洁化、低碳化。累计完成 500 余万户清洁取暖改造。淘汰燃煤锅炉 2.3 万台，8 个重点城市基本淘汰 35t/h 以下燃煤锅炉，其他区域基本淘汰 10t/h 及以下燃煤锅炉。累计淘汰老旧车 14.92 万辆、国三及以下排放标准营运柴油货车 13.03 万辆。11 个设区市城市建成区公交车、出租车、环卫车基本更换为新能源汽车，忻州市、晋城市、临汾市建成区公交车及太原市、运城市、忻州市、临汾市建成区巡游出租车已全部更新为纯电动汽车。大力推进"公转铁"，8 个重点铁路专用线项目建成通车。

"十三五"期间政策措施碳协同减排核算，分为电力、工业、交通、民用四大部分来核算。各类能源消耗二氧化碳排放系数：煤炭二氧化碳排放因子为 2.66t CO_2/t 标煤，油品为 1.73t CO_2/t 标煤，天然气为 1.56t CO_2/t 标煤，煤电为 0.853t CO_2/(1000kW·h 电)；1t 原煤换算 0.7143t 标煤，1m³ 天然气换算 1.1kg 标煤，1t 柴油换算 1.4571t 标煤。

"十三五"期间大气污染防治措施碳协同减排效果评估如表 14-2 所列。

表 14-2 "十三五"期间大气污染防治措施碳协同减排效果评估

行业	政策措施	碳协同减排量/10^4t
电力	关停煤电机组 4.256×10^6 kW	2005.8
	电力超低排放改造	-193.2
工业	淘汰粗钢产能 6.55×10^6 t	967.4
	关停压减焦化产能 5.014×10^7 t	1255.5
	淘汰整治散乱污 24638 家	871.9
	退出煤炭过剩产能 1.57×10^8 t	292.3
交通	淘汰老旧柴油车 13.03 万台	340.5
民用	清洁取暖改造 516.5716 万户	1177.7
	淘汰燃煤锅炉 230309 台	3491.5
合计		10209.4

14.3.1 电力行业碳协同减排

"十三五"期间，电力行业共关停 4.256×10^6 kW 燃煤机组，根据《中国电力行业年度发展报告 2019》，600MW 及以上机组供电标准煤耗为 307.6g/（kW·h），1t 标煤排放 2.66t 二氧化碳，年均减排二氧化碳 2.0058×10^7 t。

根据相关研究，超低排放改造因增加设备和系统阻力增加带来的电耗，超低排放改造实际为增碳的过程，用电率增加平均值为 0.81%，折合成供电标准煤耗为 2.51g/（kW·h）。根据山西省 2018～2020 年国民经济和社会发展统计公报，山西省自 2018 年完成电力超低排放改造以来，2018 年发电量 3.0417×10^{11} kW·h，2019 年发电量 3.238×10^{11} kW·h，2020 年发电量 3.3669×10^{11} kW·h，其中山西省发电量约 90% 为火力发电，自超低排放改造以来火力发电年均 2.8939×10^{11} kW·h，折合共增加 7.264×10^6 t 标准煤/a，测算"十三五"期间超低排放改造年均增加 1.932×10^6 t 二氧化碳。

14.3.2 工业行业碳协同减排

"十三五"期间，关停压减焦化产能 5.014×10^7 t，根据山西省统计年鉴主要年份能源加工转化投入产出情况表测算，生产 1t 焦炭约产生 0.2504t 二氧化碳，据此测算"十三五"期间压减焦炭产能年均减排 1.2555×10^7 t 二氧化碳。

"十三五"期间，淘汰粗钢产能 6.55×10^6 t，依据《中国钢铁工业节能低碳发展报告 2019》，2018 年重点大中型钢铁企业吨钢综合能耗为 555.24kg 标准煤，估算"十三五"期间淘汰粗钢产能年均减排 9.674×10^6 t 二氧化碳。

"十三五"期间，山西省共淘汰整治散乱污企业 24638 家，其中取缔 16322 家，整治 8238 家。根据中国工程院蓝天保卫战实施效果评估研究结果，2018～2020 年期间全国整治取缔散乱污企业约 36 万家，二氧化碳协同减排 1.274×10^8 t，据此测算山西省淘汰整治散乱污企业 24638 家，年均协同减排二氧化碳 8.719×10^6 t。

"十三五"期间，退出煤炭过剩产能 1.57×10^8 t，按照《煤炭井工开采单位产品能源消耗限额》（GB 29444—2012）标准中"新建煤炭井工开采企业单位产品能耗准入值"，也是清洁生产 Ⅱ 级基准值，即 7kg 标准煤/t 计算，淘汰煤炭开采落后产能 1.57×10^8 t，可实现年均 2.923×10^6 t 二氧化碳减排。

14.3.3 交通行业碳协同减排

"十三五"期间，山西省共淘汰 13.03 万台老旧柴油载货车辆，按照重型载货车辆年均行驶 7.5×10^4 km、百公里油耗 15L、每升柴油 0.92kg 计算，直接减少 1.349×10^6 t 柴油消耗。经测算，"十三五"期间老旧车淘汰碳协同减排 3.405×10^6 t 二氧化碳。

14.3.4　民用行业碳协同减排

"十三五"期间山西省通过煤改气、煤改电、集中供热等措施共完成 516.5716 万户清洁取暖改造，每年实现 1.5497×10^7 t 散煤替代，散煤以洗中煤 0.2875t 换算标准煤用量，每年二氧化碳协同减排 1.1777×10^7 t。

"十三五"期间，山西省共淘汰 23309 台共 48832.2t 锅炉，按照锅炉运行时间每天 16h、每蒸吨每小时消耗 112kg 标煤、年运行 150d 计算，年减少燃煤 1.3126×10^7 t，据此测算"十三五"期间燃煤锅炉淘汰年均减排 3.4915×10^7 t 二氧化碳。

"十三五"期间，通过电力、钢铁、焦化等行业落后产能淘汰，电力行业超低排放改造，民用散煤清洁取暖改造，交通源淘汰老旧车辆等措施，可实现年均 1.0209×10^8 t 二氧化碳减排。

"十三五"期间，从各行业碳协同减排行业占比来看，民用行业清洁取暖改造和燃煤锅炉淘汰是碳协同贡献最大的行业，占比达到 46%；工业行业贡献为第二，占比达到 33%；其次是电力和交通行业。

"十三五"期间，从各类措施碳协同减排占比来看，燃煤锅炉淘汰是碳协同贡献最大的措施，占比达到 34.2%；燃煤电力机组淘汰贡献占比排第二，占比达到 19.6%；其次是焦化产能淘汰和清洁取暖改造，其他措施占比不到 10%。

资源型地区大气污染成因与治理研究
——以山西省为例

参考文献

[1] 廖红，克里斯·郎革 . 美国环境管理的历史与发展 ［M］. 北京：中国环境科学出版社，2006.

[2] 薛俭，赵来军 . 中国大气污染联防联控管理机制研究 ［M］. 北京：科学出版社，2017.

[3] 中国科协学会学术部 . 城市大气环境与健康 ［M］. 北京：中国科学技术出版社，2013.

[4] 薛文博，雷宇，武卫玲，等 . 空气质量模型在环境规划与管理中的应用 ［M］. 北京：中国环境出版集团，2021.

[5] 中国环境监测总站，广东省环境监测中心 . 面向达标管理的区域环境空气质量评价方法研究 ［M］. 北京：中国环境出版集团，2020.

[6] 武装 . 京津冀地区 $PM_{2.5}$ 及其他空气污染物的时空分布特征研究 ［M］. 北京：科学技术文献出版社，2018.

[7] 邓芙蓉 . 空气颗粒物与健康 ［M］. 武汉：湖北科学技术出版社，2019.

[8] 郭新彪，杨旭 . 空气污染与健康 ［M］. 武汉：湖北科学技术出版社，2019.

[9] 马骏，李治国 . $PM_{2.5}$ 减排的经济政策 ［M］. 北京：中国经济出版社，2014.

[10] 刘丽萍，和丽萍，卢云涛，等 . 昆明市环境承载力研究 ［M］. 北京：中国环境科学出版社，2011.

[11] 胡秋灵 . 空气变化规律与污染治理-基于西部城市群大气环境质量数据 ［M］. 北京：人民出版社，2018.

[12] 牛仁亮，任阵海，等 . 大气污染跨区影响研究-山西大气污染影响北京的案例分析 ［M］. 北京：科学出版社，2006.

[13] 中国环境监测总站 . 京津冀及周边地区空气质量状况及典型污染过程成因研究 ［M］. 北京：中国环境出版集团，2019.

[14] 郭慕萍，刘月丽，安炜，等 . 山西气候 ［M］. 北京：气象出版社，2014.

[15] 江桂斌，王春霞，张爱茜 . 大气细颗粒物的毒理与健康效应 ［M］. 北京：科学出版社，2020.

[16] 王金南，曹东 . 能源与环境中国 2020 ［M］. 北京：中国环境科学出版社，2004.

[17] 宋伟民 . 臭氧污染与健康 ［M］. 武汉：湖北科学技术出版社，2021.

[18] 中国环境科学学会臭氧污染控制专业委员会 . 中国大气臭氧污染防治蓝皮书（2020 年）［R］. 北京：中国环境科学学会臭氧污染控制专业委员会，2020.

[19] 王燕丽，薛文博，雷宇，等 . 京津冀地区典型月 O_3 污染输送特征 ［J］. 中国环境科学，2017，37（10）：3684-3691.

[20] 欧盛菊，魏巍，王晓琦，等 . 华北地区典型重工业城市夏季近地面 O_3 污染特征及敏感性 ［J］. 环境科学，2020，41（7）：3085-3094.

[21] 薛文博，付飞，王金南，等 . 中国 $PM_{2.5}$ 跨区域传输特征数值模拟研究 ［J］. 中国环境科学，2014，34（6）：1361-1368.

[22] 焦姣，罗锦洪，杨锦锦，等 . 山西省城市地区近年来环境空气臭氧污染特征及来源解析 ［J］. 环境科学研究，2022，35（3）：731-739.

[23] 薛文博，付飞，王金南，等 . 基于全国城市 $PM_{2.5}$ 达标约束的大气环境容量模拟 ［J］. 中国环境科学，2014，34（10）：2490-2496.

[24] 刘年磊，卢亚灵，蒋洪强，等 . 基于环境质量标准的环境承载力评价方法及其应用 ［J］. 地理科学进展，2017，36（3）：296-305.

[25] 李莉，程水源，陈东升，等 . 基于 CMAQ 的大气环境容量计算方法及控制策略 ［J］. 环境科学与技术，2010，8：162-166.

[26] 张静，蒋洪强，等 . 一种新的城市群大气环境承载力评价方法及应用 ［J］. 中国环境监测，2013，29（5）：26-31.

[27] 宁佳，刘纪元，等 . 中国西部地区环境承载力多情景模拟分析 ［J］. 中国人口·资源与环境，2014，24（11）：136-146.

［28］蒋家文．空气流域管理——城市空气质量达标战略的新视角［J］．中国环境监测，2004，20（6）：11-15.

［29］刘海猛，方创琳，黄解军，等．京津冀城市群大气污染的时空特征与影响因素解析［J］．地理学报，2018，73（1）：177-191.

［30］王敏，冯相昭，杜晓林，等．黄河流域空气质量时空分布及影响因素分析［J］．环境保护，2019，47（24）：56-61.

［31］程雪雁，朱磊，周艺萱．2015—2018年京津冀城市群空气污染时空变化特征［J］．北京师范大学学报（自然科学版），2019，55（4）：523-531.

［32］刘昕，辛存林．陕甘宁地区城市空气质量特征及影响因素分析［J］．环境科学研究，2019，32（12）：2065-2074.

［33］Dunker A M，Koo B，YarwoodG. Contributions of foreign，domestic and natural emissions to US ozone estimated using the path-integral method in CAMx nested within GEOS-Chem［J］. Atmospheric Chemistry and Physics，2017，17（20）：12553-12571.

［34］LiY，Lau A K H，Fung J C H，et al. Ozone source apportionment（OSAT）to differentiate local regional and super-regional source contributions in the Pearl River Delta region，China［J］. Journal of Geophysical Research：Atmospheres（1984-2012），2012，117.

［35］National Center for Atmospheric Research. WRFUSERS PAGE［EB/OL］. URL：http：//www. mmm. ucar. edu/wrf/users/.

［36］NCEP ADP Global Surface ObservationalWeather Data［EB/OL］. URL：http：//rda. ucar. edu/datasets/ds461.0/，2016.

［37］Yarwood G，Rao S，Yocke M，et al. 2005. Updates to the carbon bond chemical mechanism：CB05［OL］. 2020-08-17. http：//www. camx. com/publ/pdfs/CB05_Final_Report_120805. pdf

［38］Wesely ML. Parameterization of surface resistances to gaseous dry deposition in regional-scale numerical models［J］. Atmospheric Environment，1989，23（6）：1293-1304.

［39］Multi-resolution emission inventory for China［EB/OL］. URL：http：//www. meicmodel. org/.

［40］Emissions of atmospheric compounds and compilation of ancillary data［EB/OL］. URL：http：//www. geiacenter. org，2009.

［41］United States Environmental Protection Agency（USEPA），Clean Air Interstate Rule［EB/Z］. URL：//http：//www. epa. gov/cair，2013.

资源型地区大气污染成因与治理研究
——以山西省为例